高等职业技术院校电类专业教材

电子制作实训

（第二版）

DIANZI ZHIZUO SHIXUN

主编　刘进峰

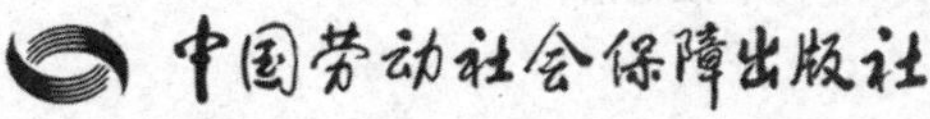

简介

本书主要内容包括电子制作基本知识、模拟电子电路的制作、数字电子电路的制作、综合应用电路的制作等。

本书由刘进峰主编，王春阳任副主编，陈德领、王纪伟、郑爱华、钱莉、刘栋、袁成群参加编写；李建军审稿。

图书在版编目（CIP）数据

电子制作实训/刘进峰主编. —2版. —北京：中国劳动社会保障出版社，2014
高等职业技术院校电类专业教材
ISBN 978-7-5167-0680-0

Ⅰ.①电… Ⅱ.①刘… Ⅲ.①电子器件-制作-高等职业教育-教材 Ⅳ.①TN

中国版本图书馆CIP数据核字（2014）第017658号

中国劳动社会保障出版社出版发行
（北京市惠新东街1号 邮政编码：100029）
*
北京瑞禾彩色印刷有限公司印刷装订 新华书店经销
787毫米×1092毫米 16开本 16印张 370千字
2014年2月第2版 2026年1月第12次印刷
定价：29.00元

营销中心电话：400-606-6496
出版社网址：http://www.class.com.cn
http://jg.class.com.cn

前　言

为了更好地适应全国高等职业技术院校电类专业教学要求，全面提升教学质量，人力资源和社会保障部教材办公室组织有关学校的一线教师和行业、企业专家，充分调研企业生产和学校教学情况，广泛听取各职业技术院校对教材使用情况的反馈意见，对2006年至2007年出版的全国高等职业技术院校电类专业基础平台教材和电气自动化技术专业模块教材进行了修订，并做了适当的补充开发。

本次教材修订（新编）工作的重点主要体现在以下四个方面：

第一，科学合理安排内容，融入先进教学理念。

根据电类专业毕业生所从事职业的实际需要和教学实际情况的变化，合理确定学生应具备的能力与知识结构，适当调整部分教材的内容及其深度、难度，如《数控机床电气检修（第二版）》中增加了教学中广泛使用的广数GSK980T系统的相关知识；根据相关工种及专业领域的最新发展，在教材中充实“四新”内容，如《变频器应用技术（三菱 第二版）》中改用目前广泛应用的较新型的FR－E740型通用变频器。同时，结合教学改革要求，在教材中融入较为成熟的课改理念和教学方法，以完成具体典型工作任务为主线组织教材内容，将理论知识的讲解与具体的任务载体有机结合，激发学生学习兴趣，提高学生实践能力。

第二，进一步完善教材体系，充分满足教学需求。

在进一步完善现有教材教学内容的基础上，适应专业发展趋势，新开发了《电力电子技术》《过程控制技术》《工业组态软件应用技术》《自动化综合实训》教材，以充分满足当前电气自动化技术专业教学的实际需求。同时，相关教材还可满足“生产过程自动化技术”“工业网络技术”“计算机控制技术”等其他电类专业方向的教学需要。

第三，涵盖国家职业标准，与职业技能鉴定要求相衔接。

教材编写坚持以国家职业标准为依据，涵盖相关国家职业标准中、高级的知识和技能要求，并在与教材配套的习题册中增加针对相关职业技能考试的练习题。同时，严格贯彻国家有关技术标准的要求。

第四，进一步开发辅助产品，提供优质教学服务。

根据大多数学校的教学实际需求，部分教材还配套开发了习题册，以便于学生巩固练习使用。本套教材均提供多媒体教学课件，可通过中国人力资源和社会保障出版集团网站（http：//www. class. com. cn）免费下载，进入主页后搜索相应教材并进入图书详细页面即可找到下载链接。

本次教材的修订（新编）工作得到了江苏、安徽、山东、河南、湖南、广东、广西、四川等省人力资源和社会保障厅及一些高等职业技术院校的大力支持，教材的编审人员做了大量的工作，在此我们表示诚挚的谢意。

人力资源和社会保障部教材办公室

2013 年 11 月

目录

CONTENTS

国家级职业教育规划教材

模块一　电子制作基本知识

任务1　电子制作实训操作安全

学习目标

知识目标：

1. 了解电子制作实训操作时的相关安全要求。
2. 了解防静电的基本知识。

能力目标：

1. 掌握电子制作安全操作规程。
2. 熟悉静电防护的常见方法。

任务提出

电子制作实训过程中需要使用电源、电烙铁，在实训过程中要严格遵守安全操作规程。在电子制作操作时要注重实训前预习、实践操作和撰写实训报告三个环节。在实践操作过程中必须特别注意用电安全和操作安全，严格遵守实训要求。此外，还需要注意避免在电子产品装配过程中可能出现的其他危害（如静电）。本任务的主要内容是学习了解电子制作实训现场的相关安全操作规程。

相关知识

一、实训基本要求

通过本课程的实践教学和技能训练，学生应达到以下要求：

1. 具有严谨求实的科学态度和踏实细致、爱岗敬业的工作作风。
2. 熟悉电子产品的安装、调试和维修的基本操作技能要求以及安全规则。
3. 能识读电子电路的装配技术文件，会分析基本电子电路的原理和作用。
4. 熟练掌握电子技术工程中常用的电子测试仪器及设备的选择和使用方法。
5. 了解常用电子元器件和集成电路的性能、参数和用途，并掌握其测试和选用方法。
6. 能根据电路图，独立采购电路所需的电子元器件和辅件等材料。
7. 能独立进行一般电子电路的安装、调试、观测、记录和测试数据的处理，能综合分析测试结果，撰写实训报告。
8. 能根据工程技术要求，安装和调试较复杂电子电路，具有发现、分析和排除一般电路故障的能力。

9. 掌握电子设计自动化（EDA）技术，能运用常用EDA软件进行一般电子产品及系统的开发设计。

10. 会查阅工程设计手册和产品技术文献资料，能从互联网上下载各种技术信息和软件资料。

二、实训基本环节

在《电子制作实训》课程中，有多个目的和内容各不相同的实训课题，但每个课题的训练过程是相同的，操作方法也有很多相似之处。实训的基本操作过程可分为实训预习、实践操作和撰写实训报告三个环节。

1. 实训预习

为了确保实训质量，提高实训效果，要求学生在每次实训前必须认真做好预习。仔细阅读实训指导教材及相关电子技术资料，了解整个实训内容和步骤，理解实训电路的工作原理，并清楚实训过程中需使用哪些仪器设备，要观察哪种现象，记录哪些数据，达到什么实训目的等。每个学生应按预习要求认真准备，对自己要进行的实训课题做到心中有数，并撰写出预习报告。

2. 实践操作

实践操作是实训课程的主要内容。实践操作时应做到以下几点：

（1）学生应按规定的时间到实训室或实习现场参加实训，认真听取实训指导教师的讲解。

（2）仔细核对实训所需要的仪器、设备和元器件是否齐全，是否符合要求，摆放布局是否合理。接线前，应首先了解各种仪器设备的使用方法、元器件的参数、电源种类和电压等级等。

（3）按照电路图装接好电子线路，装接时要尽可能做到整齐美观。经检查无误后，方可接通电源。

（4）按照实训内容和步骤进行操作。先观察和分析电路现象，后记录电路关键测试点的波形或数据。必须正确使用各种仪器、仪表，认真仔细地按规范操作，如实记录电路的实测数据。

（5）实践操作中如果发现异常现象，要立即切断电源，查找故障，排除故障后再接通电源继续实训。实训中仪器设备如有损坏应立即切断电源并报告指导教师，等候处理。

（6）实训完毕后，首先切断电源，然后根据实训要求认真核对实测数据，经教师审核认可后再拆除接线。最后整理好仪器设备并将其摆放整齐，请教师验收后才能离开实训室。

3. 撰写实训报告

实训报告是实训目的、经过和结果的体现，撰写实训报告也是一种基本技能素质的训练。报告质量是实训成绩的考核依据之一，应予以充分重视。实训操作结束后，学生应根据记录的实测数据进行分析和总结，得出实训的结果，独立撰写实训报告。

实训报告要求做到：文字精炼、书写规范、论述清楚、图表清晰、数据完整、实事求是、独立完成。

实训报告内容包括以下几部分：

（1）实训报告封面。包括学校名称、实训名称、实训日期、实训者姓名、学号、班级和指导教师。

（2）实训报告正文。包括课题名称，实训目的，实训内容，实训原理，实训器材，实训电路，安装配线图，实训步骤，波形、数据、表格、分析及实训结论（含预习报告所要求的理论分析等相关内容）。

（3）实训结果及分析。将记录的数据及波形填写到拟定的实验用记录表格中，分析数据及波形。将测量结果与理论分析的结果相比较，分析误差及原因，并对实训中发现的问题或故障作出分析。

（4）完成每个课题中对实训报告的具体要求。

三、安全用电常识

在操作过程中必须注意安全用电，任何麻痹大意都可能造成人身触电事故。安全用电必须做到以下几点：

1. 任何电器在无法证明无电的情况下都认为有电。不盲目信任开关和控制装置，不要依赖绝缘来防范触电。

2. 若发现电源线插头或电线有损坏时应立即更换。严禁乱拉临时电线，如需要则要用长度不得小于 2.5 m 的专用绝缘线，用后立即拆除。

3. 尽量避免带电操作，禁止湿手带电操作。

4. 不得带电移动电气设备。如需将带有金属外壳的电气设备移至新的位置时，首先要安装接地线，检查设备完好后才能使用。

5. 移动电器的插座要带有保护接地装置。严禁用湿手去碰灯头、开关和插座。

6. 不得靠近落地电线。用于落地的高压线更应距离落地点 10 m 以上。

7. 当电气设备起火时，应立即切断电源，并使用干粉灭火器进行扑灭。

四、静电放电（ESD）的相关知识

1. 静电的产生

（1）摩擦：在日常生活中，任何两个不同材质的物体接触后再分离，即可产生静电。产生静电的最普通方法就是摩擦生电。材料的绝缘性越好，越容易摩擦生电。另外，任何两种不同材质的物体接触后再分离，也能产生静电。

（2）感应：针对导电材料而言，因电子能在它的表面自由流动，如将其置于某一电场中，由于同性相斥，异性相吸，正负离子就会转移。

（3）传导：针对导电材料而言，因电子能在它的表面自由流动，如与带电物体接触，将发生电荷转移。

2. 静电对电子工业的影响

集成电路元器件的线路缩短，耐压降低，线路面积减小，这使得器件耐静电冲击的能力减弱。因此，静电电场（Static Electric Field）和静电电流（ESD current）成为这些高密度元器件的致命杀手。同时大量的塑料制品等高绝缘材料的普遍应用，导致产生静电的机会大增。日常生活中如走动、空气流动、搬运等都能产生静电。人们一般认为只有 CMOS 类的晶片才对静电敏感，实际上，集成度高的元器件电路对静电都很敏感。

（1）静电对电子元器件的影响

1）静电吸附灰尘，改变线路间的阻抗，影响元器件的功能与寿命。

2）因电场或电流破坏元器件的绝缘或导体，使元器件不能工作（完全破坏）。

3）因瞬间的电场或电流产生的热，使元器件损伤，虽仍能工作，但寿命受损。

（2）静电损伤的特点

1）隐蔽性。人体不能直接感知静电，除非发生静电放电，但即使发生静电放电，人体也不一定会有电击的感觉，因为人体感知的静电放电电压为2～3 kV。

2）潜伏性。有些电子元器件受到静电损伤后性能没有明显的下降，但多次累加放电会给元器件造成内伤而形成隐患，同时增加了元器件对静电的敏感性。已产生的问题无法治愈。

3）随机性。电子元器件在什么情况下会遭受静电破坏呢？可以这么说，从一个元器件生产，一直到它损坏以前，所有的过程都受到静电的威胁，而这些静电的产生也具有随机性。由于静电的产生和放电都是瞬间发生的，所以极难预测和防护。

4）复杂性。静电放电损伤的失效分析工作，因电子产品的精、细、微小的结构特点而费时、费事、费钱，要求较复杂的技术往往需要使用扫描电镜等高精密仪器。即便如此，有些静电损伤现象也难以与其他原因造成的损伤加以区别，使人们误把静电损伤失效当作其他失效。这是对静电放电危害未充分认识之前，常常归咎于早期失效或情况不明的失效，从而不自觉地掩盖了失效的真正原因。

5）严重性。ESD问题表面上看来只影响了制成品的用户，但实际上也影响了各层次的制造商，如保用费、维修及公司的声誉等。

3. ESD常见形式

（1）人体形式。指当人体活动时，由于身体和衣服之间的摩擦而产生摩擦电荷。当人们手持ESD敏感的装置而不先拽放电荷到地，摩擦电荷将会移向ESD敏感的装置而造成其损坏。

（2）微电子元器件带电形式。指在自动化生产过程中，这些ESD敏感的装置（尤其对塑料件）会产生摩擦电荷，而这些摩擦电荷通过低电阻的线路非常迅速地泄放到高导电性的牢固接地表面，因此造成损坏；或者通过感应使ESD敏感的装置的金属部分带电而造成损坏。

（3）场感类形式。即在有强电场围绕时（可能来源于塑性材料或人的衣服）会发生电子转化跨过氧化层。若电位差超过氧化层的介电常数，则会产生电弧而破坏氧化层，其结果为短路。

（4）其他形式。如机器模式、场增强模型、人体金属模型、电容耦合模型、悬浮元器件模型等。

4. 静电防护

（1）接地。接地就是直接将静电通过一条导线的连接泄放到大地，这是防静电措施中最直接最有效的办法。对于导体通常用接地的方法，如人工带防静电手腕带及工作台面接地等。

接地通过以下方法实施：

1）人体通过手腕带接地，图 1—1—1 所示为常见的防静电手腕带。

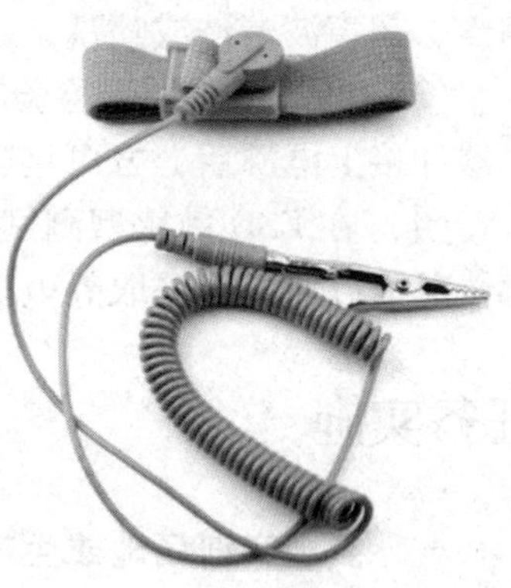
图 1—1—1　防静电手腕带

2）人体通过防静电鞋（或鞋带）和防静电地板接地。

3）工作台面接地。

4）测试仪器、工具夹或烙铁接地。

5）防静电地板或地垫接地。

6）防静电转运车、箱或架尽可能接地。

7）防静电椅接地。

（2）静电屏蔽。由于静电敏感元器件在储存或运输过程中会暴露于有静电的区域中，因此用静电屏蔽的方法可削弱外界静电对电子元器件的影响。最常见的方法是用静电屏蔽袋和防静电周转箱作为保护。另外防静电衣对人体的衣服也具有一定的屏蔽作用。

（3）离子中和。绝缘体往往易产生静电。对绝缘体静电的消除，用接地方法是无效的，通常是采用离子中和（部分采用屏蔽）的方法，即在工作环境中用离子风机等，提供一等电位的工作区域。

因此防静电材料和防静电设施均是按这三种方式派生出来的产品，可分为防静电仪表，接地系统类防静电产品，屏蔽类防静电包装、运输及储存防静电材料，中和类静电消除设备以及其他防静电用品。

5. 防静电的一般工艺规程要求

防静电的一般工艺规程要求如下：

（1）操作者必须戴有线防静电手腕带。

（2）涉及操作静电敏感元器件的桌、台面须采用防静电台垫。

（3）ESD 敏感型元器件必须用静电屏蔽与防静电器具转运。

（4）准备开封、测试静电敏感元器件时必须在防静电工作台上进行，有条件的可配用离子空气发生器清除空气中的电荷。

（5）组装所用的焊接设备及成型工装设备都必须接地，焊接工具使用内热式烙铁，接地要良好，接地电阻要小。

（6）电源供电系统要改装用变压器进行隔离，地线要可靠，防止悬浮地线，接地电阻应小于 10 Ω。

（7）产品测试时，在电源接通的情况下，不能随意插拔元器件，必须在切断电源的情况下插拔。

（8）凡 ESD 敏感型元器件不应过早地从原封装中取出，要正确操作，尽量不要摸 ESD 敏感型元器件管脚。

（9）用波峰焊接时，焊料和传递系统必须接地。

在防静电要求严格的场合，常常需要下列防静电工艺要求：

（1）凡对 ESD 敏感型整机进行高、低温试验或老化试验时，必须先对工作场地及高、低温箱进行静电位测试，其电位不能超过安全值，否则要进行静电消除处理。

（2）对焊接好的印制电路板作“三防”处理时，也要采用防静电措施。不要用一般的刷光、超声波清洗或喷洗。

（3）调试、测量、检验时所用的低阻仪器、设备（如信号、电桥等）应在ESD敏感型元器件接上电源后，方可接到ESD敏感型元器件的输入端。

（4）在ESD敏感型测试仪器生产线上，应严格使用静电电位测试、监视静电电位的变化情况，以便及时采取静电消除措施。

任务实施

一、参观实训场地或生产现场

在教师指导下，正确穿戴工作服，进入实训场地或生产现场参观。注意仔细听教师讲解，观察场地中主要有哪些设备和物品，记录在场地中工作有哪些注意事项。

二、学习文明操作规程

实训室的安全文明操作规程主要有以下几个方面：

1．学生进入实训室，必须做好课前准备工作，与实训无关的其他物品不得带入实训室。

2．实训时不得在实训室内随意打闹，不得做与实训无关的事情。不得离开工作场地，不得请他人或代他人加工工件。

3．严格遵守文明操作规程，不得擅自开启电源。在没有指导教师的同意及指导下，不得带电操作。

4．在电子产品装接过程中，使用电烙铁或电热风枪前，必须对电源线、电源插座进行安全检查，发现有松动或损坏应立即进行更换。实训时电烙铁应放在实训台右前方的烙铁架上。

5．实训时应将所要使用的工具放置在工作台的指定位置，不使用的工具放入工具箱并将工具箱放置在工作台的左前方或工作台下面。

6．实训场地及实训台上应保持干净整洁，各种垃圾应随时放入指定垃圾桶中。

7．在使用机械工具时，应避免因操作不当而引起的损伤事故；使用电热工具时要注意防止烫伤。

8．操作过程中要注意保护工件，防止因碰撞而导致工件损坏。

9．实训结束时，必须切断所有电源，及时清理操作台，保持工具整洁；离开前要关好门窗。

阅读实训场地张贴的安全文明操作规程，与以上内容进行对照，了解本校实训场地的规范要求。

思考与练习

1．上网查阅资料，深入了解静电防护的相关知识及其意义。

2．总结静电在电子产品装配过程中存在的危害。

任务2　电子焊接工艺

学习目标

知识目标：

1. 了解焊接的基本知识及手工焊接的工艺要求、质量分析。
2. 电子产品手工焊接工艺要求。

能力目标：

1. 掌握电子产品手工焊接技术。
2. 掌握电子产品手工焊接质量的分析。

任务提出

利用加热或其他方式使两种金属永久地牢固结合的过程称为焊接。焊接是电子产品的装配中最基本的一种连接方式，一般采用锡铅合金焊料焊接。手工焊接与返修是对电气技术专业人员必备的要求，本任务的主要内容是完成手工焊接的基本操作练习，为后续进一步完成电子电路的装配打下基础。

相关知识

一、手工焊接的基本步骤

手工烙铁焊接的具体操作步骤可分为五步，即准备施焊、加热焊件、熔化焊料、移开焊锡和移开烙铁，称为五步工程法。按上述步骤进行焊接是获得良好焊点的关键之一。在实际操作中，最容易出现的一种违反操作步骤的做法就是烙铁头不是先与被焊件接触，而是先与锡焊丝接触。这样，熔化的锡焊丝滴落在尚未预热的被焊部位，很容易产生焊点虚焊，所以烙铁头必须先与被焊件接触。对被焊件进行预热是防止产生虚焊的重要手段。

二、手工焊接使用的工具及要求

1. 锡焊丝的使用

用于电子元器件焊接的锡焊丝直径为 0.8 mm 或 1.0 mm。

2. 烙铁的使用

（1）电烙铁的功率选用原则：焊接较粗导线及同轴电缆时，选用 50 W 内热式电烙铁。

（2）电烙铁温度及焊接时间控制要求：有铅恒温烙铁的温度一般控制在 280 ~ 360℃，缺省设置为（330 ± 10）℃，焊接时间小于 3 s。焊接时烙铁头同时接触焊盘和元器件引脚，加热后送锡焊丝焊接。

（3）部分元器件的特殊焊接要求：对于 SMD，焊接时烙铁头温度为（320 ± 10）℃；焊接时间为每个焊点焊接时间 1 ~ 3 s；拆除元器件时烙铁头温度为 310 ~ 350℃。对于 DIP，焊接时，烙铁头温度为（330 ± 5）℃；焊接时间为 2 ~ 3 s。

（4）电烙铁的使用注意事项如下：

1）电烙铁不宜长时间通电而不使用，这样容易使烙铁芯加速氧化而烧断，缩短其寿命；同时也会使烙铁头因长时间加热而氧化导致不能上锡。

2）手工焊接使用的电烙铁需带防静电接地线，焊接时接地线必须可靠接地，防静电恒温电烙铁插头的接地端必须可靠接交流电源保护地。电烙铁绝缘电阻应大于10 MΩ，且电源线绝缘层不得有破损。

3）将万用表调在电阻挡，表笔分别接触烙铁头部和电源插头接地端，接地电阻稳定显示值应小于3 Ω；否则接地不良，不允许使用该电烙铁进行焊接。

4）烙铁头不得有氧化、烧蚀、变形等缺陷。烙铁不使用时应上锡保护；长时间不使用应关闭电源防止空烧；下班后必须拔掉电源。

5）烙铁放入烙铁支架后应能保持稳定、无下垂趋势，护圈能罩住烙铁的全部发热部位。

3. 所需的其他工具

防静电手腕带的松紧要适中，金属片与手腕部皮肤贴合良好，接地线连接可靠。

三、电子元器件插装工艺要求

1. 元器件引脚折弯或整形的基本要求

元器件引脚折弯或整形时可以借助镊子或旋具对引脚进行操作。所有元器件引脚除特殊情况外至少应留有1.5 mm以上的距离，不得从根部弯曲，折弯半径应大于引脚直径的2倍。二极管、电阻器等的引脚应平直，要尽量将有字符的元器件面置于容易观察的位置，如图1—2—1所示。

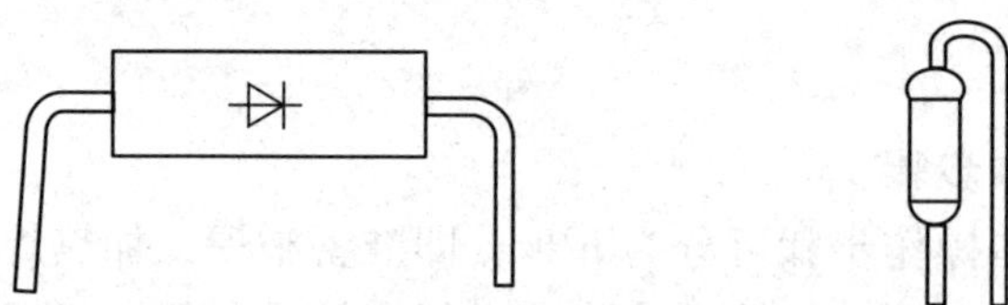

图1—2—1　元器件引脚折弯或整形后的放置位置

2. 元器件插装工艺要求

（1）电子元器件插装要求做到整齐、美观、稳固，元器件应插装到位，无明显倾斜、变形现象。同时应方便焊接和有利于元器件焊接时的加热。

（2）手工插装、焊接时，应该先插装那些需要机械固定的元器件，如功率元器件的散热器、支架、卡子等，然后再插装需焊接固定的元器件。插装时不要用手直接碰元器件的引脚和印制板上的铜箔。手工插焊遵循先低后高、先小后大的原则。

（3）插装时应检查元器件是否正确、无损伤；插装有极性的元器件时，应按线路板上的丝印进行插装，不得插反和插错；对于有空间位置限制的元器件，应尽量将元器件放在丝印范围内。

3. 元器件的插焊方式

如图1—2—2所示，元器件整形后，用拇指和食指夹住元器件，准确插入印制电路板的规定位置。当元器件插装到位后，用镊子将穿过孔的引脚向内弯折，以免元器件掉出，然后进行焊接操作。

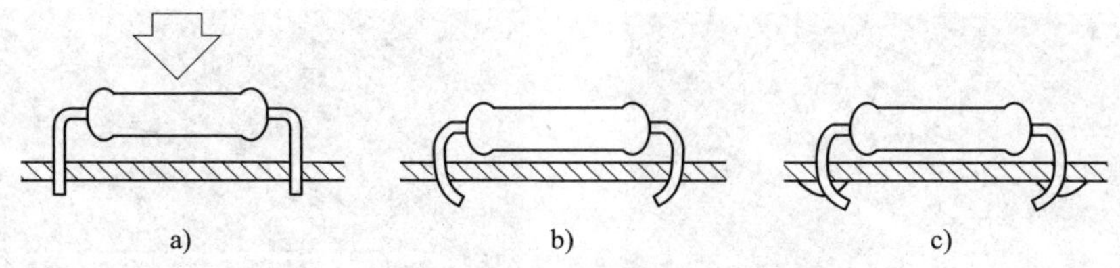

图 1—2—2　元器件插焊过程示意图

a）插装　b）弯脚　c）焊接

四、手工焊接工艺要求

1. 手工焊接前的准备工作

（1）保证焊接人员戴防静电手腕带。

（2）确认烙铁接地，用万用表交流挡测试烙铁头和地线之间的电压，要求小于 5 V，否则不能使用。检查烙铁发热是否正常，烙铁头是否氧化或有脏物，如有可在湿海绵上擦去脏物。烙铁头在焊接前应挂上一层光亮的焊锡。

（3）要熟悉所焊印制电路板的装配图，并按图样配料检查元器件型号、规格及数量是否符合图样的要求。

2. 手工焊接过程工艺要求

手工焊接电烙铁的握法有反握、正握及握笔式三种；锡焊丝有两种拿法，如图 1—2—3 所示。

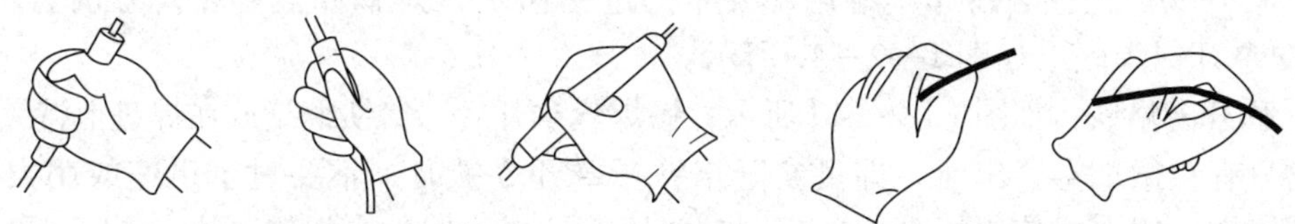

图 1—2—3　电烙铁的三种握法及锡焊丝的两种拿法

手工焊接的步骤如下：

（1）准备焊接：清洁焊接部位的积尘及油污、元器件的插装、导线与接线端钩连，为焊接做好前期的预备工作。

（2）加热焊接：将蘸有少许焊锡的电烙铁头接触被焊元器件约 3 s，若是要拆下印制电路板上的元器件，则待烙铁头加热后，用手或镊子轻轻拉动元器件，看是否可以取下。

（3）清理焊接面：若所焊部位焊锡过多，可将烙铁头上的焊锡甩掉（注意不要烫伤皮肤，也不要甩到印制电路板上），然后用烙铁头“蘸”些焊锡出来，若焊点焊锡过少、不圆滑时，可以用电烙铁头“蘸”些焊锡对焊点进行补焊。

（4）检查焊点：看焊点是否圆润、光亮、牢固，是否有与周围元器件连焊的现象。

3. 手工焊接的方法

（1）加热焊件：电烙铁的焊接温度由实际使用情况决定，一般来说以焊接一个锡点的时间限制在 3 s 最为合适，焊接时烙铁头与印制电路板约成 45°角，电烙铁头顶住焊盘和元器件引脚，然后给元器件引脚和焊盘均匀预热，如图 1—2—4a 所示。

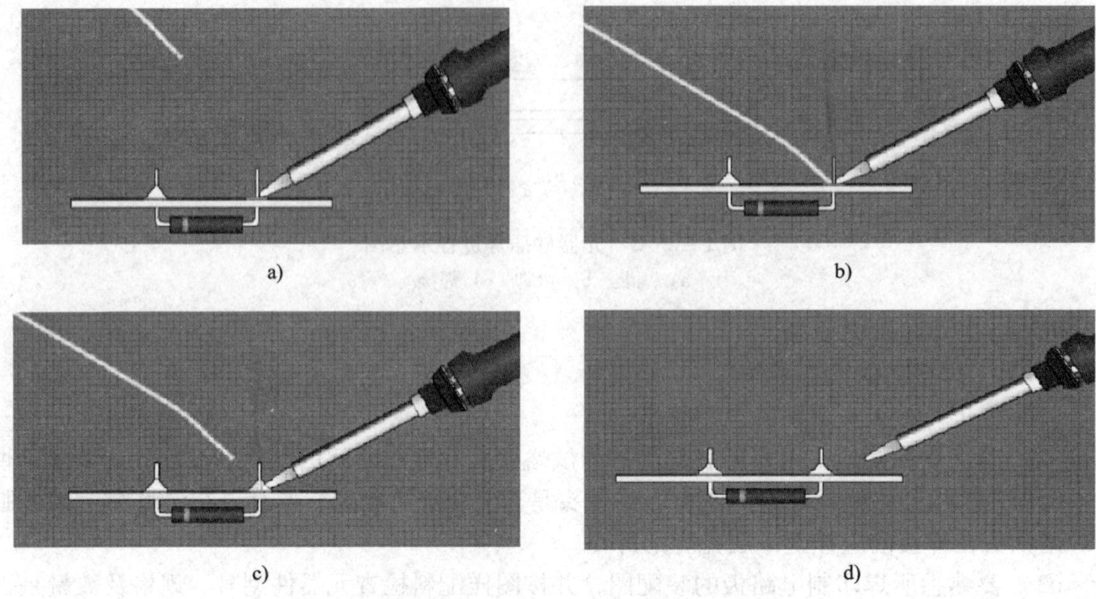

图 1—2—4　手工焊接方法示意图

a）加热焊件　b）移入锡焊丝　c）移开锡焊丝　d）移开电烙铁

（2）移入锡焊丝：将锡焊丝从元器件引脚和烙铁接触面处引入，锡焊丝应靠在元器件引脚与烙铁头之间，如图 1—2—4b 所示。

（3）移开锡焊丝：当锡焊丝熔化（要掌握进锡速度）焊锡布满整个焊盘时，即可以约 45°角方向拿开锡焊丝，如图 1—2—4c 所示。

（4）移开电烙铁：如图 1—2—4d 所示，锡焊丝拿开后，烙铁继续放在焊盘上持续 1 ~ 2 s，当锡焊丝只有轻微烟雾冒出时，即可拿开烙铁。拿开烙铁时，不要过于迅速或用力往上挑，以免溅落锡珠、锡点或使锡焊点拉尖，同时要保证被焊元器件在焊锡凝固之前不要移动或受到振动，否则极易造成焊点结构疏松、虚焊等现象。

五、常用元器件的焊接工艺要求

1. 印制电路板焊接的注意事项

（1）加热时应尽量使烙铁头同时接触印制电路板上的铜箔和元器件的引脚。对较大的焊盘（直径大于 5 mm）焊接时可移动烙铁，即烙铁绕焊盘转动，以免长时间停留在一点上导致局部过热。

（2）金属化孔的焊接：焊接时不仅要让焊料润湿焊盘，而且孔内也要润湿填充，因此金属化孔加热时间应长于单面板。

（3）焊接时不要用烙铁头摩擦焊盘的方法增强焊料润湿性能，而要靠表面清理和预焊。

2. 印制电路板上常用元器件的焊接要求

（1）电阻器的焊接。将电阻器按图样要求装入规定位置，并要求标记向上，字向一致，装完一种规格再装另一种规格，并尽量使电阻器的高低一致，焊接后将露在印制电路板表面上多余的引脚齐根剪去。

（2）电容器的焊接。将电容器按图样要求装入规定位置，并注意有极性的电容器其

“+”极与“-”极不能接错，电容器上的标记方向要容易看见。

(3) 二极管的焊接。正确辨认二极管正负极后按图样或工艺资料要求装入规定位置，型号及标记要容易看见。焊接立式二极管时对最短的引脚焊接，时间不要超过 2 s。

(4) 三极管的焊接。按图样或工艺资料要求将三极管的 e、b、c 三根引脚装入规定位置，焊接时间应尽可能短，焊接时用镊子夹住引脚，以帮助散热。焊接大功率三极管时，若需要加装散热片，应将接触面平整、打磨光滑后再紧固。

(5) 集成电路的焊接。将集成电路插装在印制电路板上，按照图样或工艺资料要求，检查集成电路的型号、引脚位置是否符合要求。焊接时先焊集成电路边沿的两只引脚，以使其定位，然后再从左到右或从上到下进行逐个焊接。焊接时，烙铁头一次蘸取锡量为焊接 2 ~ 3 只引脚的量，烙铁头先接触印制电路板的铜箔，待焊锡进入集成电路引脚底部时，烙铁头再接触引脚，接触时间以不超过 3 s 为宜，而且要使焊锡均匀包住引脚。焊接完毕后要检查是否有漏焊、碰焊、虚焊之处，并清理焊点处的焊料。

六、手工拆焊

手工拆焊所需工具主要有电烙铁、吸锡枪、镊子。其工艺要求主要有以下几点：

1. 手插元器件的拆卸

(1) 引脚较少的元器件拆法。一手拿着电烙铁加热待拆元器件引脚焊点，另一手用镊子夹着元器件。待焊点焊锡熔化时，用镊子将元器件轻轻往外拉，注意不能用力过猛，以免将焊盘拉脱。

(2) 多焊点元器件且引脚较硬的元器件拆法。采用吸锡枪逐个将元器件引脚焊锡吸干净后，再用镊子取出元器件。借助吸锡材料（如编织导线、吸锡铜网）靠在元器件引脚上用烙铁和助焊剂加热后，抽出吸锡材料将引脚上的焊锡一起带出，最后将元器件取出。

2. 机插元器件的拆卸

右手握住烙铁将锡点熔化，并继续对准锡点加热，左手拿着镊子，对准锡点中引脚将其夹紧后掰直，如图 1—2—5 所示。用吸锡枪或吸锡器将锡焊丝吸净后，用镊子将引脚掰直后的元器件取出。

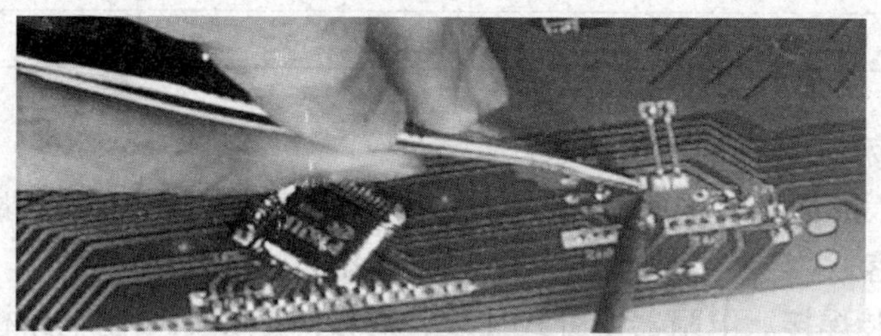

图 1—2—5 机插元器件的拆卸过程

任务实施

一、万用电路板手工焊接

在万用电路板上自己规划设计、焊接如图 1—2—6 所示的闪光电路，元器件清单见表 1—2—1。

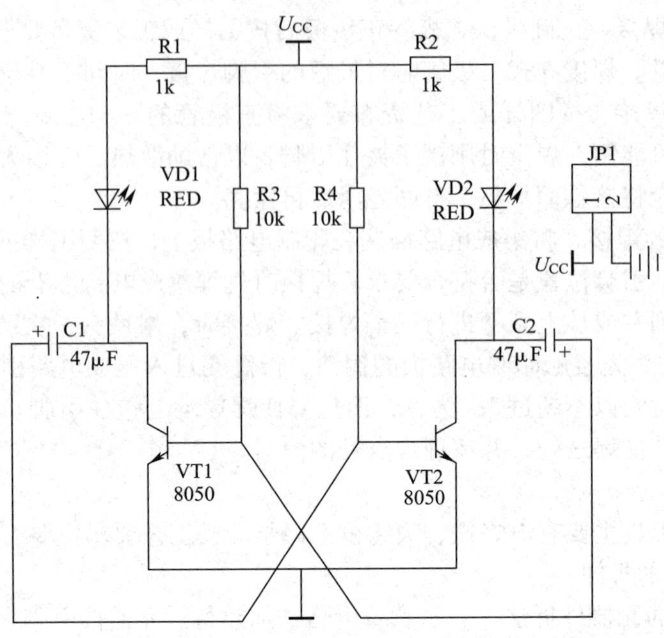

图 1—2—6　闪光电路原理图

表 1—2—1　　　元器件清单

序号	代号	规格	数量
1	R1、R2	1 kΩ	2
2	R3、R4	10 kΩ	2
3	JP1	5 mm	2
4	C1、C2	47 μF	2
5	VT1、VT2	8 050	2
6	VD1、VD2	红色	2

1. 电路板布局和元器件的插装要求

充分利用电路板的面积，把元器件对称散开排列，疏密适当，不能太挤也不能集中放置在电路板的某个角落。

（1）电阻器插装焊接。电阻器要卧式插装，焊接时应紧贴印制电路板，任何一脚都不能翘起、扭曲。

（2）发光二极管插装焊接。发光二极管要立式插装，焊接时应使发光二极管底部距电路板 3 ~ 5 mm。注意：插装发光二极管时，一定要注意它的正负极性，避免插错。

（3）电容器插装焊接。插装电解电容器时，应注意电容器距电路板 1 ~ 2 mm。由于电解电容器是极性电容器，有正负极性之分，所以，插装时要注意电解电容器的极性不能搞错。

（4）三极管插装焊接。三极管要立式插装，焊接时应使三极管距电路板 4 ~ 6 mm。

2. 电路板调试

利用提供的稳压电源调试电路板。

3. 故障分析

一旦电路不能正常工作，可以依据以下思路进行处理：

（1）查看电源是否短路——断电后用万用表电阻挡测量电路板上 U_{CC}和地之间的电阻。

（2）检查发光二极管是否焊反。

（3）检查电解电容器的极性是否焊反。

（4）检查三极管两个 PN 结是否短路或焊反。

二、印制电路板手工焊接

通过插装、焊接电阻器、电容器、发光二极管和三极管，组成如图 1—2—6 所示的闪光电路，元器件清单见表 1—2—1。

1. 电阻器插装与焊接

电阻器采用卧式插装焊接时，应紧贴印制电路板，并注意电阻器的阻值色环应向外，同规格电阻器色环方向应排列一致，直标法的电阻器标志应向上。

电阻器采用立式插装焊接时，应使电阻器距电路板 1 ~ 2 mm，并注意电阻器的阻值色环向上，同规格电阻器色环方向应排列一致。

2. 二极管插装与焊接

二极管采用卧式插装焊接时，应使二极管距印制电路板 3 ~ 5 mm。注意二极管正负极性位置不能搞错，同规格的二极管标记方向应一致。

二极管采用立式插装焊接时，应使二极管距印制电路板 2 ~ 4 mm。注意二极管正负极性位置不能搞错，有标记的二极管其标记一般向上。

3. 电容器插装与焊接

插装焊接瓷片电容器时，应使电容器距印制电路板 4 ~ 6mm，并且标记面向外，同规格电容器排列整齐，高低一致。

插装焊接电解电容器时，应注意电容器距印制电路板 1 ~ 2 mm，并注意电容器的极性不能搞错，同规格电容器排列整齐，高低一致。

4. 三极管插装与焊接

三极管插装与焊接时，应使三极管（直排、跨排）距电路板 4 ~ 6 mm，管脚间相互距离 2 ~ 4 mm。注意三极管的三个电极不能插错。

三、手工拆焊

在已完成焊接的万用电路板和印制电路板上，手工拆焊电阻器 R1、发光二极管 VD1、三极管 VT1，拆焊后更换新的元器件再焊上。

思考与练习

1. 电阻器的插装方式有哪几种？
2. 印制电路板元器件插装焊接工艺要求有哪些？
3. 上网查阅资料，了解如何检验印制电路板的质量。

4．查阅相关资料，分析表1—2—2中焊点缺陷的危害，并分析其形成原因。

表1—2—2 焊点缺陷

焊点缺陷	外观特点	危害	原因分析
过热	焊点发白，表面较粗糙，无金属光泽		
冷焊	表面呈豆腐渣状颗粒，可能有裂纹		
拉尖	焊点出现尖端		
桥连	相邻导线连接		
铜箔翘起	铜箔从印制板上剥离		
虚焊	锡焊丝与元器件引脚和铜箔之间有明显黑色界限，锡焊丝向界限凹陷		
焊料过多	焊点表面向外凸出		
焊料过少	焊点面积小于焊盘的80%，焊料未形成平滑的过渡面		

任务 3 集成电路的识别与检测

学习目标

知识目标：

1. 了解常用集成电路类型。
2. 了解常用集成电路的封装与使用注意事项。

能力目标：

1. 掌握常用集成电路的引脚识别。
2. 掌握常用集成电路的检测方法。

任务提出

集成电路（Integrated Circuit，IC）是一种微型电子器件或部件。采用一定的工艺，把一个电路中所需的晶体管、二极管、电阻器、电容器和电感器等元器件及布线互连在一起，制作在一小块或几小块半导体晶片或介质基片上，然后封装在一个管壳内，成为具有所需电路功能的微型结构；其中所有元器件在结构上已组成一个整体，使电子元器件向着微小型化、低功耗和高可靠性方面迈进了一大步。当今半导体工业大多数应用的是基于硅的集成电路。本任务主要学习集成电路的相关知识，完成集成电路的识别与检测。

相关知识

一、常用集成电路

集成电路又称微电路（microcircuit）、微芯片（microchip）或者芯片（chip），在电子学中是一种把电路（主要包括半导体装置，也包括被动元器件等）小型化的方式，制造在半导体晶圆表面上的电路。集成电路按其功能的不同，可以分成模拟集成电路、数字集成电路和模数混合集成电路三大类。其外形如图 1—3—1 所示。

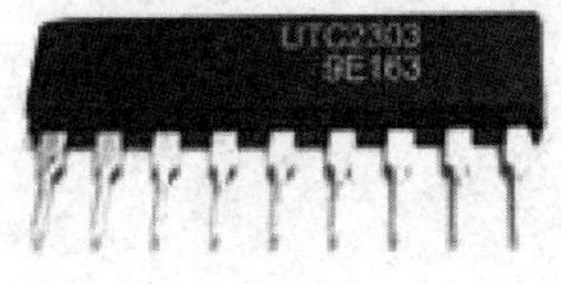

a)

b)

图 1—3—1 常见集成电路外形

a）单列集成电路 b）双列集成电路

1. 数字集成电路

半导体数字集成电路广泛地应用于计算机、自动控制、数字通信、数字雷达、卫星电视、仪器仪表、宇航等许多技术领域，其电路的特点如下：

（1）使用的信号只有“0”和“1”两种状态，即电路的“导通”或“截止”状态，也称“低电平”或“高电平”状态。

（2）内部电路结构简单，数字集成电路按所用半导体器件不同分为双极型集成电路和单极（MOS）型集成电路。

（3）数字集成电路应用最普遍的电路有 ECL、CMOS、TTL 三大类。ECL 电路速度快，但功耗较大，主要用于高速计算机或高速通信系统；CMOS 电路速度慢，但功耗低，主要用于一般测量设备和民用电子产品；TTL 电路性能介于两者之间，结构简单、抗干扰能力强、品种齐全，应用广泛。

（4）TTL 电路对电源要求严格，只允许（5 ±0.5）V；CMOS 电路的电源范围较宽，工作电压范围为 3 ~ 18 V。

2. 数字集成电路的分类

目前，已经成熟的集成逻辑技术主要有三种：TTL 逻辑（晶体管 - 晶体管逻辑），CMOS 逻辑（互补金属氧化物 - 半导体逻辑）和 ECL 逻辑（发射极耦合逻辑）。

（1）TTL 逻辑。TTL 逻辑于 1964 年由美国德克萨斯仪器公司开发，其发展速度快，系列产品多。有速度和功耗折中的标准型；有改进型、高速的标准肖特基型；有改进型、高速的低功耗肖特基型。所有 TTL 电路的输入、输出均是兼容的。

（2）CMOS 逻辑。CMOS 逻辑的特点是功耗低，工作电源电压范围宽，速度快（可达 7 MHz）。CMOS 逻辑有 CC4000 系列、CC4500 系列和 54/74HC（AC）00 系列。

（3）ECL 逻辑。ECL 逻辑的最大特点是工作速度高。因为在 ECL 电路中，数字逻辑电路形式采用非饱和型，消除了三极管的存储时间，大大加快了工作速度。MECL Ⅰ系列是由美国摩托罗拉公司于 1962 年生产的，后来又生产了改进型的 MECL Ⅱ，MECL Ⅲ 型及 MECL10000。

3. 模拟集成电路

模拟集成电路的特点如下：

（1）电路处理的信号是连续变化的模拟量电信号，除输出级外，电路中的信号电平值较小，所以内部器件多工作在小信号状态，而数字电路一般工作在大信号的开关状态。

（2）信号的频率范围往往从直流一直延伸到很高的上限频率。

（3）模拟集成电路中元器件种类较多，如 NPN 管、PNP 管、MOS 管、膜电阻器、膜电容器等，故其制造工艺较数字电路复杂。

（4）模拟集成电路往往具有内繁外简的电路形式，尽管制造工艺复杂，但电路功能完善，使用方便。

（5）精度高、种类多、通用性小。

4. 模拟集成电路的分类

模拟集成电路大体上可分为以下四大类：

（1）线性集成电路。指输出、输入信号呈线性关系的集成电路。这类电路的型号很多，功能多样。最常见的是各类运算放大器。根据功能又可分类如下：

1）通用型。低增益、中增益、高增益、高精度。

2）专用型。高输入阻抗、低漂移、低功耗、高速度。

（2）非线性集成电路。非线性集成电路大多是专用集成电路，其输入、输出信号通常是模拟—数字、交流—直流、高频—低频、正—负极性信号的混合，很难用某种模式统一起来。

（3）功率集成电路。包括音频功率放大电路、低频功率放大电路、射频功率输出电路、功率开关电路、功率变换电路、伺服放大电路、大功率稳压电路、稳流电路等。

（4）微波集成电路。工作在 1 000 MHz 以上微波频段，如频率转换电路、振荡器、参量放大器、移相电路、倍频电路、滤波器、低噪声前置放大器等。

二、集成电路的封装与引脚识别

使用集成电路前，必须认真识别集成电路的引脚，确认电源、地、输入、输出、控制等端的引脚号，以免因接错而损坏元器件。

集成电路的封装按材料不同大致分为金属、陶瓷、塑料三类；按电极引脚的形式分为通孔插装式和表面安装式两大类。这几种封装形式各有特点，应用领域也有区别。以下简单介绍通孔插装式集成电路封装的引脚形式。

通孔插装式集成电路的封装形式有金属封装、陶瓷封装、塑料封装三大类。

1. 金属封装

金属封装散热性好，可靠性高，但安装使用不够方便，成本较高。这种封装形式常见于高精度集成电路或大功率元器件。

2. 陶瓷封装

国家标准规定的陶瓷封装集成电路可分为扁平型和双列直插型两种。

3. 塑料封装

这是目前最常见的一种封装形式，最大特点是工艺简单、成本低，因而被广泛使用。国家标准规定的塑料封装形式，又可分为扁平型（B 型）和双列直插型（D 型）两种。

为降低成本、方便使用，中功率元器件也大量采用塑料封装形式。但为了限制温升并有利于散热，通常都同时封装在一块导热金属板上，便于加装散热片。

如图 1—3—1 所示就是广泛使用、最常见的塑料 V—DIP 型封装。其芯片引脚端的排序即如图 1—3—1 所示，按逆时针方向排列。通常，集成电路的最左上角的引脚（图1—3—2 中的芯片的第⑭脚）接电源正端（U_{CC}或 U_{DD}），最右下角的引脚（图 1—3—2 中的芯片的第⑦脚）接地或接电源负端（GND 或 U_{SS}）。

三、CMOS 集成电路应用

1. 电路的极限范围

表 1—3—1 列出了 CMOS 集成电路的一般参数，表 1—3—2 列出了 CMOS 集成电路的极限参数。CMOS 集成电路在使用过程中是不允许在超过极限的条件下工作的。当电路在超过最大额定值条件下工作时，很容易造成电路损坏，或者使电路不能正常工作。

应当指出的是：CMOS 集成电路虽然允许处于极限条件下工作，但此时对电源设备应采取稳压措施。这是因为当供电电源开启或关闭时，电源上脉冲波的幅度很可能超过极限值，会将电路中各 MOS 晶体管之间电极击穿。上述现象有时并不呈现电路失效或损坏现象，但有可能缩短电路的使用寿命，或者在芯片内部留下隐患，使电路的性能指标逐渐变劣。

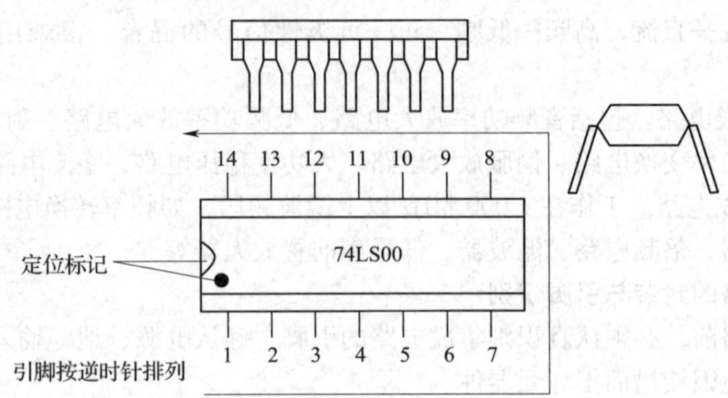

图 1—3—2 典型的塑料封装集成电路

表 1—3—1 CMOS 集成电路（CC4000 系列）的一般参数表

参数名称	符号	单位	电源电压 U_{CC}（V）	参数	
				最大值	最小值
静态功耗电流	I_{DD}	μA	5		0. 25
			10		0. 50
			15		1. 00
输入电流	I_I	μA	18		±0. 1
输出低电平电流	I_{OL}	mA	5	0. 51	
			10	1. 3	
			15	3. 4	
输出高电平电流	I_{OH}	mA	5	−0. 51	
			10	−1. 3	
			15	−3. 4	
输入逻辑低电平电压	U_{IL}	V	5		1. 5
			10		3
			15		4
输入逻辑高电平电压	U_{IH}	V	5	3. 5	
			10	7	
			15	11	
输出逻辑低电平电压	U_{OL}	V	5		0. 05
			10		0. 05
			15		0. 05

表 1—3—2　　CMOS 集成电路（CC4000 系列）的极限参数表

<table>
<tr><th colspan="2">参数名称</th><th>符号</th><th>极限值</th></tr>
<tr><td colspan="2">最大直流电源电压</td><td>U_{CC}（max）</td><td>18 V</td></tr>
<tr><td colspan="2">最小直流电源电压</td><td>U_{SS}（min）</td><td>−0.5 V</td></tr>
<tr><td colspan="2">最大输入电压</td><td>U_I（max）</td><td>U_{CC}+0.5 V</td></tr>
<tr><td colspan="2">最小输入电压</td><td>U_I（min）</td><td>−0.5 V</td></tr>
<tr><td colspan="2">最大直流输入电流</td><td>I_I（max）</td><td>±10 mA</td></tr>
<tr><td colspan="2">储存温度范围</td><td>T_S</td><td>−65～100℃</td></tr>
<tr><td rowspan="3">工作温度范围</td><td>（1）陶瓷扁平封装</td><td rowspan="3">T_A</td><td>−55～100℃</td></tr>
<tr><td>（2）陶瓷双列直插封装</td><td>−55～125℃</td></tr>
<tr><td>（3）塑料双列直插封装</td><td>−40～85℃</td></tr>
<tr><td rowspan="3">最大允许功耗</td><td>（1）陶瓷扁平封装 T_A = −55～+100℃</td><td rowspan="3">P_M</td><td>200 mW</td></tr>
<tr><td>（2）陶瓷双列直插封装
T_A = −55～+100℃
T_A = +100～+250℃</td><td>500 mW
200 mW</td></tr>
<tr><td>（3）塑料双列直插封装
T_A = −55～+60℃
T_A = +60～+85℃</td><td>500 mW
200 mW</td></tr>
<tr><td colspan="2">外引线焊接温度［离封装根部（1.59±0.97）mm 处焊接，设定焊接时间为 10 s］</td><td>T_L</td><td>265℃</td></tr>
</table>

2. 工作电压、极性及其正确选择

在使用 CMOS 集成电路时，工作电压的极性接法必须正确无误。如果颠倒错位，在电路的正、负电源引出端或其他有关功能端上，只要出现大于 0.5 V 的反极性电压，就会造成电路的永久失效。

虽然 CMOS 集成电路的工作电压范围很宽，如 CC4000 系列电路在 3～18 V 的电源电压范围内都能正常工作，但使用时应充分考虑以下几点：

（1）输出电压幅度。电路工作时，所选取的电源工作电压高低与电路输出电压幅度大小密切相关。由于 CMOS 集成电路输出电压幅度接近于电路的工作电压值，因此供给电路的正、负电源工作电压范围可略大于电路要求输出的电压幅度。

（2）电路工作速度。CMOS 集成电路的工作电压选择直接影响电路的工作速度。对 CMOS 集成电路提出了工作速度或工作频率指标要求，如果降低 CMOS 集成电路的工作电压，必将降低电路的速度或频率指标。

（3）输入信号大小。电源工作电压将限制 CMOS 集成电路的输入信号的摆幅。对于 CMOS 集成电路来说，除非对流经电路输入端保护二极管的电流施加限流控制，输入电路的信号摆幅一般才不会超过供给电压范围，否则将会导致电路的损坏。

（4）电路的功耗。CMOS 集成电路所选取的工作电压越高，功耗就越大。但由于 CMOS 集成电路功耗极小，所以在系统设计中，功耗并不是主要考虑的设计指标。

3. 输入端和输出端使用规则

（1）输入端的保护。在 CMOS 集成电路的使用中，要求输入信号幅度不能超过 $U_{CC}-U_{SS}$，输入信号电流绝对值应小于 10 mA。如果输入端接有较大的电容 C 时，应加保护电阻 R，如图 1—3—3 所示，R 的阻值为几十欧姆至几十千欧姆。

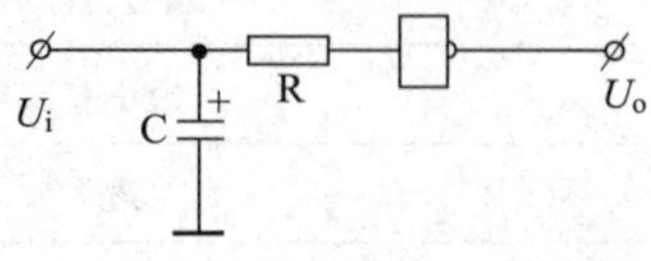

图 1—3—3　输入端的保护方法

（2）多余输入端的处置。CMOS 集成电路多余输入端的处置比较简单，下面以或门、与门为例进行说明。如图 1—3—4a 所示，或门（或非门）的多余输入端应接至电源 U_{SS}（GND）端；如图 1—3—4b 所示，与门（与非门）的多余输入端应接至 U_{CC}（U_{DD}）端。当电源稳定性差或外界干扰较大时，多余输入端一般不直接与电源（地）相连，而是通过一个电阻再与电源（地）相连，如图 1—3—4c 和图 1—3—4d 所示，R 的阻值约为几百千欧姆。

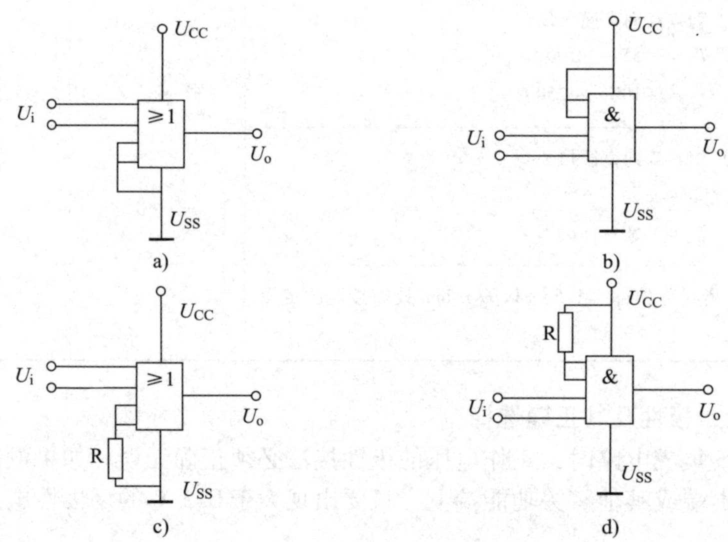

图 1—3—4　多余输入端的处置

另外，采用输入端并联的方法来处理多余的输入端也是可行的。但这种方法只能在电路工作速度不高、功耗不大的情况下使用。

（3）多余门的处置。在一般使用中，CMOS 集成电路可将多余门的输入端接 U_{CC} 或 U_{SS}，而输出端可悬空不接。当用 CMOS 集成电路来驱动较大输入电流的元器件时，可将多余门按逻辑功能并联使用。

（4）输出端的使用方法。在高速数字系统中，负载的输入电容将直接影响信号的传输速度。在这种情况下，CMOS 集成电路的输出能力不足，通常的解决方法是选用驱动能力较强的缓冲器（如四同相/反相缓冲器 CD4041），以增强输出端吸收电流的能力。

4. 寄生可控硅效应的防护措施

由于 CMOS 集成电路的互补特点，造成了在电路内部有一个寄生的可控硅（VS）效应。

当 CMOS 集成电路受到某种意外因素激发（如电磁感应、电火花），使电源电压超过 CMOS 集成电路的击穿电压（约 25 V）。这时，集成电路的 U_{CC}端和 U_{SS}端之间会出现一种低阻状态，电源电压突然降低，电流突然增加。如果此时电源没有限流措施，就会把电路内部连接 U_{CC}或 U_{SS}的导线烧断，造成电路永久性损坏；如果此时电源有一定的限流措施（例如电源电流限制在 250 mA 以内），在出现大电流、低电压状态时，及时关断电源，就能保证电路安全无损。重新接通电源后，电路仍能正常工作。

简单的限流方法是用电阻器和稳压管进行限流，如图 1—3—5 所示。图中稳压管的击穿电压就是 CMOS 集成电路的工作电压，电阻器用来限流，电容器用来提供电路翻转时所需的瞬态电流。

VS 效应造成损坏的电路可用万用表电阻挡进行判断。正常电路，U_{CC}与 U_{SS}有二极管特性；VS 效应烧毁的电路，U_{CC}与 U_{SS}呈开路状态。

在系统中，被损坏的电路如果加交流信号，其输出电平范围很窄，即高电平不到 U_{CC}，低电平不到 U_{SS}，而且不能驱动负载。

正常的 CMOS 集成电路用 JT－1 晶体管特性测试仪测量，能得到如图 1—3—6 所示的击穿特性曲线。测试方法：U_{DD}接电源正极，U_{SS}接地，所有的输入端接 U_{CC}或 GND，测量集成电路的击穿特性。

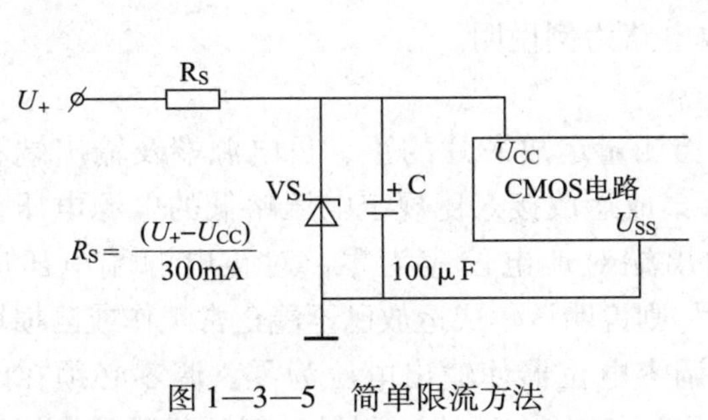

图 1—3—5 简单限流方法

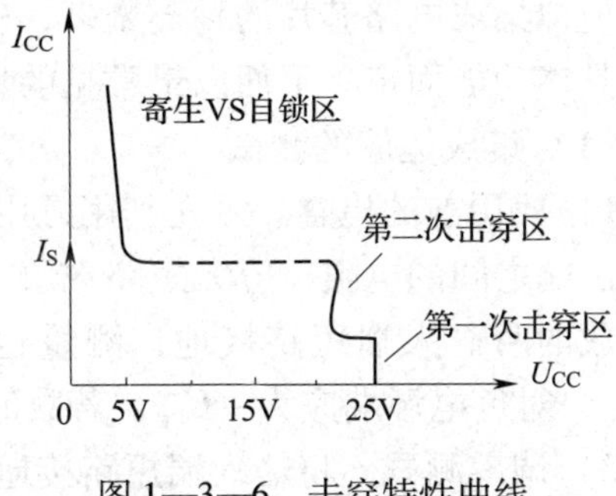

图 1—3—6 击穿特性曲线

四、集成电路的检测

集成电路在使用前和电路进行调试及设备维护中，都需要对集成电路进行芯片好坏和性能优劣的测试。

检测集成电路前首先要熟悉所用集成电路的功能、主要电器参数、各引脚的作用以及引脚的正常工作电压、波形与外围元件组成电路的工作原理。

1. 数字集成电路的测试

数字集成电路的测试主要是验证其逻辑功能是否正确。

（1）组合逻辑集成电路的测试。组合逻辑电路是指电路的输出状态在任一时刻都仅与该时刻的输入状态有关，而与输入状态作用前的电路状态无关。该类芯片的测试主要是验证输入与输出的关系是否与真值表相符合。

在电路静止状态下测试输出与输入的关系。按真值表将输入信号一组一组地依次送入被测芯片输入端（可借助逻辑开关），测出相应的输出状态（用万用表测电压或用发光二极管显示输出端的状态）并与真值表相比较，借以判断此芯片的逻辑功能是否正常。

（2）时序逻辑集成电路的测试。时序逻辑电路是指电路任意时刻的输出信号不仅取决于当时的输入信号，而且还取决于电路原来的状态。时序逻辑集成电路芯片的测试是验证其状态的转换是否与状态图相符合，可用发光二极管、数码管或示波器等观察输出状态的变化。常用的测试方法有两种：一种是单拍工作方式，以单脉冲源作为时钟脉冲，逐拍进行观测；另一种是连续工作方式，以连续脉冲源作为时钟脉冲，用示波器观察波形，来判断输出状态的转换是否与状态图相符合。

（3）用万用表判断 TTL 集成电路的好坏。将万用表置于 R×1 k 挡，黑表笔接待判别 TTL 的电源负端，红表笔依次接其他各端，测量其对电源负端的直流电阻。在正常情况下，各端子对地直流电阻在 5 kΩ 左右，但正电源端对接地端电阻约为 3 kΩ。若某一端对地电阻低于1 kΩ，则说明该集成电路已损坏；反之，若对地电阻大于 12 kΩ，则说明该集成电路已不能正常使用。再用红表笔接 TTL 电源负端，用黑表笔分别接其他端子，若该集成电路是好的，则正向直流电阻应分别大于40 kΩ。

正常的 TTL 集成电路，其电源的正端对地的正、反向电阻值均较其他端子小，最大不超过 10 kΩ。若此端电阻接近无穷大，则说明此集成电路的电源端有断路。

（4）有条件的可用 IC 测试仪测量 TTL 集成电路的好坏。

2. 模拟集成电路的测试

模拟集成电路芯片的种类繁多，较数字集成电路复杂，故没有一个统一的测试方法，应视其具体功能而定。下面以最常见的集成运放电路为例说明。

（1）集成运放的测试

1）使用前的检查。可先利用万用表欧姆挡测量运放芯片的正、负电源端及输出端和其他引出端之间的电阻，应无短路现象。然后将集成运放接入比规定电压略低的电源电压，并将运放的两输入端短路接地，测量运放的输出端对地电位应为零，对正电源端电压应为 $+U_{CC}$，对负电源端应为 $-U_{CC}$，若数值偏差大，则说明该集成运放已不能正常工作或已损坏。

2）调零测试。将输入端短路接地，调节调零电位器使输出电压为零。调零必须在闭环条件下进行，输出端应用小量程电压挡（如用万用表的 1 V 挡）测量。若调节调零电位器输出电压不为零或不变（等于 $-U_{CC}$或 $+U_{CC}$），则应检查电路接线是否正确，有无接触不良。若接线正确而不能调零，则可能是元器件已损坏或质量不好。

（2）用万用表判断模拟集成电路的好坏。用万用表测试模拟集成电路的好坏，主要采用电压法或电阻法。一种情况是如果集成电路是在线状态（即已经接在电路当中），则可在通电的状态下测量各脚对接地脚的电压，正确的电压值可从有关的资料、图样获得或从同型号的正常工作的机器中获得；另一种情况是非在线状态（即集成电路没有接在电路中），可用红、黑表笔分别接集成电路的接地脚，然后用另一表笔测各脚对地的电阻值，看与正常的集成电路阻值是否一致，如果相差不多，则可判定被测集成电路是好的。正常的阻值可通过资料或测量正品集成电路得出。

3. 微处理器集成电路的检测

微处理器集成电路的关键测试引脚是 U_{CC}电源端、RESET 复位端、X_{IN}晶振信号输入端、

X_{OUT}晶振信号输出端及其他各线输入、输出端。

在测量这些关键引脚对地的电阻值和电压值，看是否与正常值（可从产品电路图或有关维修资料中查出）相同。

不同型号微处理器的 RESET 复位电压也不相同，有的是低电平复位，即在开机瞬间为低电平，复位后维持高电平；有的是高电平复位，即在开机瞬间为高电平，复位后维持低电平。

4. 开关电源集成电路的检测

开关电源集成电路的关键引脚是电源端（U_{CC}）、激励脉冲输出端、电压检测输入端和电流检测输入端。测量各引脚对地的电压值和电阻值，若该值与正常值相差较大，在其外围元器件正常的情况下，可以确定是该集成电路已损坏。对于内置大功率开关管的厚膜集成电路，还可通过测量开关管 C、B、E 极之间的正、反向电阻值来判断开关管是否正常。

5. 音频功放集成电路的检测

检查音频功放集成电路时，应先检测其电源端（正电源端和负电源端）、音频输入端、音频输出端及反馈端对地的电压值和电阻值。若测得各引脚的数据与正常值相差较大，而其外围元器件又正常，则是该集成电路内部损坏。

对引起无声故障的音频功放集成电路，测量其电源电压正常时，可用信号干扰法来检查。测量时，万用表应置于 R×1 Ω 挡，将红表笔接地，用黑表笔点触音频输入端，正常时扬声器中应有较强的“喀喀”声。

6. 时基集成电路的检测

时基集成电路内含数字电路和模拟电路，用万用表很难直接测出其好坏。可以用由阻容元器件、发光二极管 LED、6 V 直流电源、电源开关和 8 脚 IC 插座组成的测试电路来检测时基集成电路的好坏。测试将时基集成电路（例如 NE555）插入 IC 插座后，按下电源开关 S，若被测时基集成电路正常，则发光二极管 LED 将闪烁发光；若 LED 不亮或一直亮，则说明被测时基集成电路性能不良或损坏。

7. 集成电路测试注意事项

（1）测试不要造成引脚间短路。在电压测量或用示波器探头测试波形时，表笔或探头不要由于滑动而造成集成电路引脚间短路，最好在与引脚直接连通的外围印制电路板上进行测量。任何瞬间的短路都容易损坏集成电路，在测试扁平型封装的 CMOS 集成电路时更要加倍小心。

（2）严禁在无隔离变压器的情况下，用已接地的测试设备去接触底板带电的电视、音响、录像等设备；严禁用外壳已接地的仪器设备直接测试无电源隔离变压器的电视、音响、录像等设备。电路测量时，首先要弄清该设备底盘是否带电，否则极易与底板带电的电视、音响等设备造成电源短路，从而波及集成电路，造成故障的进一步扩大。

（3）要注意电烙铁的绝缘性能。不允许带电使用电烙铁焊接 CMOS 集成电路，要确认电烙铁不带电，最好把电烙铁的外壳接地，采用 6～8 V 的低压电烙铁会更安全。

（4）要保证焊接质量。焊接时要确保焊牢。锡焊丝的堆积、气孔容易造成搭焊和虚焊。焊接时间一般不超过 3 s，电烙铁的功率一般在 25 W 左右。要仔细查看已焊接好的集成电路，最好用欧姆表测量各引脚间是否存在短路，确认无锡焊丝粘连现象后再接通电源。

（5）不要轻易断定集成电路的损坏。不要轻易断定集成电路已损坏，因为集成电路内电路耦合方式绝大多数为直接耦合，一旦某一电路不正常，可能会导致多处电压变化，而这些变化不一定是由集成电路损坏引起的。另外，在有些情况下测得各引脚电压与正常值相符或接近时，也不一定都能说明集成电路就是好的，因为有些软故障不会引起直流电压的变化。

（6）测试仪表内阻要大。测量集成电路引脚直流电压时，应选用表头内阻大于 20 kΩ/V 的万用表，否则对某些引脚电压会有较大的测量误差。

（7）要注意功率集成电路的散热。

（8）引线要合理。

任务实施

一、集成电路的认识

根据给定的 8 块集成电路型号，将其名称、作用和引脚排列图填入表 1—3—3 中。

表 1—3—3　　集成电路的认识

序号	型号	名称	作用	引脚功能图
1	LM7815			
2	LM7915			
3	LM317			
4	CD4013			
5	CD4511			
6	74LS00			
7	NE555			
8	CD4017			

二、集成电路测量

用万用表欧姆挡测量非在路集成电路 LM317、NE555 各引脚正、负电阻值，将其结果填入表 1—3—4、表 1—3—5 中，并与标准值比较，判断其好坏。

表 1—3—4　　LM317 集成电路的检测

集成电路型号	非在路 IC 引脚	1		2		3	
		反向	正向	反向	正向	反向	正向
LM317	R×100						
	R×1 k						
	质量好坏						

表 1—3—5　　　　NE555 集成电路的检测

集成电路型号	非在路 IC 引脚	1		2		3		4		5		6		7		8	
		反向	正向	反向	正向	反向	正向	反向	正向	反向	正向	反向	正向	反向	正向	反向	正向
NE555																	
	R×100																
	R×1 k																
	质量好坏																

思考与练习

1. 集成电路是如何分类的？
2. 集成电路的检测方法有哪些？
3. 从元器件手册中任意查阅 5 个国产集成电路的参数及封装形式。

任务 4　电路安装、调试及故障处理

学习目标

知识目标：

1. 了解电子产品安装与调试的方法与注意事项。
2. 了解电子产品故障处理方法。

能力目标：

1. 掌握电子产品安装与调试的一般方法。
2. 掌握电子产品一般故障诊断及处理的方法。

任务提出

电子产品的安装技术就是将元器件、零部件和组件按预定的设计要求和相关技术文件，用导线和印制电路板将各零部件之间进行电气连接，并装配在机箱（或机柜）内。在电子产品的生产过程中必须严格遵循安装工艺、接线工艺、调试工艺、总装工艺、故障处理工艺及产品质量检验工艺。本任务的主要内容是完成电子产品安装与调试。

相关知识

电子产品安装合理与否对整机性能影响极大，如果不符合工艺要求，轻者影响电路信号的传输质量，重者使整机无法正常工作，甚至毁坏，发生设备和人身事故。然而电子产品的种类繁多，安装调试方法有共性也有个性，下面就一些常见的共性问题来探讨电子产品的安装、调试及故障处理。

一、电子产品的安装

电路设计完成以后要进行电路的装接，一般应采用印制电路板（PCB 板）、通用电路板（万能印制电路板）安装。在实训教学中，简单电路也可以采用面包板安装。

电路装接工艺中应遵循的基本原则是：先轻后重、先小后大、先铆后装、先装后焊、先里后外、先低后高、上道工序不得影响下道工序、下道工序不应改变上道工序，注意前后工序的衔接，使操作者感到方便，节约工时。

进行安装时应注意以下几方面问题：

（1）准备好常用的工具和材料。要将各种各样的电子元器件及结构各异的零部件装配成符合要求的电子产品，一套常用工具是必不可少的，如烙铁、钳子、螺钉旋具、镊子等。正确使用装接工具，可大大提高工作效率，保证装配质量。

（2）所有电子元器件在安装前要进行测试，有条件的还要进行老化测试，以保证元器件质量的可靠性。

（3）有极性的电子元器件安装时不能装反，其标志最好方向一致。集成电路的方向最好保持一致，以便正确布线和查线。

（4）接线要整齐、美观。在电气性能许可的条件下，对低频、低增益的同向接线尽量平行靠拢，使分散的接线组成整齐的线束，并减小布线面积。

（5）为了便于查线，可根据连线的不同作用选择不同颜色的导线。如正电源采用红色导线、负电源采用蓝色导线、地线采用黑色导线、信号线采用黄色导线等。

（6）安装电源线和高电压线时，连接点应消除应力，防止连接点发生松脱现象。交流电源的接线应绞合布线，以减小对外界的干扰。

（7）不同用途、不同电位的连接线不要扎在一起，应相隔一定距离，或相互垂直交叉走线，以减小相互干扰。

（8）布线要按信号的流向有序连接，连线要做到横平竖直，不允许跨接在集成电路上。另外，选择导线粗细要适中（根据载流大小选择），应避免导线与接插件之间接触不良。

（9）接地线应按照就近接地、接地线短而粗的原则，以减小接地电流引起的干扰电压。本级电路的地线尽量接在一起，不让任何一个电路的电源经过其他电路的地线。

（10）在电子产品中，特别是大型电子设备中，质量较大或重要的电子元器件、零部件，考虑到运输、搬动或设备本身带有活动的部分，安装时保证足够的机械强度是非常重要的。特别应强调的是，对于用螺钉来固定的部件，必须要加弹簧垫圈；对于安放在振动较大设备上的电子产品，还必须加减振器来减小振动。

二、电子产品的调试

1. 调试电路前的直观检查

电路安装完毕，通常不宜急于通电，先要认真检查。检查内容包括以下几方面：

(1) 连线是否正确。检查电路连线是否正确，包括错线（连线一端正确，另一端错误）、少线（安装时完全漏掉的线）和多线（连线的两端在电路图上都是不存在的）。查线的方法通常有以下两种：

1）按照电路图检查安装的线路。这种方法的特点是：根据电路图连线，按一定顺序逐一检查安装好的线路，由此，可比较容易地查出错线和少线。

2）按照实际线路来对照电路原理图进行查线。这是一种以元器件为中心进行查线的方法。把每个元器件（包括器件）引脚的连线一次查清，检查每个去处在电路图上是否存在。这种方法不但可以查出错线和少线，还容易查出多线。

为了防止出错，对于已查过的线通常应在电路图上作出标记，最好用指针式万用表“R×1 Ω”挡，或数字式万用表“Ω”挡的蜂鸣器来测量，而且直接测量元器件引脚，这样可以同时发现接触不良的地方。

(2) 元器件安装是否正确。检查元器件引脚之间有无短路；连接处有无接触不良；二极管、三极管、集成电路、变压器等元器件的引脚接线是否正确；有极性元器件的极性等是否连接有误。

(3) 电源供电及信号源连线。检查电源供电（包括极性）、信号源连线是否正确。

(4) 电源端对地（⊥）是否存在短路。在通电前，断开一根电源线，用万用表检查电源端对地（⊥）是否存在短路。

若电路经过上述检查，并确认无误后，就可转入调试。

2. 调试方法

调试包括测试和调整两个方面。所谓电子电路的调试，是以电路设计指标为依据，对被调试电路进行的一系列的测量、判断、调整、再测量的反复过程。

为了使调试顺利进行，设计的电路图上应标明各点的电位值，相应的波形图以及其他主要数据。调试方法通常采用先分调后联调（总调）。

任何复杂电路都是由一些基本单元电路组成的。因此，调试时可以循着信号的流程，逐级调整各单元电路，使其参数基本符合设计指标。这种调试方法的核心是：把组成电路的各功能块（或基本单元电路）先调试好，并在此基础上逐步扩大调试范围，最后完成整机调试。采用先分调后联调的优点是能及时发现故障出现的最小部位，便于解决问题，新设计的电路一般采用此方法。对于包括模拟电路、数字电路和微机系统的电子装置更应采用这种方法进行调试，因为只有把三部分分开调试后，分别达到设计指标，并经过信号及电平转换电路后才能实现整机联调。否则，由于各电路要求的输入、输出电压和波形不匹配，盲目进行联调，就可能造成大量的元器件损坏。

除了上述方法外，对于已定型的产品和需要相互配合才能运行的产品也可采用一次性调试。具体调试步骤如下：

(1) 通电观察。把经过准确测量的电源接入电路，观察有无异常现象，包括有无冒烟、是否有异常气味、手摸元器件是否发烫、电源是否有短路等现象。如果出现异常，应立即切断电源，待故障排除后才能再通电。然后测量各路总电源电压和关键元器件的引脚电压。

通过通电观察，认为电路初步工作正常，就可转入正常调试。

（2）静态调试。交流、直流并存是电子电路工作的一个重要特点。一般情况下，直流为交流服务，直流是电路工作的基础。因此，电子电路的调试有静态调试和动态调试之分。静态调试一般是指在没有外加信号的条件下所进行的直流测试和调整过程。例如，通过测试模拟电路的静态工作点，数字电路的各输入端和输出端的高、低电平值及逻辑关系等，可以及时发现已经损坏的元器件，判断电路工作情况，并及时调整电路参数，使电路工作状态符合设计要求。

（3）动态调试。动态调试是在静态调试的基础上进行的。调试的方法是在电路的输入端接入适当频率和幅值的信号，并循着信号的流向逐级检测各有关点的波形、参数和性能指标。发现故障现象，应采取不同的方法缩小故障范围，最后设法排除故障。

测试过程中不能凭感觉和印象，要始终借助仪器观察。使用示波器时，最好把示波器的信号输入方式置于“DC”挡，通过直流耦合方式，可同时观察被测信号的交、直流成分。

通过调试，最后检查功能块和整机的各种指标（如信号的幅值、波形形状、相位关系、增益、输入阻抗和输出阻抗等）是否满足设计要求，如有必要再进一步对电路参数提出合理的修正。

3. 调试中注意事项

调试结果是否正确，很大程度受测量正确与否和测量精度的影响。为了保证调试的准确，必须减小测量误差，提高测量精度。为此，需注意以下几点：

（1）正确使用测量仪器的接地端。凡是使用接地端接机壳的电子仪器进行测量时，仪器的接地端应和放大器的接地端连接在一起，否则仪器机壳引入的干扰不仅会使放大器的工作状态发生变化，而且将使测量结果出现误差。

（2）测量电压所用仪器的输入阻抗必须远大于被测处的等效阻抗。因为，若测量仪器输入阻抗小，则在测量时会引起分流，给测量结果带来很大误差。

（3）测量仪器的带宽必须大于被测电路的带宽。

（4）要正确选择测量点。用同一台测量仪器进行测量时，测量点不同，仪器内阻引起的误差大小将不同。

（5）测量方法要方便可行。需要测量某电路的电流时，一般尽可能测电压而不测电流，因为测电压不必改动被测电路，测量方便。若需知道某一支路的电流值，可以通过测量该支路上电阻两端的电压，经过换算而得到。

调试过程中，不但要认真观察和测量，还要善于记录。记录的内容包括测试条件，观察的现象，测量的数据、波形和相位关系等。只有有了大量可靠的测试记录并与理论分析结果加以比较，才能发现电路设计上存在的问题和安装中的错误，才能完善设计方案、更正安装错误。

调试时出现故障，要认真查找故障原因，切不可一遇故障解决不了就拆掉线路重新安装。因为重新安装的线路仍有可能存在各种问题，如果是原理上的问题，即使重新安装也解决不了。应当把查找故障、分析故障原因，看成是一次好的学习机会，通过它来不断提高分析问题和解决问题的能力。

三、电子产品故障诊断及处理

对电路进行调试时，肯定会存在诸多不正常的问题，即所谓的故障。常见的故障现象有：放大电路没有输入信号，但有输出波形；放大电路有输入信号，但没有输出波形，或者波形异常；稳压电源无电压输出，或输出电压过高、过低且不能调整，或输出稳压性能变坏、输出电压不稳定等；振荡电路不振荡；计数器输出波形不稳，或不能正确计数等。

1. 产生故障的原因

故障产生的原因很多，情况也很复杂，有的是一种原因引起的简单故障，有的是多种原因相互作用引起的综合故障。因此，引起故障的原因很难进行简单分类。这里只能进行一些粗略的分析。

（1）对于定型产品使用一段时间后出现故障，故障原因可能是：元器件损坏，连线发生短路或断路（如焊点虚焊，接插件接触不良，可变电阻器、电位器、半可变电阻器等接触不良，接触面表面镀层氧化等），或使用条件发生变化（如电网电压波动、过冷或过热的工作环境等）影响电子设备的正常运行。

（2）对于新设计安装的电路来说，故障原因可能是：实际电路与设计的原理图不符；元器件使用不当或质量不好造成损坏；设计的电路本身存在某些严重缺陷，不能满足技术要求；连线发生短路或断路；元器件安装错误等。

（3）仪器使用不正确引起的故障，如示波器使用不正确而造成的波形异常或无波形、接地问题处理不当而引入干扰等。

（4）各种干扰相互作用引起的故障。

2. 检查故障的一般方法

查找故障的顺序可以从输入到输出，也可以从输出到输入。其方法有直接观察法、用万用表检查静态工作点、信号寻迹法、对比法、部件替换法、旁路法、短路法、断路法等。

（1）直接观察法。直接观察法是指不用任何仪器，利用人的视、听、嗅、触等作为手段来发现问题，寻找和分析故障。

直接观察包括不通电检查和通电观察。主要包括：检查仪器的选用和使用是否正确；电源电压的等级和极性是否符合要求；电解电容器的极性、二极管和晶体管的管脚、集成电路的引脚有无错接、漏接、互碰等情况；布线是否合理；印制电路板有无断线；电阻器、电容器有无烧焦和炸裂等。通电观察元器件有无发烫、冒烟，变压器有无焦味，电真空器件灯丝是否亮，有无高压打火等。

（2）用万用表检查静态工作点。在电子电路的供电系统中，半导体晶体管、集成电路的直流工作状态（包括元器件引脚、电源电压）和线路中的电阻值等都可用万用表来测定。当测得值与正常值相差较大时，经过分析可找到故障。

（3）信号寻迹法。对于各种较复杂的电路，可在输入端接入一个一定幅值、适当频率的信号（例如，对于多级放大器，可在其输入端接入 $f=1\ 000$ Hz 的正弦信号），用示波器由前级到后级（或者相反），逐级观察波形及幅值的变化情况，如哪一级异常，则故障就在该级。这是深入检查电路的方法。

（4）对比法。怀疑某一电路存在问题时，可将此电路的参数和工作状态与相同的正常电路的参数（或理论分析的电流、电压、波形等）一一进行对比，从中找出电路的不正常情况，进而分析故障原因，判断故障点。

（5）部件替换法。有时故障比较隐蔽，不能一眼看出，如此时手头有与故障产品相同型号的产品，可用无故障产品中的部件、元器件、插件板等替换有故障产品中的相应部件，以便于缩小故障范围。

（6）旁路法。当有寄生振荡现象时，可以利用适当容量的电容器，选择适当的检查点，将电容器临时跨接在检查点与参考接地点之间。如果振荡消失，就表明振荡产生在此附近或前级电路中，否则就在后面，再移动检查点寻找。

应该指出的是，旁路电容要适当，不宜过大，只要能较好地消除有害信号即可。

（7）短路法。短路法就是采取临时性短接一部分电路来寻找故障的方法。

（8）断路法。断路法用于检查短路故障最有效，断路法也是一种使故障怀疑点逐步缩小范围的方法。

实际调试时，寻找故障原因的方法有多种，以上仅列举了几种常用的方法。这些方法的使用可根据设备条件和故障情况灵活掌握。对于简单的故障用一种方法即可查找出故障点，但对于较复杂的故障则需采取多种方法互相补充、互相配合，才能找出故障点。在一般情况下，寻找故障的常规做法如下：

1）先用直接观察法，排除明显的故障。

2）再用万用表（或示波器）检查静态工作点。

3）信号寻迹法是对各种电路普遍适用而且简单直观的方法，在动态调试中广为应用。

应当指出，对于反馈环内的故障诊断是比较困难的。在闭环回路中，只要有一个元器件（或功能块）出现故障，则往往整个回路中处处都存在故障现象。寻找故障的方法是先把反馈回路断开，使系统成为一个开环系统，然后再接入一适当的输入信号，利用信号寻迹法逐一寻找发生故障的元器件（或功能块）。

思考与练习

1. 简述电子产品调试的方法。
2. 简述电子产品故障处理的一般方法。
3. 写出如图 1—4—1 所示放大电路的静态工作点调试方法。
4. 分析如图 1—4—1 所示电路中三极管 VT1 损坏的故障处理方法。

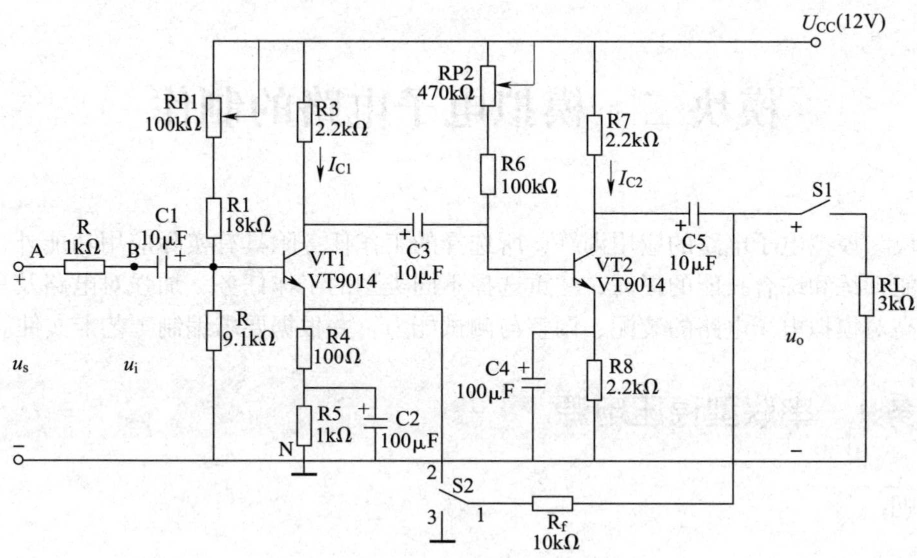

图 1—4—1 放大电路原理图

模块二　模拟电子电路的制作

本模块为模拟电子电路的应用训练，所选择的工作任务除具有实际应用功能外，主要考虑利于技能训练和综合技能的提高，注重选择不同类型的工作任务，加强对电路及环节的分析，以提高对模拟电子电路的装配、调整与测试能力，并根据要求编制工艺卡文件。

任务1　串联型稳压电源

学习目标

知识目标：

1. 掌握整流、滤波、稳压电路的基本工作原理。
2. 了解串联型稳压电路的组成及工作原理。
3. 了解集成稳压电路的组成、工作原理与应用。

能力目标：

1. 掌握串联型直流稳压电源的分析方法。
2. 能完成串联型直流稳压电源的装配与调试。

任务提出

在工业控制及小型电子设备中，一般都会用到直流稳压电源。本任务所介绍的直流稳压电源是单相小功率电源，它可以将频率为 50 Hz、电压有效值为 220 V 的交流电源转换成幅值稳定、输出电压可调、输出电流可达到 0.5 A 的直流电源。

本任务要求装配与调试的串联型稳压电源电路，其电路原理如图 2—1—1 所示，通过调节电位器 RP1、RP2，能使输出电压在一定范围内连续可调，通过调节负载使输出电流达到 0.5 A。

电路分析

串联型稳压电源电路的核心器件是 LM7805，该器件具有较高的稳定性和可靠性。LM7805 的输出电压是固定不变的，这种固定的电压输出，极大地限制了它的应用范围。如果将 LM7805 的公共端即②脚与地断开，通过一只电位器接到 -5 V 左右的电源上，就可以在改变电位器阻值的同时，使集成稳压电路的取样电压及输出电压都随之改变。图中主要通过调节电位器 RP1 的阻值来改变集成稳压电路的取样电压，从而改变输出电压。

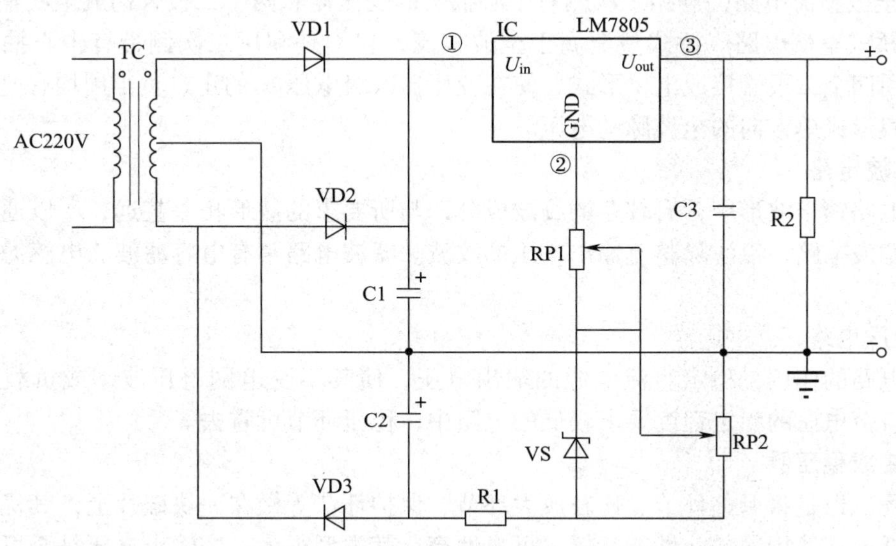

图 2—1—1　串联型稳压电源电路原理

最高输出电压受稳压器最大输入电压及最小输入输出压差的限制。该固定式三端集成稳压集成电路 LM7805 最大输入电压为 35 V，输入输出压差要保持在 2 V 以上，因此，该电路中由于稳压器的直流输入电压为 +15 V，所以该电路的输出电压最大值为 +13 V。

二极管 VD3 为负电源整流，电容器 C2 为负电源滤波，经稳压二极管 VS 稳压后提供 -6 V电压。

相关知识

一、直流稳压电源电路的组成

电子电路中，通常都需要电压稳定的直流电源供电。小功率直流稳压电源的组成如图 2—1—2 所示，主要由电源变压器、整流电路、滤波电路和稳压电路四部分组成。

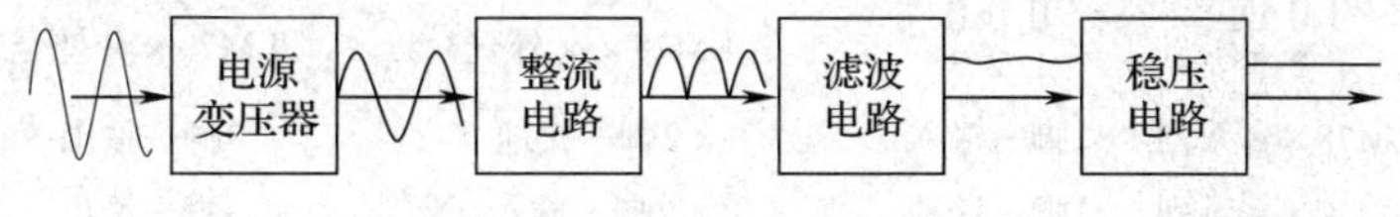

图 2—1—2　直流稳压电源组成

1. 电源变压器

电源变压器的作用是将 220 V 电网电压变换为整流电路所要求的交流电压。

2. 整流电路

整流电路的主要功能是利用二极管的单向导电性，将正弦交流电转变成单方向的脉动直流电。常用的整流电路有半波整流电路、全波整流电路和桥式整流电路。

（1）半波整流电路。半波整流就是利用二极管的单向导电性，使经变压器出来的电压 u_2只有半个周期可以到达负载，使负载电压 u_L是单方向的脉动直流电压。

（2）全波整流电路。利用二次侧有中心抽头的变压器和两个二极管构成全波整流电路。

（3）桥式整流电路。桥式整流属于全波整流，它不是利用二次侧带有中心抽头的变压器，而是用四个二极管接成电桥形式，使在变压器次级电压 u_2 的正、负半周均有电流流过负载，在负载形成单方向的全波脉动电压。

3. 滤波电路

整流电路输出波形中含有较多的纹波成分，与所要求的波形相差甚远，所以通常在整流电路后接滤波电路，以滤除整流输出电压的纹波。滤波电路常有电容滤波、电感滤波和复式滤波等。

4. 稳压电路

稳压电路的作用是稳定直流电源的输出电压，使其不受电网电压波动或负载变动的影响。在对直流电压的稳定程度要求较低的电路中，稳压环节可省去。

二、集成稳压器

集成稳压器是将调整环节、比较放大环节、保护环节等做在一块硅片上，其优点是体积小、价格低廉、使用简单、性能良好、可靠性高。其类型很多，按输出电压是否可调分为固定式和可调式两种形式；按引出端子分为三端固定式、三端可调式、四端可调式和多端可调式等。

（1）三端固定式集成稳压电路。以 LM78 × ×系列和 LM79 × ×系列为例，其封装形式和引脚功能如图 2—1—3 所示。LM78 × ×系列稳压器为正电压输出；LM79 × ×系列稳压器为负电压输出。LM78 × ×后面的数字代表该稳压器的输出电压值，例如，LM7805 即表示输出电压为 5 V。除此以外，还有 LM7806、LM7808、LM7809、LM7812、LM7815、LM7818、LM7824 等多种。LM78 × ×系列稳压器最大输出电流可达 1.5 A（塑封）和 3 A（金属封）。

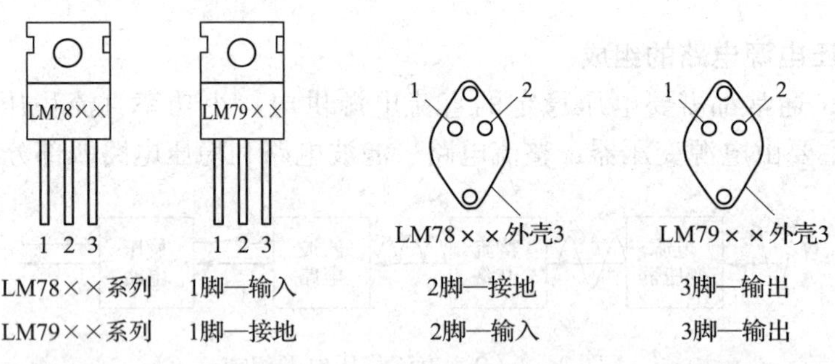

图 2—1—3　三端集成稳压器外形

三端稳压器在使用中要注意输入端与输出端不能接错，否则可能会使稳压器中的调整管由于承受过高的反向电压而导致击穿。另外，W78 × ×系列、W79 × ×系列的功耗大，所以要安装散热片，否则稳压器内部的保护电路会由于过热而进行输出电压的限制，使稳压器停止工作。

（2）三端可调式集成稳压电路。三端可调式集成稳压电路内部电路结构（以 CW317 为例）如图 2—1—4 所示，外形封装和引脚功能如图 2—1—5 所示。使用时必须注意引脚功能不能接错，否则电路将不能正常工作，甚至损坏集成电路。

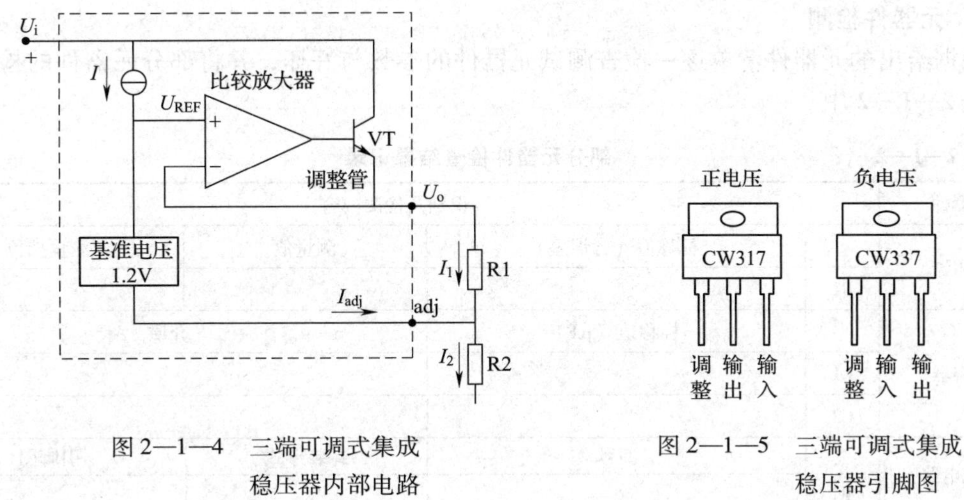

图 2—1—4　三端可调式集成稳压器内部电路

图 2—1—5　三端可调式集成稳压器引脚图

三端可调式集成稳压器是依靠外接可调电位器来调节输出电压的，为保证输出电压的精度和稳定性，要选择精度高的电位器，同时电位器要紧靠稳压器，防止输出电流在连线上产生误差电压。

任务实施

一、工具、器材的准备

1. 工具及仪器

电子焊接工具一套；万用表一块；示波器一台。

2. 元器件明细表

本任务电路的元器件明细表见表 2—1—1。

表 2—1—1　　元器件明细表

代号	名称	规格	代号	名称	规格
R1	碳膜电阻器	300 Ω	RP2	微调电位器	3.3 kΩ
R2	碳膜电阻器	1 kΩ	IC	三端集成稳压电路	LM7805
VD1	二极管	1N4001	TC	变压器	
VD2	二极管	1N4001		印制电路板	
VD3	二极管	1N4001		散热片	
VS	稳压二极管	6.3 V		固定螺钉	M4×12
C1	电解电容器	470 μF/25 V		电源线	
C2	电解电容器	47 μF/25 V		锡焊丝、焊料	
C3	电解电容器	100 μF/25 V		绝缘胶布	
RP1	微调电位器	1 kΩ			

3. 元器件检测

根据给出的元器件清单逐一检查测试元器件的参数与好坏，并将部分元器件的检测结果填入表 2—1—2 中。

表 2—1—2　　部分元器件检查结果记录

<table>
<tr><td>元器件</td><td colspan="4">识别及检测内容</td></tr>
<tr><td rowspan="2">电阻器</td><td></td><td>标称值（含误差）</td><td>测量值</td><td>测量挡位</td></tr>
<tr><td>R2</td><td></td><td></td><td></td></tr>
<tr><td rowspan="3">电容器</td><td></td><td>标称值（μF）</td><td colspan="2">介质</td></tr>
<tr><td>C1</td><td></td><td colspan="2"></td></tr>
<tr><td>C2</td><td></td><td colspan="2"></td></tr>
<tr><td rowspan="2">集成电路</td><td></td><td>型号</td><td>封装形式</td><td>引脚图</td></tr>
<tr><td>IC</td><td></td><td></td><td></td></tr>
<tr><td rowspan="2">二极管</td><td rowspan="2">VD1</td><td>正向电阻</td><td colspan="2">反向电阻</td></tr>
<tr><td></td><td colspan="2"></td></tr>
<tr><td rowspan="2">可变电阻</td><td></td><td>测量值（最大值）</td><td colspan="2">测量值（最小值）</td></tr>
<tr><td>RP1</td><td></td><td colspan="2"></td></tr>
</table>

二、电路装配

1. 印制电路板的安装

（1）元器件成型与安装。因本课题电路中元器件较少，元器件应按电阻器、二极管、微调电位器、电解电容器、三端集成稳压电路、变压器的顺序进行安装。

（2）印制电路板装配工艺要求

1）电阻器、二极管均采用水平式安装，要求贴近电路板，电阻器的色环方向应一致，二极管的标志方向应正确。

2）三端集成稳压电路采用直立式安装，管底面离电路板（6±2）mm。电容器采用直立式安装，管底面离电路板不大于 4 mm。

3）装配微调电位器时，应将引脚插到底，不能倾斜，三只引脚均要焊牢。

4）所有插入焊盘孔的元器件引线及导线均采用直脚焊形式，引线及导线剪脚在焊面以上留头0.5～1 mm。

5）LM7805 应先用螺钉固定在散热片上，再焊接在印制电路板上。

2. 总装加工工艺要求

电源变压器用螺钉紧固在印制电路板的元器件面，一次绕组的引出线向外，二次绕组的引出线向内。紧固件的螺母均安装在焊接面。变压器一次侧电源线从印制电路板焊接面穿过孔后，在元器件面打结，再与变压器一次绕组引出线焊接并完成绝缘恢复，变压器二次绕组引出线插入安装孔后焊接。

3. 自检

在未通电的情况下，用万用表在电路中的电阻测量法对装配好的电路板进行检测。

三、电路调试与测试

元器件安装完毕后，要进行检查，确认无误方可通电调试。测量输入、输出电压，观察电路输入、输出波形。测试方法如下：

（1）电压测量。用万用表电压挡（交、直流）测量整流、滤波电路的输入（交流）、输出（直流）电压，并将测量结果记录在表2—1—3中。

表2—1—3　　整流、滤波电路输出电压值　　V

输入（交流）	输出（直流）	
	无滤波电容	带滤波电容

用万用表电压挡（交、直流）测量稳压电源各级电压值，并将测量结果记录在表2—1—4中。

表2—1—4　　电压测量记录　　V

输入电压	整流滤波电压	基准电压	输出电压	电压调节范围

（2）测试直流稳压电路的波形。用示波器测量电路的整流输入、输出电压的波形，并将结果记录在表2—1—5中。

表2—1—5　　波形图

整流输入波形		整流输出波形	
频率		频率	
幅度		幅度	

四、装配工艺过程卡编制

根据装配工艺过程卡片指定的串联型稳压电源元器件，完成表2—1—6所示装配工艺过程卡片的编制。

1. 把表2—1—6《装配工艺过程卡片》中列出的各元器件，在“以上各元器件插装顺序是：”一栏中编制插装顺序（可归类处理）。

2. 根据《装配工艺过程卡片》中的“图样”，在“工艺要求”一列中的空格里填写工艺要求。

表 2—1—6　　装配工艺过程卡片

<table>
<tr><td colspan="4" rowspan="2">装配工艺过程卡片</td><td colspan="2">工序名称</td><td>产品图号</td></tr>
<tr><td colspan="2"></td><td></td></tr>
<tr><td rowspan="2">序号</td><td rowspan="2">代号</td><td colspan="2">装入件及插装材料
代号、名称、规格</td><td rowspan="2">数量</td><td rowspan="2">工艺要求</td><td rowspan="2">工装名称</td></tr>
<tr><td>名称</td><td>规格</td></tr>
<tr><td>1</td><td>R1</td><td>碳膜电阻器</td><td>300 Ω</td><td>1</td><td rowspan="9"></td><td rowspan="13">镊子、剪刀、电烙铁等常用装配工具</td></tr>
<tr><td>2</td><td>R2</td><td>碳膜电阻器</td><td>1 kΩ</td><td>1</td></tr>
<tr><td>3</td><td>VD1</td><td>二极管</td><td>1N4001</td><td>1</td></tr>
<tr><td>4</td><td>VD2</td><td>二极管</td><td>1N4001</td><td>1</td></tr>
<tr><td>5</td><td>VD3</td><td>二极管</td><td>1N4001</td><td>1</td></tr>
<tr><td>6</td><td>VS</td><td>稳压二极管</td><td>6. 3 V</td><td>1</td></tr>
<tr><td>7</td><td>C1</td><td>电解电容器</td><td>470 μF/25 V</td><td>1</td></tr>
<tr><td>8</td><td>C2</td><td>电解电容器</td><td>47 μF/25 V</td><td>1</td></tr>
<tr><td>9</td><td>C3</td><td>电解电容器</td><td>100 μF/25 V</td><td>1</td></tr>
<tr><td>10</td><td>RP1</td><td>微调电位器</td><td>1 kΩ</td><td>1</td><td></td></tr>
<tr><td>11</td><td>RP2</td><td>微调电位器</td><td>3. 3 kΩ</td><td>1</td><td></td></tr>
<tr><td>12</td><td>IC</td><td>三端集成稳电路</td><td>LM7805</td><td>1</td><td></td></tr>
<tr><td>13</td><td>TC</td><td>变压器</td><td></td><td>1</td><td></td></tr>
<tr><td>14</td><td colspan="6">以上各元器件插件顺序是：</td></tr>
<tr><td>图样</td><td colspan="6">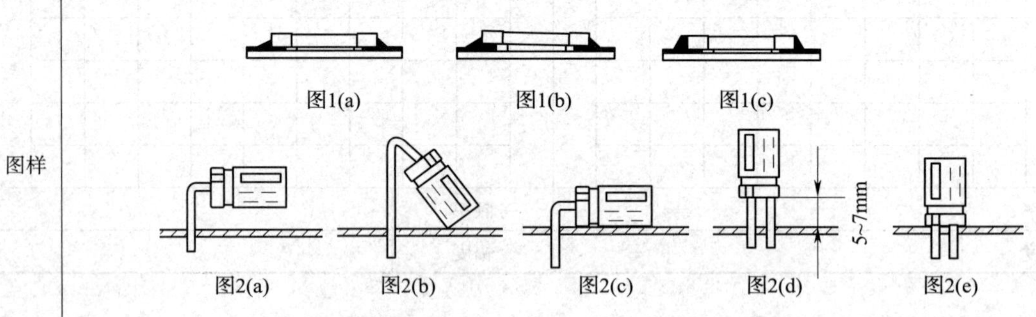</td></tr>
</table>

<table>
<tr><td rowspan="2">旧底图总号</td><td>更改标记</td><td>数量</td><td>更改单号</td><td>签名</td><td>日期</td><td></td><td>签名</td><td>日期</td><td>第　页</td></tr>
<tr><td></td><td></td><td></td><td></td><td></td><td>拟制</td><td></td><td></td><td>共　页</td></tr>
<tr><td rowspan="2">底图总号</td><td></td><td></td><td></td><td></td><td></td><td>审核</td><td></td><td></td><td>第　册</td></tr>
<tr><td></td><td></td><td></td><td></td><td></td><td>标准化</td><td></td><td></td><td>第　页</td></tr>
</table>

操作提示

在串联型稳压电源的装配与调试过程中，会遇到如下问题：

问题：电路输出电压不可调。

解决方案：故障范围在基准电压电路。

检查 LM7805 的③脚电压是否可调 —可调→ 检查 LM7805 的好坏

↓不可调

检查 RP1 和 RP2

任务测评

对任务实施的完成情况进行检查，并将结果填入表 2—1—7 所示评分表内。

表 2—1—7　　评分标准

项目配分		工艺要求	评分标准	扣分	得分
装配	插件 20 分	1. 电阻器、二极管水平安装，贴紧印制电路板，色标法电阻器的色环标注顺序一致 2. 电容器垂直安装，高度符合工艺要求 3. 按图装配，元器件的位置、极性正确 4. 散热片安装正确	1. 元器件安装歪斜、不对称、高度超差、色环电阻器标注方向不一致，每处扣 1 分 2. 错装、漏装，每处扣 5 分		
	焊接 20 分	1. 焊点光亮、清洁、焊料适量 2. 无漏焊、虚焊、假焊、搭焊、溅锡等现象 3. 焊接后元器件引脚剪脚留头长度小于 1 mm	1. 焊点不光亮、焊料过多或过少，每处扣 0.5 分 2. 漏焊、虚焊、假焊、搭焊，每处扣 2 分 3. 剪脚留头长度过长，每处扣 0.5 分		
	总装 15 分	1. 整机装配符合工艺要求 2. 导线连接正确，绝缘恢复良好 3. 不损伤绝缘层和表面涂覆层 4. 变压器固定牢固	1. 错装、漏装，每处扣 1 分 2. 导线连接错误，每处扣 1 分 3. 绝缘、涂覆不符合要求，扣 1 分 4. 损伤绝缘层和表面涂覆层，每处扣 1 分 5. 紧固件松动，扣 2 分		
调试	调试 30 分	1. 关键点电位正常 2. 直流输出电压 0～12 V 连续可调 3. 用示波器观察规定点的波形正常	1. 关键点电位不正常，扣 5 分 2. 直流输出电压不可调，扣 5 分 3. 无直流输出电压，扣 10 分 4. 示波器使用错误，每次扣 5 分		

续表

项目配分		工艺要求	评分标准	扣分	得分
故障排除	故障判断 5分	1．能够正确观察出故障现象 2．能够正确分析故障原因，判断故障范围	1．故障现象观察错误，每次扣3分 2．故障原因分析错误，每次扣5分 3．故障范围判断过大或过小，每次扣2分		
	故障检修 10分	1．检修思路清晰，方法运用得当 2．检修结果正确 3．正确使用仪表	1．检修思路不清，扣5分 2．检修方法不当，每次扣3分 3．检修结果错误，扣10分 4．仪表使用错误，每次扣3分		
安全文明生产		1．安全用电，无人为损坏元器件、加工件和设备 2．保持环境整洁，秩序井然，操作习惯良好	1．发生安全事故，扣10分 2．违反文明生产要求，视情况，扣5～10分		
合计					

知识拓展

一、扩大输出电压的稳压电路

W78××系列和W79××系列的输出电压绝对值最大为24 V，若超过此值，可采用如图2—1—6所示的扩大输出电压分路。

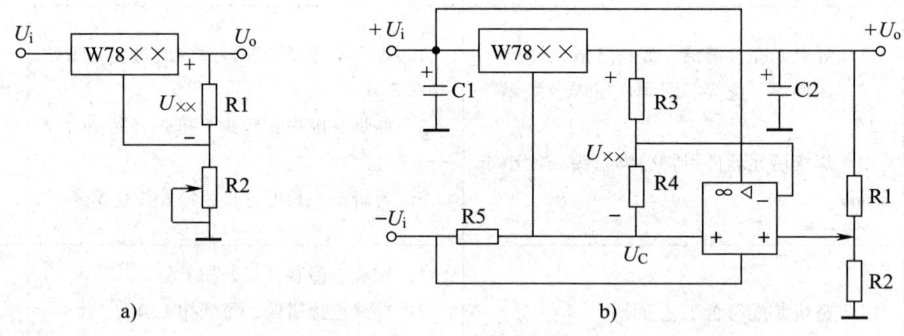

图2—1—6　扩大输出电压分路

1．电阻分压电路

如图2—1—6a所示，R1、R2为外接电阻。从中可得 $U_o=\left(1+\frac{R_2}{R_1}\right)U_{××}$。

2．用运放扩大输出电压电路

图2—1—6b中集成运放组成差动输入组态，R4为负反馈电阻。设 $U_{××}$ 为W78××系列集成稳压管的输出电压值。

根据集成运放虚短概念可得

$$U_{-} = U_C + \frac{U_{\times\times}}{R_3 + R_4}R_4 = \frac{U_o}{R_1 + R_2}R_2 = U_{+}$$

又因为

$$U_C = U_o - U_{\times\times}$$

所以

$$U_o = U_{\times\times}\left(\frac{R_3}{R_3 + R_4}\right)\left(1 + \frac{R_2}{R_1}\right)$$

由此可知：如图 2—1—6 所示的电路既提高了输出电压，又达到了输出电压可调的目的。

二、扩大输出电流的稳压电路

W78××系列三端式集成稳压器输出电流最大只有 1.5 A，当需要更大电流时，可采用如图 2—1—7 所示的电路来扩大输出电流。图中，VT1 为外接功率管，起扩大输出电流的作用，VT2 与 R_S 组成功率管短路保护电路。电路的输出电流为：

$$I_o = I_{o\times\times} + I_{C1}$$

式中 $I_{o\times\times}$——W78××系列三端式集成稳压器的输出电流，A；

I_{C1}——外接大功率管的集电极电流，A。

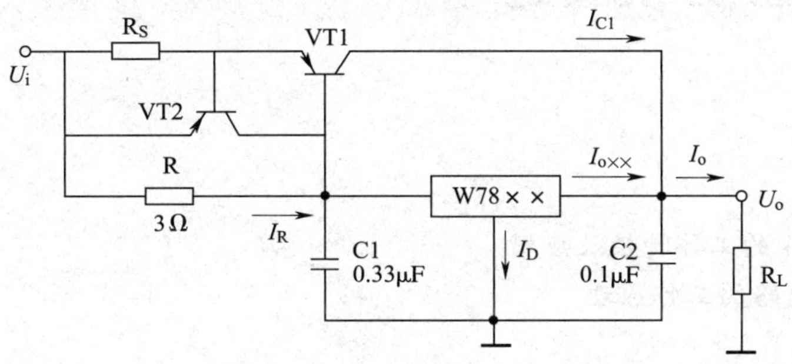

图 2—1—7 扩大输出电流电路

三、同时输出正、负电压的稳压电路

在电子电路中，常常需要同时输出正、负电压的双向直流电源。由集成稳压器组成的这种电源形式较多，如图 2—1—8 所示便是其中一种。该电路具有共同的公共端，可以同时输

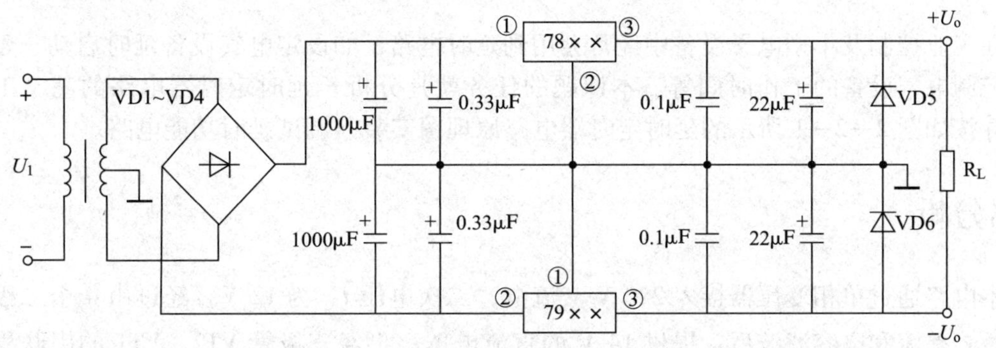

图 2—1—8 同时输出正、负电压的稳压电路

出正、负两种电源。要求电源变压器带中心抽头，并以该抽头做参考点，以便输出一组幅度相等、相位相反的电压。同时应注意集成稳压器的管脚顺序不要接错。VD5、VD6 是保护二极管。

思考与练习

一、填空题（请将正确答案填在横线空白处）

1. 所谓稳压电路，就是当________或________时，能使________稳定的电路。

2. 在串联型稳压电路中，________是核心元器件，它始终工作在________状态。

3. 三端可调式集成稳压电路的三端是指________、________和________。

二、思考题

1. 画出变压器次级、整流二极管 VD1、VD2、VD3 及滤波电容 C1 两端的电压波形。

2. 试分析电路中稳压二极管 VS 的作用，若稳压二极管 VS 开路或短路对电路有何影响？分析原因。

任务 2　延时定时器电路

学习目标

知识目标：

1. 掌握 LM324 的工作特性及应用。
2. 掌握延时电路的工作原理。

能力目标：

1. 能够对延时定时器电路各部分的功能和工作过程进行分析。
2. 能够合理设计元器件分布，规范安装操作，提高装接质量和速度。
3. 能够熟练地对电路进行调试、检修和故障排除，并掌握各环节的调试要点。

任务提出

在工业控制及小型电子设备中经常会用到延时电路，如设定电气设备延时启动、延时关闭及控制电气设备的工作时间等。本课题的任务就是分析长延时定时器电路的基本工作原理，并按如图 2—2—1 所示的延时定时器电路原理图安装、调试延时功能电路。

电路分析

本电路通过单相变压器接入 220 V 交流电，二次电压 U_2 为 12 V，经过由 4 个二极管组成的桥式整流和电容滤波后，提供 14 V 的直流电压；再经三极管 VT2、VT1 的串联稳压后向电路提供 9 V 电源（也可根据需要对输出的电压进行调节）。当按下 SB1 时，通过 R5 向

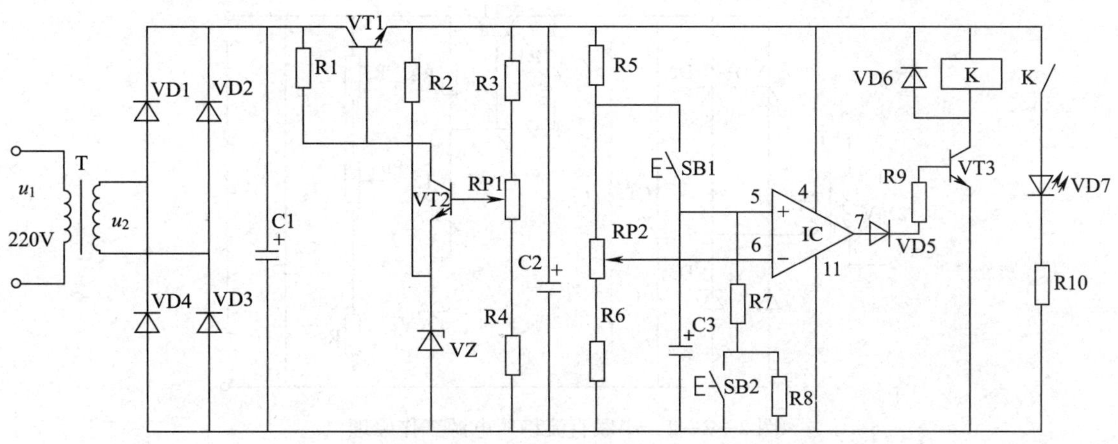

图 2—2—1　延时定时器电路原理图

C3 充电，使 C3 上的电压为高电位。此时运放集成电路的同相输入端 5 的电位高于反相输入端 6 的电位，运算放大器输出端 7 为高电平，通过二极管 VD5 和电阻 R9，使三极管 VT3 饱和导通，直流继电器 K 吸合，常开触点闭合，发光二极管 VD7 点亮，电路处于计时中。

电路进入计时状态后，电容 C3 通过 R7、R8 放电，其大小决定了放电的速度和延时的时间，当 C3 上的放电电压小于反相输入端的电压时，运算放大器输出端 7 由高电位变为低电位，三极管 VT3 截止，继电器断电，发光二极管熄灭。电路中的按钮 SB2 用于在计时状态下的复位。

相关知识

本电路由串联直流稳压电源、延时控制电路、开关控制及显示电路三部分组成。用运放集成电路组成长延时电路，延时时间可以从几分钟到几小时，延时输出通过三极管驱动直流继电器完成开关控制。

一、串联直流稳压电源

本电路采用 10 W 以下的小功率单相交流变压器，将 220 V 交流电压降为 12 V 交流电压。经 VD1 ~ VD4 二极管桥式整流后，输出整流电压 $U_Z = 0.9U_2 = 10.8$ V，通过电容器 C1 滤波后，向稳压电路提供直流电压 $U_i = 1.2U_2 \approx 14$ V，可以满足使用和调节的要求。经串联稳压电路稳压后，输出参数如下：

输出直流电压 U_o = （5 ~ 12）V；

输出直流电流 $I_o = 0.5$ A；

输出直流电压波动小于 3%；

输出功率 $P = 5$ W。

串联直流稳压电源工作原理如图 2—2—2 所示。本电路中调整管没有采用复合管，主要是因为本电路负载功率并不大。

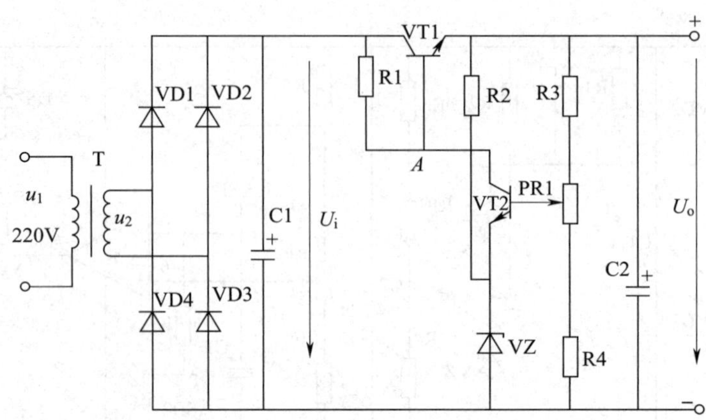

图 2—2—2　串联直流稳压电源工作原理

（1）静态直流输出电压的调节。电路在静态工作中，输出的直流电压由电路中的 A 点电位确定，而 A 点的电位受三极管 VT2 的控制，调整 RP1，可以改变三极管 VT2 集电极电流的大小，当 RP1 电位器向上调节时，VT2 的集电极电流增大，VT2 的集电极电流由 R1 提供，使 R1 上的压降增大，从而使 A 点电位降低，输出电压 $U_o = U_A + U_{CE1}$，式中 $U_{CE1} = 0.7$ V 基本不变，所以输出电压随 RP1 向上调整而降低。同理，RP1 向下调整时，输出电压 U_o 增大。

（2）动态稳压过程。当调整电路在一定的输出电压工作时，如果没有稳压措施，电网电压的波动或负载的变化会引起输出电压的变化或使输出不稳定。因此，本电路具有自动稳压功能。当电网电压升高或负载电流减小使输出电压 U_o 升高时，电路会自动向下调节，使输出电压保持不变；当电网电压降低或负载电流增大使输出电压 U_o 降低时，电路会向上调节，使输出电压保持不变。其动态稳压过程如下：

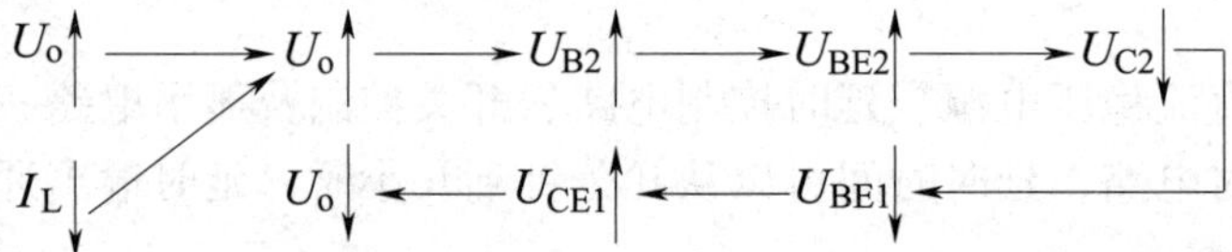

上述过程中，U_o 是电路中整流、滤波后的输出电压，与电网电压的升高、降低一致；I_L 表示负载的变化，负载增大，I_L 增大，负载减小，I_L 减小。当电网电压降低和负载增大时，稳压过程与上述过程相反。

二、延时控制电路

本电路采用 LM324 集成运算放大器作为延时控制，其封装如图 2—2—3 所示。LM324 集成运算放大器内部为四运算放大，本电路只使用其中的一个，⑤脚为同相输入端，⑥脚为反相输入端，⑦脚为输出端，④脚接电源正极，⑪脚接电源负极。

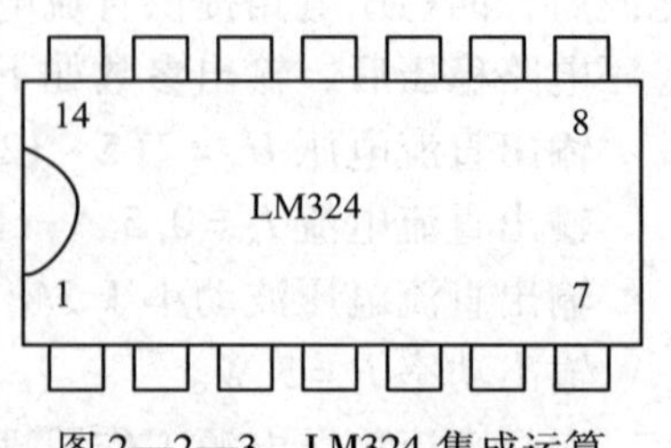

图 2—2—3　LM324 集成运算放大器封装

运算放大器也常用做电压比较器。作为电压比较器使用时，集成运放工作在开环状态或引入正反馈，且工作在非线性区对输入信号进行鉴别与比较。常用的两种方式为信号幅度比较和过零比较。本电路采用信号幅度比较器，其电路和输入、输出特性分别如图 2—2—4a、b 所示。

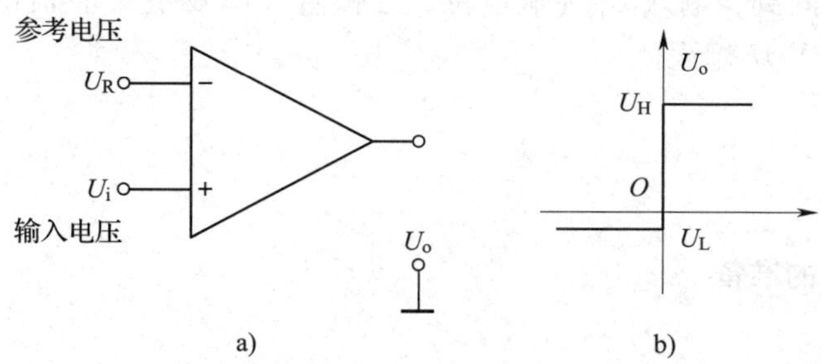

图 2—2—4　幅度比较器输入、输出特性

a）电路　b）输入、输出特性

信号幅度比较是指用一个模拟量的电压信号和一个参考电压相比较。每当同相输入端电压和反相输入端电压的差值为正时，输出端输出高电平，用 U_H 表示；每当同相输入端电压和反相输入端电压的差值为负时，输出端输出低电平，用 U_L 表示。即：当 $U_+ - U_- > 0$ 时，$U_o = U_H$；当 $U_+ - U_- < 0$ 时，$U_o = U_L$。当 $U_+ - U_- = 0$ 时，输出状态翻转。

延时电路原理如图 2—2—5 所示，工作过程为：当按下按钮 SB1 时，电源通过 R5 对电容 C3 充电，当 5 脚电压高于 6 脚电压时，7 脚输出高电平；松开 SB1 后，电容 C3 通过 R7、R8 形成放电回路，延时开始，延时时间 $t = (R_7 + R_8)\ C_3$。当 6 脚电压高于 5 脚电压时，7 脚输出低电平，延时结束。

SB2 是复位按钮，如需延时结束，按下 SB2 后，电容 C3 通过 R7 迅速放电，7 脚输出低电平，延时结束。

三、开关控制及显示电路

开关控制及显示电路由一个三极管 VT3 组成，驱动直流继电器及所控制的触点完成对外部设备和显示电路的控制。其电路原理如图 2—2—6 所示。

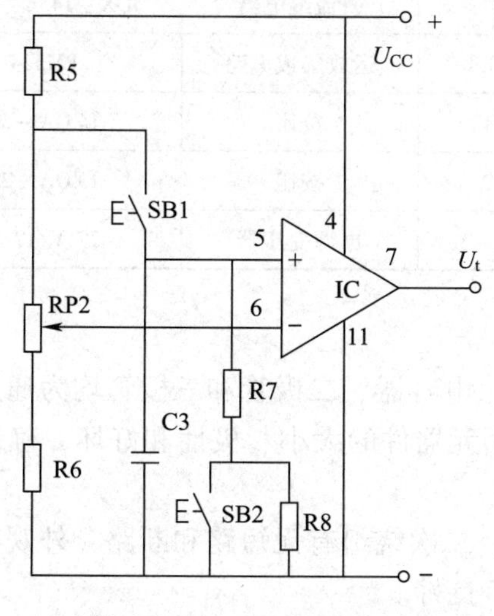

图 2—2—5　延时电路原理

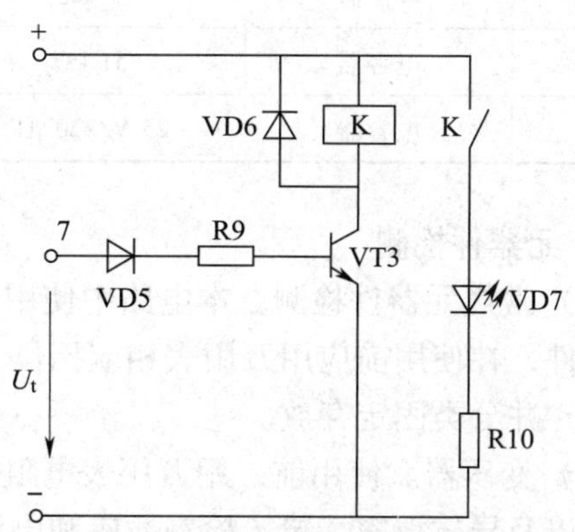

图 2—2—6　开关控制及显示电路原理

当按下 SB1 按钮发出计时指令时，输入 U_t 为高电位，经二极管 VD5、电阻 R9，使三极管 VT3 饱和导通，直流继电器 K 吸合，其常开触点闭合，发光二极管 VD7 发光，显示正在计时状态。当延时时间到，输入 U_t 为低电位，三极管 VT3 截止，直流继电器断电，常开触点打开，发光二极管 VD7 熄灭。

任务实施

一、工具、器材的准备

1. 工具及仪器

电子焊接工具一套；万用表一块；直流电源一台；示波器一台。

2. 元器件明细表

本任务电路的元器件明细表见表 2—2—1。

表 2—2—1　　元器件明细表

代号	名称	规格	代号	名称	规格
R1	电阻	1. 65 kΩ	C2	电容器	25 V/220 μF
R2	电阻	2 kΩ	C3	电容器	16 V/2. 2 μF
R3	电阻	560 Ω	VD1 ~ VD6	二极管	1N4007
R4	电阻	480 Ω	VD7	发光二极管	HFW314001
R5	电阻	2. 7 kΩ	VZ	稳压二极管	2CW51
R6	电阻	5. 6 kΩ	VT1	三极管	9013
R7	电阻	100 Ω	VT3	三极管	9013
R8	电阻	10 ~ 40 MΩ	VT2	三极管	9011
R9	电阻	560 Ω	K	直流继电器	JQX－145C　12 V
R10	电阻	330 Ω	IC	运放集成电路	LM324
RP1	电位器	1 kΩ	SB1	按钮	LZQA－22
RP2	电容器	51 kΩ	SB2	按钮	LZQA－22
C1	电容器	25 V/220 μF	T	电源变压器	22 V/12 V

3. 元器件检测

（1）常规元器件检测。本电路中使用的电阻器、电容器、二极管和三极管均为通用的常规元器件，在使用前应用万用表相应挡位，测量选用元器件的大小、极性和好坏，确认相关的参数，并分类固定存放。

（2）变压器。使用前，用万用表电阻挡测定一、二次绕组有无短路和断路，外观有无绝缘损伤以及导体裸露情况，检查插座和电源引线是否良好。

（3）直流继电器。检查直流继电器的型号和规格，用万用表欧姆挡测量继电器线圈的直流电阻，检查常开和常闭触点的位置及闭合状态是否良好，必要时加上额定电压，验证其能否正常通断。

二、电路装配

1. 电路装接布局设计

本电路属于分立元件和集成器件的混合电路，可采用印制矩阵电路板进行安装调试。安装前，应选择大小合适的电路板，必须保证电路板焊盘的孔间距和集成电路管脚的间距一致。对元器件的布局和连接线的走向要求如下：

（1）集成电路块放置方向要有利于输入和输出的连接，减少走线交叉，尽量减少连线。

（2）集成电路四周应留出检测及插装空间，每个引脚单独占用一个焊盘，要熟悉管脚排列。

（3）工作中需要经常调整的元器件，应考虑调整方法和操作方便，应有利于输入和输出的连接和调整。

（4）分立元件布局要有一定的轴线方向，元器件的疏密程度应尽量一致，相邻元器件要保持一定的装接距离，保证元器件的稳定性。在电路板四周的排列要整齐。

（5）对分立元件高低差别较大的应做适当调节，同类元器件须尽量保持高低、形状一致。本电路的装接布局和走线如图 2—2—7 所示。

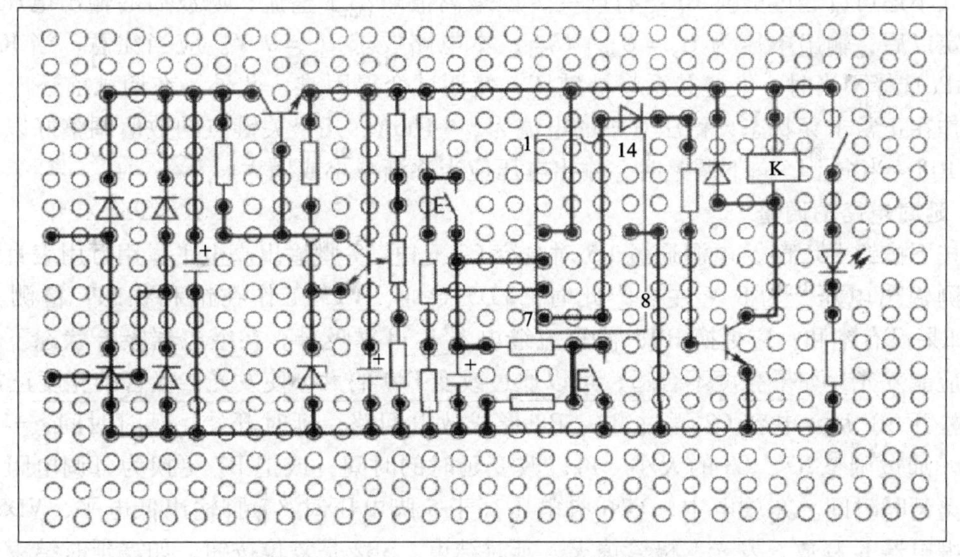

图 2—2—7 延时定时电路的装接布局和走线

2. 电路装接

（1）电路中使用的元器件及导线在安装前应进行整形和镀锡。

（2）集成块周围应留出装接操作间距。

（3）元器件标称值应处于便于观察的位置。

（4）每个元器件引脚应单独占用一个焊盘。

（5）电子元器件要安装端正，摆放整齐，同类元器件高度应尽量一致。

（6）焊接面的焊点要均匀一致，表面光亮，无虚焊和假焊。

（7）各管脚之间较长的连接线应当垂直、平行、绷紧，不要有松动，减少拐弯。

（8）需要调试的元器件，放置位置应有利于调整操作。

3. 自检

在未通电情况下，用万用表在路电阻测量法对装配好的电路板进行检测。

三、电路调试与测试

1. 电源部分的检测

接通电源前，先检测变压器和电路有无短路和断路现象，检查整流二极管的极性是否正确，确认无故障或排除故障以后，使电路处于空载状态再接通电源。然后，用万用表电压挡测量变压器二次侧和整流滤波后的电压数值，并做相应的记录，通过和理论计算数值相比较确认电路工作是否正常；去掉 Cl 电容器，用示波器测试 U_2 和整流后的波形以及接上电容器 Cl 经过滤波后的波形，确认电路的参数和性能是否良好。

2. 串联直流稳压电源的调整

本电路中稳压管 VZ 的稳压值为 3 V，静态调压时，选择合适的 R3、R4 和 RPl，可以确定电压输出的调节范围。当 RPl 调到最上端时，使 VT2 刚好进入饱和状态，$U_{CE2} \approx 0.5$ V，此时输出电压最小，A 点电位为 $U_A = U_{VZ} + U_{CE2} \approx 3.5$ V，输出电压 $U_o = U_A + U_{CE1} = 4.2$ V；当 RP1 调到最下端时，由于放大三极管 VT2 的基极和集电极电流调到了最小，A 点的电位最高，其大小还可以通过更换 Rl 进行改变，但最高值略小于整流、滤波后的输出电压。A 点电位确定以后，输出电压为 $U_o = U_A + U_{CE1}$，本电路要求 $U_o = 9$ V。应当注意，当 Rl、R3、R4 和 RPl 选择不当时，上述关系将被破坏，使调试变得困难。此外，在调试前还应保证稳压管工作在正常击穿状态，稳压管中的电流为 3 ~4 mA。几个关键点的数值调整好以后，逐渐调整 RPl，当向上、向下调整时，输出电压应当逐渐减小或增大。

3. 延时电路的调整

当按下按钮 SB1 时，电源通过 R5 对电容 C3 充电，7 脚输出高电平，用万用表直流电压 10 V挡测输出电压，为 8 V 左右。此时，VD5 导通，VT3 工作在饱和状态，检测其电压 U_{CE3}，如果没有饱和，应更换 R9，使直流继电器 K 可靠吸合。在继电器吸合状态下，发光二极管应能发光，如果亮度不合适，可以通过改变 Rl0 的大小使发光二极管的亮度正常。

当松开 SBl 后，电容 C2 通过 R7、R8 形成放电回路，延时开始。延时时间 $t = (R_7 + R_8) C_3$。通过调整 R7、C3 的大小，可以改变延时的时间；或把 R7 更换为可调电阻，根据需要调整延时时间。在放电中，当 6 脚电压高于 5 脚电压时，7 脚输出低电平，VD5、VT3 截止，继电器 K 释放，发光二极管熄灭，延时结束。SB2 是复位按钮，如需延时结束可按下 SB2，此时，7 脚输出低电平，VD5、VT3 截止，继电器 K 释放，发光二极管熄灭，停止延时。

四、装配工艺过程卡编制

根据装配工艺过程卡片指定的元器件，完成表 2—2—2 装配工艺过程卡片的编制。

1. 把表 2—2—2《装配工艺过程卡片》中的“序号（位号）”列出的各元器件，在“以上各元器件插装顺序是:”一栏中编制插装顺序（可归类处理）。

2. 根据《装配工艺过程卡片》中的“图样”，在“工艺要求”一列中的空格里填写工艺要求。

表 2—2—2　　装配工艺过程卡片

装配工艺过程卡片				工序名称		产品图号
序号	代号	装入件及插装材料代号、名称、规格		数量	工艺要求	工装名称
		名称	规格			
1	R1	电阻器	1.65 kΩ	1		镊子、剪刀、电烙铁等常用装配工具
2	R2	电阻器	2 kΩ	1		
3	R3	电阻器	560 Ω	1		
4	R4	电阻器	480 Ω	1		
5	R5	电阻器	2.7 kΩ	1		
6	R6	电阻器	5.6 kΩ	1		
7	R7	电阻器	100 Ω	1		
8	R8	电阻器	10 ~ 40 MΩ	1		
9	R9	电阻器	560 Ω	1		
10	R10	电阻器	330 Ω	1		
11	RP1	电位器	1 kΩ	1		
12	RP2	电容器	51 kΩ	1		
13	C1、C2	电容器	25 V/220 μF	2		
14	C3	电容器	16 V/2.2 μF	1		
15	VD1 ~ VD6	二极管	1N4007	6		
16	VD7	发光二极管	HFW314001	1		
17	VZ	稳压二极管	2CW51	1		
18	VT1、VT3	三极管	9013	2		
19	VT2	三极管	9011	1		
20	K	直流继电器	JQX - 145C 12 V	1		
21	IC	运放集成电路	LM324	1		
22	SB1、SB2	按钮	LZQA - 22	2		
23	T	电源变压器	22 V/12 V	1		
24	以上各元器件插件顺序是：					
图样	图1(a)　图1(b)　图1(c) 5~7mm 图2(a)　图2(b)　图2(c)　图2(d)　图2(e)					

旧底图总号	更改标记	数量	更改单号	签名	日期		签名	日期	第　页
						拟制			共　页
底图总号						审核			第　册
						标准化			第　页

操作应符合安全操作规程：工具摆放、包装物品、导线线头等的处理，符合职业岗位6S要求；遵守实训纪律，爱惜实训室的设备和器材，保持工位的整洁。

（1）工作过程安全。

（2）仪器仪表操作规范、安全。

（3）工具使用安全、规范。

（4）测试电路安全摆放。

（5）遵守纪律、保持清洁。

任务测评

对任务实施的完成情况进行检查，并将结果填入表2—2—3所示的评分表内。

表2—2—3　　评分标准

项目配分		工艺要求	评分标准	扣分	得分
装配	插件 20分	1. 电阻器、二极管水平安装，贴紧印制电路板，色标法电阻器的色环标注顺序一致 2. 电容器垂直安装，高度符合工艺要求 3. 按图装配，元器件的位置、极性正确	1. 元器件安装歪斜、不对称、高度超差、色环电阻器标注方向不一致，每处扣1分 2. 错装、漏装，每处扣5分		
	焊接 20分	1. 焊点光亮、清洁、焊料适量 2. 无漏焊、虚焊、假焊、搭焊、溅锡等现象 3. 焊接后元器件引脚剪脚留头长度小于1 mm	1. 焊点不光亮、焊料过多或过少，每处扣0.5分 2. 漏焊、虚焊、假焊、搭焊，每处扣2分 3. 剪脚留头长度过长，每处扣0.5分		
	总装 15分	1. 整机装配符合工艺要求 2. 导线连接正确，绝缘恢复良好 3. 不损伤绝缘层和表面涂覆层 4. 变压器固定牢固	1. 错装、漏装，每处扣1分 2. 导线连接错误，每处扣1分 3. 绝缘、涂覆不符合要求，扣1分 4. 损伤绝缘层和表面涂覆层，每处扣1分 5. 紧固件松动，扣2分		
调试	调试 30分	1. 关键点电位正常 2. 直流输出电压连续可调 3. 用示波器观察规定点的波形正常 4. 继电器吸释正常	1. 关键点电位不正常，扣5分 2. 直流输出电压不可调，扣5分 3. 无直流输出电压，扣10分 4. 示波器使用错误，每次扣5分 5. 继电器吸释不正常，扣10分		

续表

项目配分		工艺要求	评分标准	扣分	得分
故障排除	故障判断5分	1. 能够正确观察出故障现象 2. 能够正确分析故障原因，判断故障范围	1. 故障现象观察错误，每次扣3分 2. 故障原因分析错误，每次扣5分 3. 故障范围判断过大或过小，每次扣2分		
	故障检修10分	1. 检修思路清晰，方法运用得当 2. 检修结果正确 3. 正确使用仪表	1. 检修思路不清，扣5分 2. 检修方法不当，每次扣3分 3. 检修结果错误，扣10分 4. 仪表使用错误，每次扣3分		
安全文明生产		1. 安全用电，无人为损坏元器件、加工件和设备 2. 保持环境整洁，秩序井然，操作习惯良好	1. 发生安全事故，扣10分 2. 违反文明生产要求，视情况扣5~10分		
合计					

思考与练习

一、填空题（请将正确答案填在横线空白处）

1. 本电路中，变压器将220 V交流电压降为________V交流电压。经VD1~VD4二极管桥式整流后，输出整流电压 U_z = ________V，通过电容器Cl滤波后，向稳压电路提供直流电压 U_i = ________V。

2. 本电路具有自动稳压功能，当电网电压升高或负载电流减小，造成输出电压 U_o ________时，电路会自动向下调节，使输出________；当电网电压降低或负载电流________使输出电压 U_o 降低时，电路会向上调节，使输出电压保持不变。

3. 运算放大器作为电压比较器使用时，集成运放工作在________或引入________反馈。常用的两种方式为________和________过零比较。

二、思考题

1. 简述串联直流稳压电源的调整过程。

2. 简述延时定时电路的工作原理。

任务3 音频放大器

学习目标

知识目标：

1. 掌握音频放大器工作原理。
2. 了解LM324集成电路工作原理与应用。

能力目标：

1. 掌握音频放大器装配与调试方法。
2. 能完成双电源串联型直流稳压电源的装配与调试。

任务提出

音频放大器主要用来放大取自音源设备（如传声器、收音机、CD/VCD/DVD 激光设备等）中微弱的音频信号，以推动扬声器发出悦耳的声音。音频放大器的种类很多，按放大元件可分为电子管、晶体管、集成电路和 V－MOS 器件等；按扬声器的连接方式可分为变压器、OTL、OCL 和 BTL 等；按功率放大器的静态工作点设置可分为甲类、乙类、甲乙类、纯甲类和 H 类等。

本任务要求根据如图 2—3—1 所示的电路原理图装配与调试音频放大器电路。当调整该电路供电电源电压接近 ±8 V 时，通过调试电路偏置元件参数，使电路额定输出功率达到 2 W，最大输出功率达到 4 W，再用示波器观察输入、输出信号波形，对比失真情况。

电路分析

1. 电路的特点

高保真音频放大器电路中采用了集成运算放大器，使之具备优良的工作性能，具有工作频率宽、转换速率高、噪声低、失真小的特点；采用 TIP 型复合管组成互补推挽输出电路，电流放大倍数大，而且便于配对；电路中设有高、低音音调控制电路和等响度音量控制电路等环节。如果要做成双声道立体声的高保真音频放大器，只需再制作一块相同的电路就能实现。

2. 电路组成

电路主要由电压跟随器、衰减—反馈式音调控制电路、等响度音量控制电路、前置放大器、电压激励放大器、功率放大器和正、负直流稳压电源等组成。其框图如图 2—3—2 所示。

3. 基本工作原理

由集成运算放大器 IC1C 构成的电压跟随器作为输入级，它具有输入阻抗高、输出阻抗低的特点，因而可以达到较好的阻抗匹配，同时大大减轻音源设备的负载，输入灵敏度优于 50 mV。

衰减—反馈式音调控制电路通过 RC 网络对特定频率段的衰减量和负反馈量进行大小的调整，实现按实际需要突出或减弱低音区或高音区，达到改善听音效果。RP1、C1 和 R3 组成低音衰减电路，RP1 为低音控制电位器；RP2、C2 和 R4 组成高音衰减电路，RP2 为高音控制电位器；IC1B 集成运算放大器对低音信号和高音信号的放大倍数受负反馈量大小的控制，负反馈网络由 R7、R5、RP1、C1、R3、RP2、C2 和 R4 组成。调整电位器 RP1 和 RP2 就可以改变低音或高音的衰减量和负反馈量，实现音调控制目的。

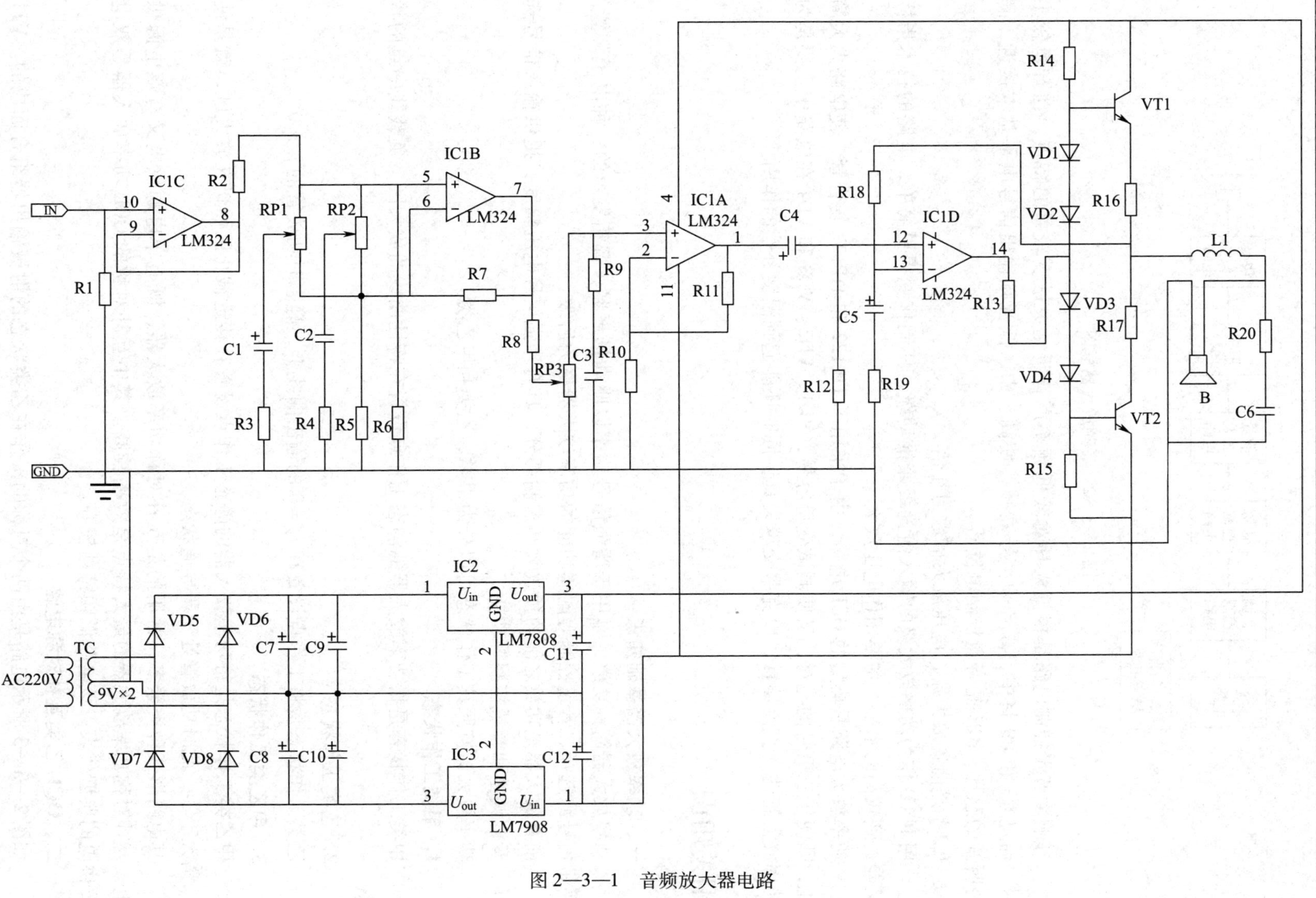

图 2—3—1 音频放大器电路

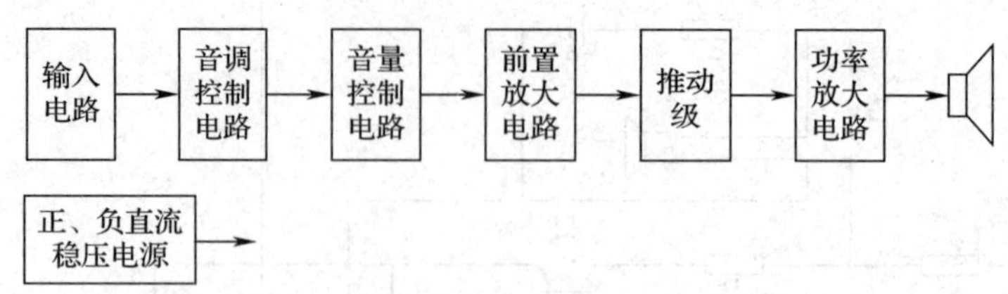

图 2—3—2　音频放大器框图

等响度音量控制电路是根据人耳对较低频率声音听觉灵敏度较差的特点，在音量较小时，通过 C3 和 R9 将中、高音频信号衰减，使高、中、低音频输出信号电平基本接近，满足听音的感觉。RP3 是音量控制电位器。

IC1A 是前置放大器，电压放大倍数为 6 倍。

用 IC1D 作为功率放大级的输入前置级兼推动级，使制作变得更简单，电路的技术指标又能达到较高的水平。主要用作电压放大。

功率放大电路是典型的 OCL 电路，由于采用了 TIP122 和 TIP127 复合管，使电路大大简化，既便于三极管的配对，又使调试变得容易；VD1、VD2、VD3 和 VD4 在电路中主要是为功率放大管建立直流偏置，以克服交越失真，同时还能起到温度补偿的作用。

相关知识

一、功率放大器基础知识

功率放大器简称功放，是用于增强信号功率以驱动扬声器、音箱发声的一种电子装置。不带信号源选择、音量控制等附属功能的功率放大器称为后级。

前置放大器是功放之前的预放大和控制部分，具有增强信号电压幅度，提供输入信号选择、音调调整和音量控制等功能。

功率放大器按照其工作状态可以分为甲类、乙类和甲乙类。

1. 甲类工作状态

甲类工作状态是指功率放大器的静态工作点设置在特性曲线的放大区，负载线中点的状态。

2. 乙类工作状态

乙类工作状态是将工作点设置在 $i_B=0$ 的输出曲线上，静态时功放管的 $i_C\approx0$。

3. 甲乙类工作状态

甲乙类工作状态是将功率放大器的静态工作点设置在接近截止区而仍在放大区，就是使 i_{CQ}稍大于零，此时功放管处于弱导通状态。

其电路形式种类繁多，常用的是互补对称功率放大器，既有单电源供电又有双电源供电。互补对称功率放大器的最大特点是效率较高。其中互补对称的 OCL 功率放大器是双电源供电的典型代表，该电路低频特性较好。

二、OCL 乙类互补对称电路

如图 2—3—3 所示电路是由两个对称的工作在乙类状态的射极输出器组合而成的。VT1

（NPN 型）和 VT2（PNP 型）是两个特性一致的互补三极管，电路采用双电源供电，负载直接接到 VT1、VT2 的发射极上。因电路没有输出电容和变压器，故称为无输出电容电路，简称 OCL 电路。

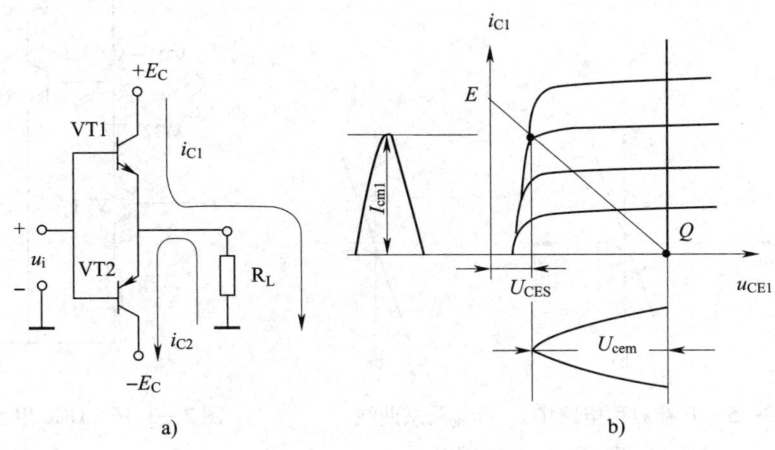

图 2—3—3　OCL 乙类互补放大电路及 u_i 为正时 VT1 的波形

设 u_i为正弦波，当 u_i处于正半周时，VT1 导通，VT2 截止，输出电流 $i_L=i_{C1}$流过 R_L，形成输出正弦波的正半周。当 u_i处于负半周时，VT1 截止，VT2 导通，输出电流 $i_L=-i_{C2}$流过 R_L，其方向与 i_{C1}相反，形成输出正弦波的负半周。因此，在信号的一个周期内，输出电流基本上是正弦波电流。由此可见，该电路实现了在静态时管子无电流通过，而有信号时，VT1、VT2 轮流导通，组成所谓推挽电路。由于电路结构和两管特性对称，工作时两管互相补充，故称"互补对称"电路。

三、OCL 甲乙类互补对称电路

如图 2—3—3 所示电路的缺点是当输入信号 u_i的瞬时值小于 VT1、VT2 的死区电压时，三极管不导通，只有当 u_i的瞬时值越过 U_i以后，管子才导通。因此两管轮流工作衔接不好，出现了一段死区，产生了所谓的"交越失真"，如图 2—3—4 所示。

为了避免交越失真，通常在每管的发射结上加一定的正向偏压，使两管在静态时都处于微导通状态，这样，当有信号时，就可使 i_C和 u_{BE}基本上成线性关系，消除了交越失真，如图 2—3—5 所示。此时，电路便工作在甲乙类状态。应当指出，为了提高工作效率，在设置偏压时，应尽可能接近乙类状态。

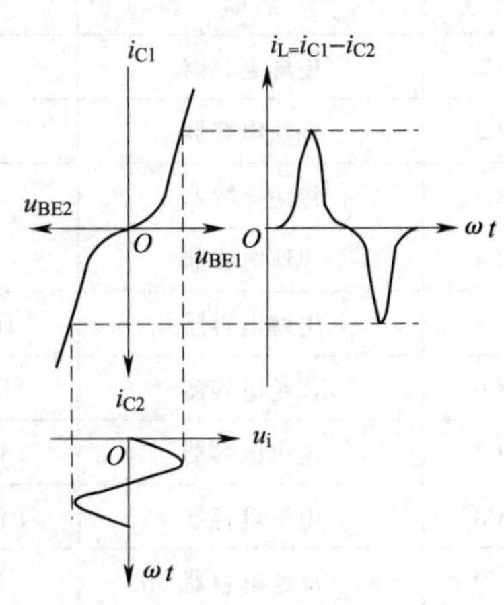

图 2—3—4　乙类互补电路的交越失真

图 2—3—6 所示为 OCL 甲乙类放大电路。VT1 为前置级，二极管 VD 接在输出级的基极回路内，静态时的二极管 VD 两端有一定的正向压降，给 VT2、VT3 提供一个适当的正向偏压，产生相应的偏流，从而避免了交越失真。OCL 功放电路的缺点是必须采用双电源供电。

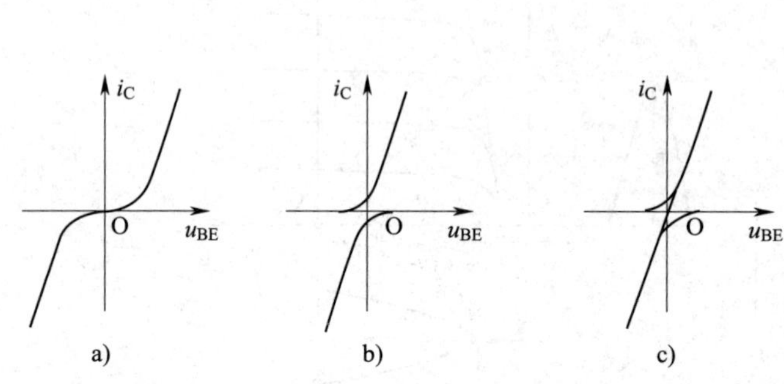

图 2—3—5　互补对称电路中 $i_C \sim u_{BE}$ 关系曲线

a）乙类　b）甲乙类　c）合成曲线

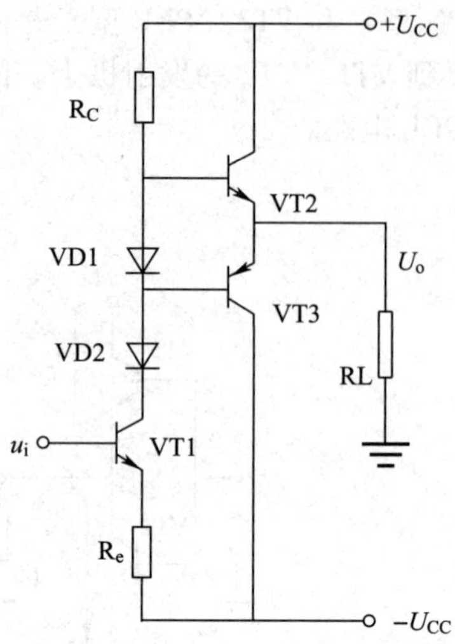

图 2—3—6　OCL 甲乙类放大电路

任务实施

一、工具、器材的准备

1. 工具及仪器

电子焊接工具一套；万用表一块；音频信号发生器一台、示波器一台、毫伏表、失真度测量仪等。

2. 元器件明细表

本任务电路的元器件明细表见表 2—3—1。

表 2—3—1　　**元器件明细表**

代号	名称	规格	代号	名称	规格
C1	电解电容器	1 μF/25 V	C11	电解电容器	1 000 μF/25 V
C2	涤纶电容器	10 nF/63 V	C12	电解电容器	1 000 μF/25 V
C3	涤纶电容器	47 nF/63 V	R1	碳膜电阻器	56 kΩ
C4	电解电容器	1 μF/25 V	R2	碳膜电阻器	4.7 kΩ
C5	电解电容器	100 μF/25 V	R3	碳膜电阻器	180 Ω
C6	涤纶电容器	100 nF/63 V	R4	碳膜电阻器	180 Ω
C7	电解电容器	1 000 μF/25 V	R5	碳膜电阻器	2.2 kΩ
C8	电解电容器	1 000 μF/25 V	R6	碳膜电阻器	2.2 kΩ
C9	涤纶电容器	10 nF/63 V	R7	碳膜电阻器	4.7 kΩ
C10	涤纶电容器	10 nF/63 V	R8	碳膜电阻器	2 kΩ

续表

代号	名称	规格	代号	名称	规格
R9	碳膜电阻器	10 kΩ	VD5	二极管	1N4001
R10	碳膜电阻器	2 kΩ	VD6	二极管	1N4001
R11	碳膜电阻器	10 kΩ	VD7	二极管	1N4001
R12	碳膜电阻器	20 kΩ	VD8	二极管	1N4001
R13	碳膜电阻器	51 kΩ	VT1	三极管	TIP122
R14	碳膜电阻器	2 kΩ	VT2	三极管	TIP127
R15	碳膜电阻器	2 kΩ	IC1	集成电路	LM324
R16	金属膜电阻器	0.5 Ω/1 W	IC2	集成电路	LM7808
R17	金属膜电阻器	0.5 Ω/1 W	IC3	集成电路	LM7908
R18	碳膜电阻器	5.1 kΩ	TC	变压器	220 V/9 V×2
R19	碳膜电阻器	1 kΩ		印制电路板	
R20	碳膜电阻器	10 kΩ		紧固件	M4×15
RP1	电位器	5 kΩ		焊料、助焊剂	
RP2	电位器	5 kΩ		集成电路插脚	
RP3	电位器	100 kΩ		扬声器	8 Ω/5 W
VD1	二极管	1N4001		电源线及插头	
VD2	二极管	1N4001		连接导线	
VD3	二极管	1N4001		绝缘胶布	
VD4	二极管	1N4001			

3. 元器件检测

根据给出的元器件清单逐一检查测试元器件的参数与好坏，并将部分元器件的检测结果填入表 2—3—2 中。

表 2—3—2　　部分元器件检查结果记录

元器件		识别及检测内容		
电阻器		标称值（含误差）	测量值	测量挡位
	R2			
电容器		标称值（μF）	介质	
	C1			
	C2			
集成电路		型号	封装形式	引脚图
	IC1			

续表

元器件	识别及检测内容		
二极管	VD4	正向电阻	反向电阻
可变电阻		测量值（最大值）	测量值（最小值）
	RP3		

二、电路装配

工艺流程：准备→熟悉工艺要求→核对元器件数量、规格、型号→元器件检测→印制电路板检查→元器件预加工→印制电路板装配、焊接→总装加工→自检。

（1）准备。将工作台整理有序，工具摆放合理，准备好必要的物品。

（2）熟悉工艺要求。认真阅读工艺要求和装配图样。

（3）清点元器件。按表2—3—1元器件明细表核对元器件的数量、型号和规格，元器件应符合工艺要求。如有短缺、差错、损坏应及时补充和更换。

（4）元器件检测。用万用表的电阻挡对元器件进行逐一检测，对不符合质量要求的元器件剔除并更换。VT1、VT2三极管要求性能配对，必须用晶体管特性图示仪进行选配；检查印制电路板有无缺少安装孔、覆铜线断裂、短路等质量问题。

（5）元器件预加工。对电阻器、电容器、晶体管进行剪脚和浸锡加工。晶体管是不耐热的元件，浸锡温度要低，浸锡时间不宜过长，防止烫坏PN结，剪脚时要防止把二极管和有极性电容器的极性搞错。

（6）印制电路板装配工艺要求

1）电阻器均采用水平安装方式，并贴紧印制电路板（0.5 Ω/1 W大功率电阻器除外），色标法电阻器的色环标注顺序方向一致。

2）电容器采用垂直安装方式，高度要求为电解电容器的底部离印制电路板小于4 mm，其他电容器的底部离印制电路板（6 ± 2）mm。

3）三极管采用垂直安装方式，高度要求为管底部离印制电路板（6 ± 2）mm。

4）微调电位器应贴紧印制电路板安装。

5）所有焊点均采用直脚焊，焊接完成后剪去多余引脚，留头在焊面以上0.5 ~ 1 mm，且不能损伤焊接面。

（7）总装加工。电源变压器用螺钉紧固在印制电路板的元器件面，一次绕组的引出线向外，二次绕组的引出线向内。紧固件的螺母均安装在焊接面。变压器一次侧电源线从印制电路板焊接面穿过孔Q后，在元件面打结，再与变压器一次绕组引出线焊接并完成绝缘恢复，变压器二次绕组引出线插入安装孔后焊接。

（8）自检。对已完成装配、焊接的工件仔细检查质量，重点是装配的准确性，包括元器件位置、有极性元器件的极性、电位器的滑动臂、变压器一次侧和二次侧等；焊点质量应无虚焊、假焊、漏焊、搭焊、空隙、毛刺等；应无影响安全性能指标的缺陷；元器件整形。

三、电路调试与测试

1. 音频放大器的主要性能指标

（1）额定输出功率（RMS）≥2 W/8 Ω。

（2）最大输出功率（$P-P$）≥4 W/8 Ω。

（3）谐波失真系数（THD）≤0.5%。

（4）输入灵敏度优于 50 mV。

（5）信噪比（S/N）≥100 dB。

2. 电路调试方法

音频放大器主要性能指标测试配置的仪器和放大器之间的连线如图 2—3—7 所示，输入音频信号与音频放大器的 IC1 之 10 脚连接，音频放大器的输出端是扬声器两端（也可接假负载电阻器 8 Ω/5 W）。由于采用了集成运算放大器，所以电路基本不需要进行调试。以下介绍主要性能指标的测试方法。

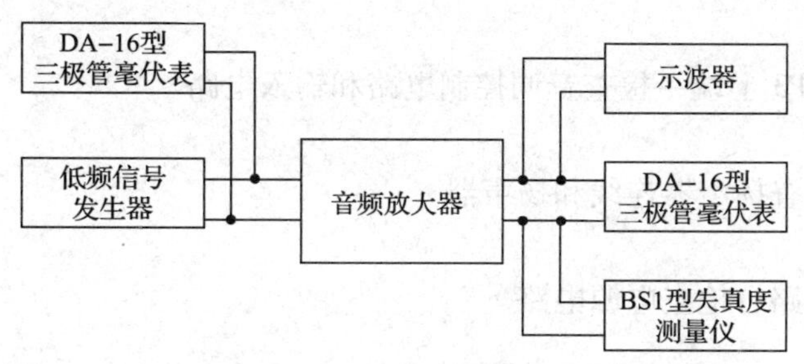

图 2—3—7 音频放大器测试仪器

（1）额定输出功率。将音频信号发生器“频率”置“1 000 Hz”，输出信号电压为 50 mV，音频放大器的音调控制电位器 RP1、RP2 置最上端，逐渐调整音量控制电位器 RP3，并观察示波器的输出波形有无明显失真，直至输出最大；调整“BS1 型失真度测量仪”测量出失真度应≤0.5%，若不符合要求，可逐步调小 RP3，使失真度达到要求为止，此时输出端的 DA-16 型晶体管毫伏表指示的电压值即为额定输出电压，它的平方除以负载阻抗（8 Ω）就是额定输出功率。

（2）信噪比。除去音频输入信号，输出端的 DA-16 型晶体管毫伏表指示的电压值即为噪声输出电压值，信噪比 =20lg（额定输出电压/噪声输出电压），单位是分贝（dB）。

（3）最大输出功率。连接音频输入信号，调整 RP3 至最上端，此时（不考虑失真度）输出端的 DA-16 型晶体管毫伏表指示的电压值即为最大输出电压，它的平方除以负载阻抗（8 Ω）就是最大输出功率。

（4）输入灵敏度。逐步减小音频输入信号，直至音频放大器输出为额定输出电压，此时输入端的 DA-16 型晶体管毫伏表指示的电压值即为输入灵敏度。将测试结果填入表 2—3—3。

表 2—3—3　　音频放大器主要性能指标测试结果

主要性能指标	测试结果	相关参数
额定输出功率（RMS）	W	额定输出电压 = 　V
最大输出功率（$P-P$）	W	额定输出电压 = 　V
谐波失真系数（THD）	%	

续表

主要性能指标	测试结果	相关参数
输入灵敏度	mV	
信噪比（*S/N*）	dB	噪声输出电压＝　　V

3. 简单故障排除训练

故障实例：完全无声。

故障分析：故障范围在功率放大电路、扬声器及连线、电源电路、电压推动电路、前置放大电路、音调控制电路和输入电路等。

排除故障思路：

手捏旋具碰触 RP3 上端→检查音调控制电路和输入电路

↓无声

检查扬声器→检查扬声器连线和扬声器

↓正常

检查正负电源电路→检查电源电路

↓正常

检查功放电路静态中点电压→检查功率放大电路

↓正常

四、装配工艺过程卡编制

根据装配工艺过程卡片指定的元器件，完成表 2—3—4 所示装配工艺过程卡片的编制。

1．把表 2—3—4《装配工艺过程卡片》中列出的各元器件，在“以上各元器件插装顺序是：”一栏中编制插装顺序（可归类处理）。

2．根据《装配工艺过程卡片》中的“图样”，在“工艺要求”一列中的空格里填写工艺要求。

表 2—3—4　　装配工艺过程卡片

装配工艺过程卡片					工序名称	产品图号
序号	代号	装入件及插装材料 代号、名称、规格		数量	工艺要求	工装名称
		名称	规格			
1	R1	碳膜电阻器	300 Ω	1		镊子、剪刀、电烙铁等常用装配工具
2	R2	碳膜电阻器	1 kΩ	1		
3	VD1	二极管	1N4001	1		
4	VD2	二极管	1N4001	1		
5	VD3	二极管	1N4001	1		
6	VS	稳压二极管	6.3 V	1		
7	C1	电解电容器	470 μF/25 V	1		

续表

序号	代号	装入件及插装材料 代号、名称、规格		数量	工艺要求	工装名称
		名称	规格			
8	C2	电解电容器	47 μF/25 V	1		镊子、剪刀、电烙铁等常用装配工具
9	C3	电解电容器	100 μF/25 V	1		
10	RP1	微调电位器	1 kΩ	1		
11	RP2	微调电位器	3.3 kΩ	1		
12	IC	三端集成稳压电路	LM7805	1		
13	TC	变压器		1		
14	以上各元器件插件顺序是：					
图样	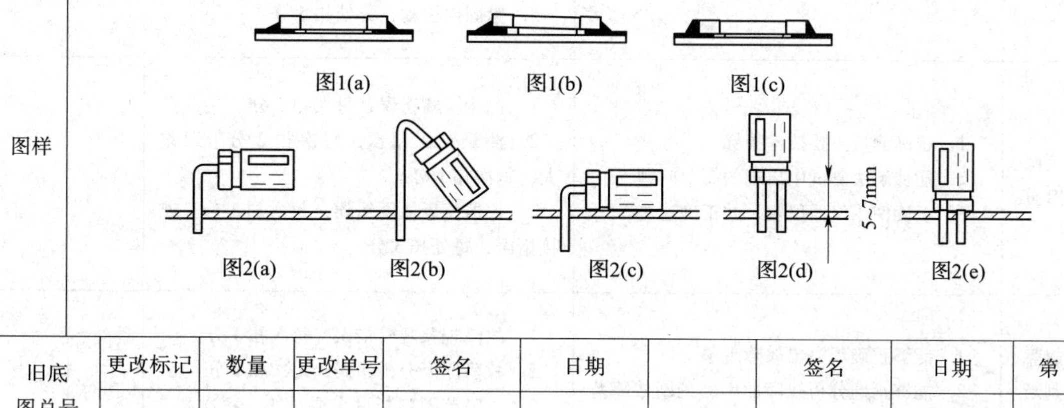 图1(a) 图1(b) 图1(c) 图2(a) 图2(b) 图2(c) 图2(d) 图2(e)					

旧底图总号	更改标记	数量	更改单号	签名	日期		签名	日期	第 页
						拟制			共 页
底图总号						审核			第 册

任务测评

对任务实施的完成情况进行检查，并将结果填入表 2—3—5 中。

表 2—3—5　　评分标准

项目配分		工艺标准	扣分标准	扣分	得分
装配	插件 20 分	1. 电阻器、二极管水平安装，贴紧印制电路板，色标法电阻器的色环标注顺序一致 2. 电容器垂直安装，高度符合工艺要求 3. 按图装配，元器件的位置、极性正确 4. 散热片安装正确	1. 元器件安装歪斜、不对称、高度超差、色环电阻器标注方向不一致，每处扣 1 分 2. 错装、漏装，每处扣 5 分		

续表

项目配分		工艺标准	扣分标准	扣分	得分
装配	焊接 20分	1. 焊点光亮、清洁、焊料适量 2. 无漏焊、虚焊、假焊、搭焊、溅锡等现象 3. 焊接后元器件引脚剪脚留头长度小于1 mm	1. 焊点不光亮、焊料过多或过少，每处扣0.5分 2. 漏焊、虚焊、假焊、搭焊，每处扣3分 3. 剪脚留头长度过长，每处扣0.5分		
	总装 15分	1. 整机装配符合工艺要求 2. 导线连接正确，绝缘恢复良好 3. 不损伤绝缘层和表面涂覆层 4. 变压器固定牢固	1. 错装、漏装，每处扣5分 2. 导线连接错误，每处扣5分 3. 绝缘、涂覆不符合要求，扣5分 4. 损伤绝缘层和表面涂覆层，每处扣5分 5. 紧固件松动，每处扣5分		
调试	调试 30分	1. 正确测量主要技术指标 2. 能够解决测试中出现的简单问题 3. 正确使用仪器仪表，并正确连接	1. 测量步骤错误，每次扣3分 2. 测量结果错误，每次扣2分。误差大，每次扣1分 3. 仪器仪表使用错误，每次扣3分。连接错误，每处扣3分		
故障排除	故障判断 5分	1. 能够正确观察出故障现象 2. 能够正确分析故障原因，判断故障范围	1. 故障现象观察错误，每次扣3分 2. 故障原因分析错误，每次扣5分 3. 故障范围判断过大或过小，每次扣2分		
	故障检修 10分	1. 检修思路清晰，方法运用得当 2. 检修结果正确 3. 正确使用仪表	1. 检修思路不清，扣5分 2. 检修方法不当，每次扣3分 3. 检修结果错误，扣10分 4. 仪表使用错误，每次扣3分		
安全、文明生产		1. 安全用电，无人为损坏元器件、加工件和设备 2. 保持环境整洁，秩序井然，操作习惯良好	1. 发生安全事故，扣10分 2. 违反文明生产要求，视情况，扣5～10分		

知识拓展

一、普及型收音机的低放电路

图2—3—8所示为普及型收音机的低放电路。电路共3级，第1级（VT1）是前置电压放大，第2级（VT2）是推动级，第3级（VT3、VT4）是推挽功放。VT1和VT2之间采用

直接耦合，VT2 和 VT3、VT4 之间用输入变压器（T1）耦合，并完成倒相，最后用输出变压器（T2）输出，使用低阻扬声器。此外，VTl 本级有并联电压负反馈（R1），T2 次级经 R3 送回到 VT2，有串联电压负反馈。电路中 C2 的作用是增强高音区的负反馈，减弱高音以增强低音。R3、C4 为去耦电路，C3 为电源的滤波电容。

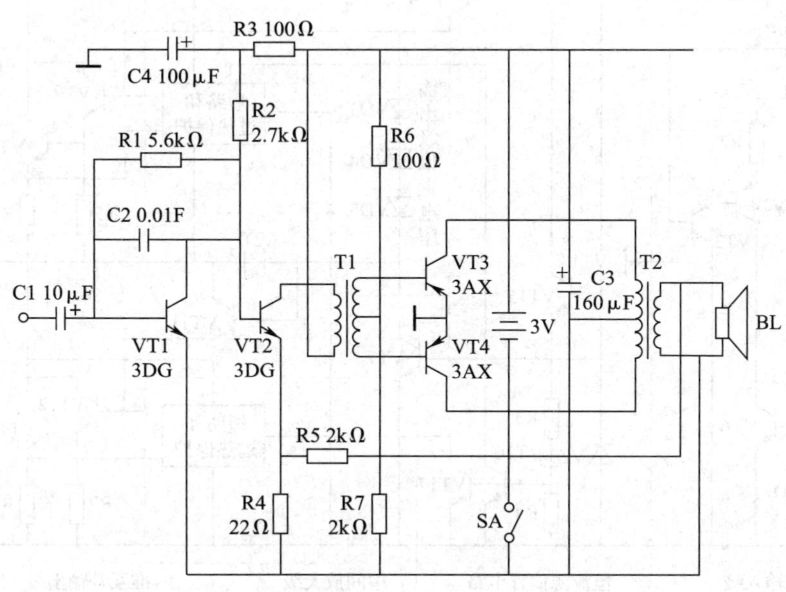

图 2—3—8　普及型收音机的低放电路

二、TDA2030A 音频集成功率放大器

TDA2030A 是目前使用较为广泛的一种集成功率放大器，与其他功放相比，它的引脚和外部元件都较少。

TDA2030A 的电气性能稳定，并在内部集成了过载和热切断保护电路，能适应长时间连续工作。由于其金属外壳与负电源引脚相连，因而在单电源使用时，金属外壳可直接固定在散热片上并与地线（金属机箱）相接，无须绝缘，使用很方便。

TDA2030A 的内部电路如图 2—3—9 所示（其中 VD 为二极管）。

TDA2030A 用于收录机和有源音箱中，作音频功率放大器，也可作其他电子设备中的功率放大。因其内部采用的是直接耦合，也可以作直流放大。主要性能参数如下：

电源电压 U_{CC}　±（3 ~ 18）V

输出峰值电流　3. 5 A

输入电阻　>0. 5 MΩ

静态电流 <60 mA（测试条件：%c = ±18 V）

电压增益　30 dB

频响（BW）　0 ~ 140 kHz

在电源为 ±15 V、R_L = 4 Ω 时，输出功率为 14 W。

TDA2030A 外引脚的排列如图 2—3—10 所示。

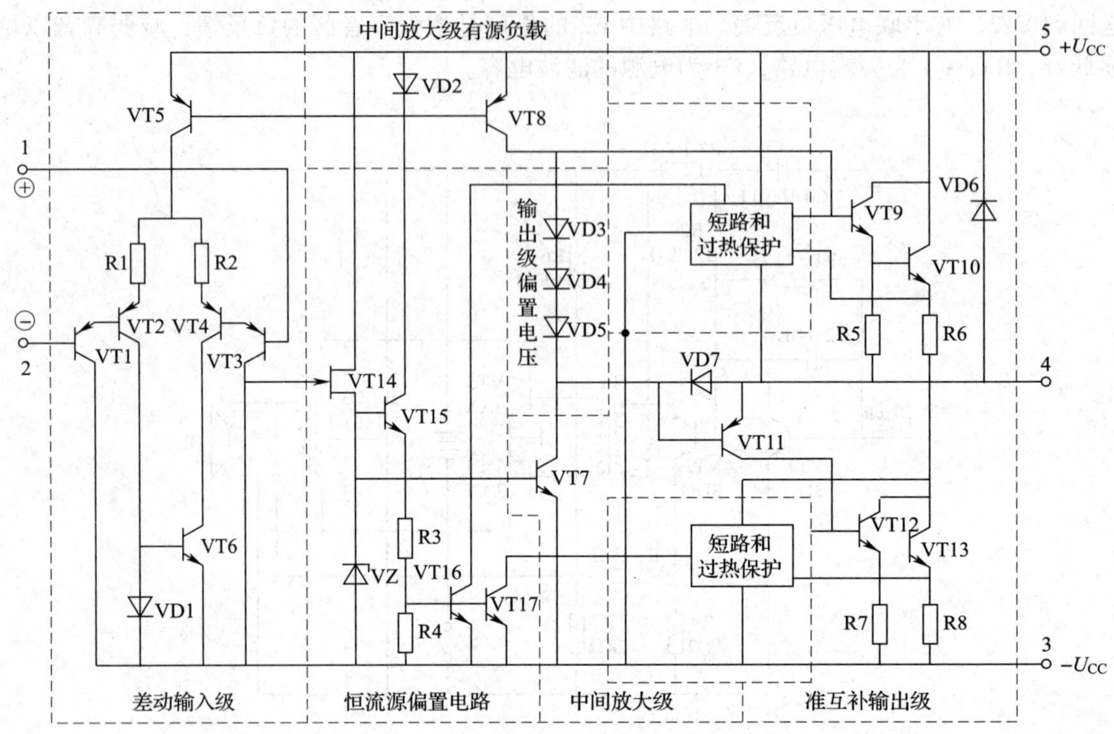

图 2—3—9　TDA2030A 的内部电路

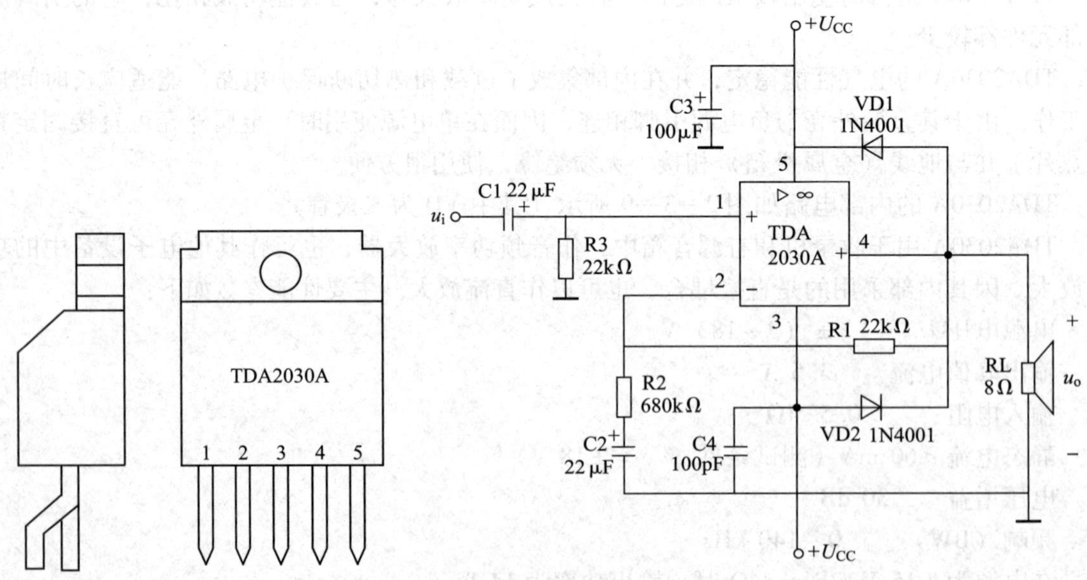

图 2—3—10　TDA2030A 引脚排列

对仅有一组电源的中、小型录音机的音响系统，可采用单电源连接方式，如图2—3—11所示。由于采用单电源供电，故同相输入端用阻值相同的R1、R2组成分压电路，使K点电位为$U_{CC}/2$，经R3加至同相输入端。在静态时，同相输入端、反向输入端和输出端皆为$U_{CC}/2$。其他元件的作用与双电源电路相同。

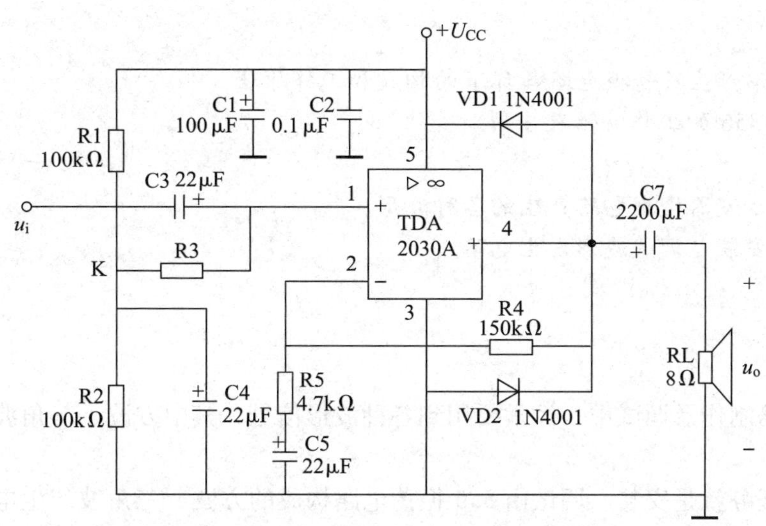

图2—3—11　中、小型录音机的音响电路

思考与练习

一、填空题（请将正确答案填在横线空白处）

1. 在乙类互补对称功率放大器中，因三极管输入特性的非线性而引起的失真叫做________。

2. 在功率放大电路中，甲类放大电路是指放大管的导通角等于________，乙类放大电路是指放大管的导通角等于________，甲乙类放大电路是指放大管的导通角等于________。

3. 有一OTL电路，其电源电压$U_{CC}=16$ V，$R_L=8$ Ω。在理想情况下，可得到最大输出功率为________。

4. 在推挽功率放大电路中设置适当的偏置是为了________，如果直流偏置过大则会________下降。

5. 为了消除交越失真，应当使互补对称功率放大器工作在________类状态。

二、思考题

1. 什么叫功率放大器，对它有哪些要求？

2. 分析功率放大器为什么不能用等效电路法而要用图解分析法？

3. 在大功率输出的功放电路中，为何要对功放管采取散热措施？

任务4　波形发生器

学习目标

知识目标：

1. 掌握波形产生及转换电路各环节的构成和工作原理。
2. 掌握 LF356 的工作特性及应用。

能力目标：

1. 能使用示波器检测电路产生的各种波形。
2. 能正确安装与调试波形发生电路。

任务提出

在电子电路制作及调试中，经常要用到各种波形信号，其中方波、三角波和正弦波是最常用的波形。

本课题的任务就是安装、调试由 555 振荡电路构成的方波、三角波产生电路，并通过运放和滤波电路将矩形波转换为正弦波，其电路原理图如图 2—4—1 所示。

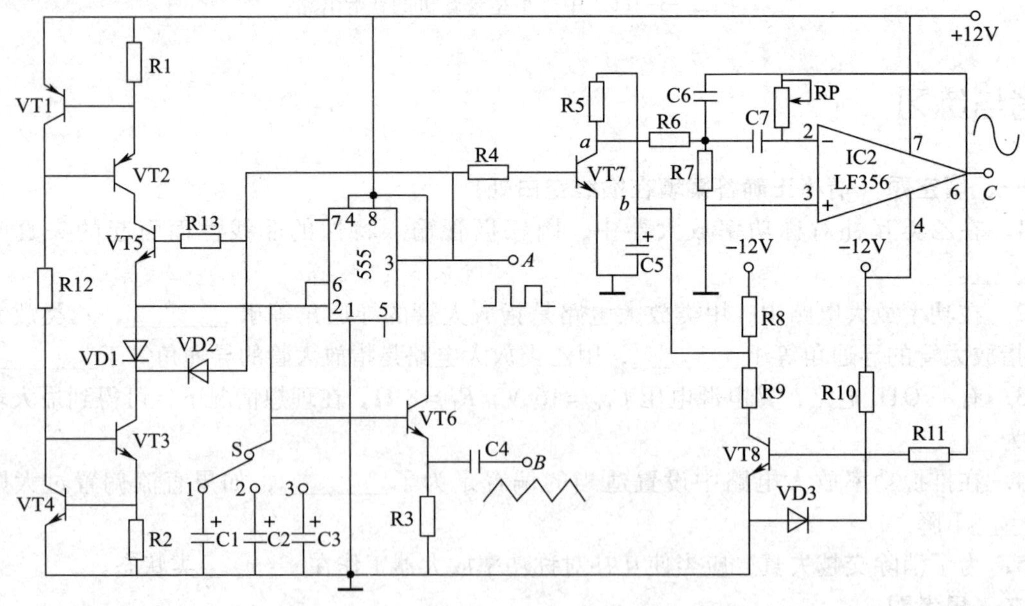

图 2—4—1　方波、三角波和正弦波产生电路

电路分析

本课题使用 555 集成块构成方波振荡电路，在外围采用了对称的两个恒流源完成充电和

放电，振荡产生的波形完全对称，占空比为50%，可以同时输出方波和三角波。电路产生的矩形波通过驱动、滤波、放大和反馈控制，输出稳定的正弦波信号。

电路主要由对称恒流源电路、充放电电容、充放电控制、555振荡电路、方波/正弦波转换电路组成，其构成框图如图2—4—2所示。

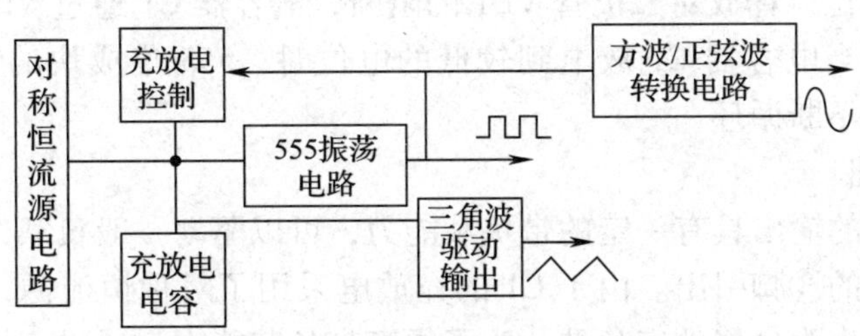

图2—4—2　波形发生电路的构成框图

一、555振荡电路工作过程分析

555集成电路的内部有一个放电三极管，通过⑦脚对外接电容进行放电，本电路为了使充、放电完全对称，不采用内部三极管放电，而在外部装接两个完全对称的恒流源，进行交替充电和放电，以保证振荡产生的波形为矩形，且占空比为50%，其电路的组成如图2—4—3所示。

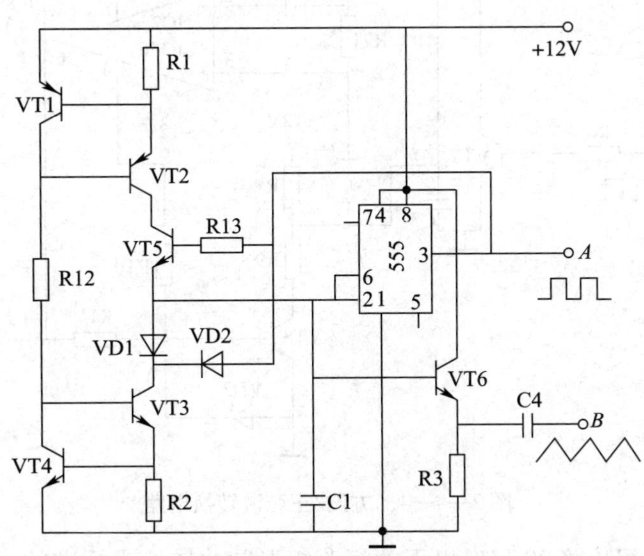

图2—4—3　555振荡电路

1. 恒流源电路

电路中由VT1、VT2和R1构成一个恒流源，通过开关三极管VT5向电容器C1进行充电；VT3、VT4和R2组成另一个恒流源，其结构和VT1、VT2组成的恒流源完全对称。当进入放电状态时，经由VD2构成放电通路进行放电。

2. 充放电控制电路

555集成块的振荡输出端③经R13和VD2连接到恒流源回路的VT5、VD1两端，形成对充放电的快速控制和转换。当555集成块的③脚输出高电平时，通过R13使开关三极管VT5导通，接通VT1、VT2恒流源，对电容器C1进行充电，同时，二极管VD2使VD1受反向电压截止。当电容器充电电压上升到一定值时，555集成块的③脚转为低电平，R13失去高电位，三极管VT5关断，VT1、VT2管组成的恒流源停止向电容器C1充电；同时，二极管VD2的正极变为低电位，释放对二极管VD1的阻断，电容器C1通过VDl及VT3、VT4组成的恒流源进行放电。当电容器C1放电到较低的电位时，555集成块的③脚又转为高电平，再次转为充电状态，不断循环。

3. 振荡波形输出

由于555集成块的输出具有一定的带负载能力，可以驱动一般负载，故本电路的方波输出直接从555集成块的③脚引出。由于C1的充放电采用了对称恒流源，充放电均工作在线性状态，因此，其输出为良好的三角波。为了提高带负载能力，通过三极管VT6进行放大后从*B*端输出。

二、方波/正弦波转换电路

从R4输入的方波取自555集成块的③脚，其工作原理如图2—4—4所示。

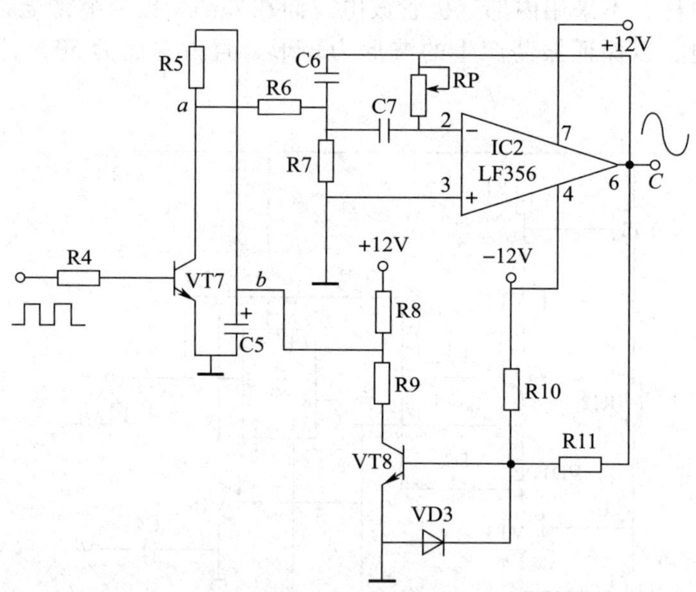

图2—4—4　方波/正弦波转换电路

本课题中的电路可以将20 kHz以下的振荡矩形脉冲转换为标准的正弦波信号，同时也可以兼做正弦波信号放大传输通道。适用于要求稳定性较高的正弦波信号发生器。

电路中的三极管VT7由输入的时钟方波控制导通和截止，*a*点输出的方波信号受控于*b*点的电位，经由运放集成块IC2、C6、R7、C7和RP构成的电路进行带通滤波及正弦波振荡，滤除方波中的谐波成分，在IC2的⑥脚上输出正弦波信号。

电路中，由VT8、VD3及相关电阻器等元件组成的电路构成了对正弦波信号的稳幅、限幅控制。当电路元件参数发生变化引起输出正弦波的幅值和频率发生变化或偏移时，能够进行自动反馈调节。如果IC2输出的正弦波处于低电位，则VT8截止，*b*点电位上升，使*a*点的方波幅值相应增高；如果 IC2 输出的正弦波电压幅值高于正常值，则 VT8 管输出的电流会增大，使 b 点和 a 点的电位下降。正弦波信号经由 R11 加到 VT8 管的基极，不断改变着 V8 管 C、E 极间的动态电阻值，于是流经 b 点的电流就在一定范围内做周期性的变化，从而控制了波形转换器输出波形的幅值的变动，使输出波形保持稳定。

方波/正弦波转换电路中所配置的元件，是按照工作于 1 000 Hz 正弦波频率所选定的，如果要改变输出正弦波的频率，可更改电路中 R7、C6、C7 和 RP 的大小，从而改变时间常数。由于改变电容的大小不太方便，所以本电路调整反馈电阻器 RP，对输出的正弦波频率进行调节。电路中选用的运放集成块 LF356 的通频带较宽，上限超过了 20 kHz，如果需要较高频率的正弦波，可改变相关的滤波及振荡电容。在实际使用中，根据所需要的频率，应先调整 555 集成块的振荡频率，得到所需要的方波，再根据方波的频率，确定正弦波转换电路中相关的阻容元件。

相关知识

一、555 集成时基电路的特点

集成时基电路又称集成定时器或 555 电路，是一种数字、模拟混合型的中规模集成电路，应用十分广泛。它是一种产生时间延迟和多种脉冲信号的电路，由于内部电压分配电阻使用了三个 5 kΩ 电阻器，故取名 555 电路。其电路类型有双极型和 CMOS 型两大类，二者的结构与工作原理类似。几乎所有的双极型产品型号最后的三位数码都是 555 或 556；所有的 CMOS 产品型号最后四位数码都是 7555 或 7556，二者的逻辑功能和引脚排列完全相同，易于互换。555 和 7555 是单定时器，556 和 7556 是双定时器。双极型的电源电压 $U_{CC}=5\sim15$ V，输出的最大电流可达 200 mA，CMOS 型的电源电压为 $3\sim18$ V。

二、555 集成电路的工作原理

555 集成电路的内部电路组成框图如图 2—4—5 所示。它由两个电压比较器、一个基本 RS 触发器、一个放电开关管 VT 等组成，比较器的参考电压由三只 5 kΩ 电阻器构成的分压器提供。它们分别使高电平比较器 A1 的同相输入端和低电平比较器 A2 的反相输入端的参考电平为$\frac{1}{3}U_{CC}$和$\frac{2}{3}U_{CC}$。A1 与 A2 的输出端控制 RS 触发器状态和放电管开关状态。当输入信号自⑥脚输入，即高电平触发输入并超过参考电平时，触发器复位，555 的输出端③脚输出低电平，同时放电开关管 VT 导通；当输入信号自②脚输入并低于$\frac{1}{3}U_{CC}$时，触发器置位，555 的③脚输出高电平，同时放电开关管 VT 截止。

$\overline{R}_D$ 是复位端（④脚），当 $\overline{R}_D=0$ 时，555 输出低电平，平时 $\overline{R}_D$ 端开路或接 U_{CC}。

U_C是控制电压端（⑤脚），平时输出$\frac{2}{3}U_{CC}$作为比较器 A1 的参考电平，当⑤脚外接一个输入电压，即改变了比较器的参考电平，从而实现对输出的另一种控制。在不接外加电压时，通常接一个 0.01 μF 的电容器到地，起滤波作用，以消除外界干扰，确保参考电平的稳定。

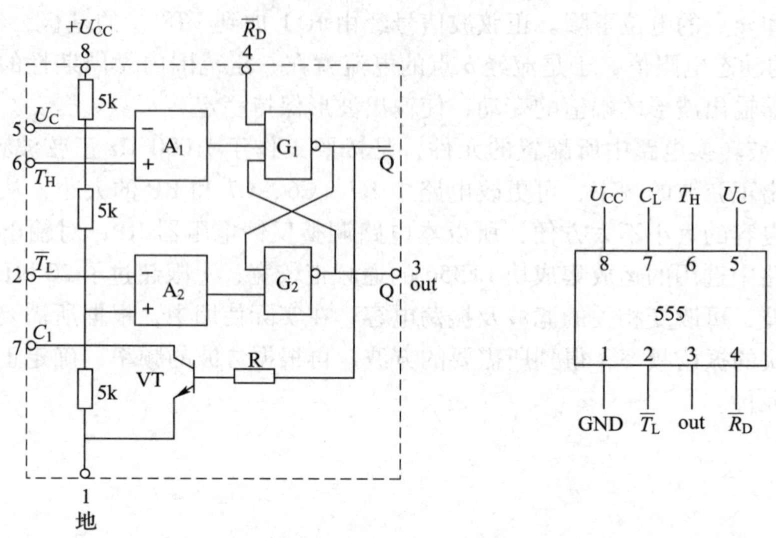

图 2—4—5　555 定时器内部框图及引脚排列

VT 为放电管，当 VT 导通时，将给接于⑦脚的电容器提供低阻放电通路。

555 集成电路主要是与电阻器、电容器构成充放电电路，并由两个比较器来检测电容器上的电压，以确定输出电平的高低和放电开关管的通断。这就很方便地构成从微秒到数十分钟的延时电路，也可方便地构成单稳态触发器、多谐振荡器和施密特触发器等脉冲产生或波形变换电路。

三、555 集成电路的典型应用

1. 单稳态触发器

图 2—4—6a 所示为由 555 集成电路和外接定时元件 R、C 构成的单稳态触发器。触发电路由 C1、R1、VD 构成，其中 VD 为嵌位二极管。稳态时 555 集成电路输入端处于高电平，内部放电开关管 VT 导通，输出端 U_o输出低电平。当有一个外部负脉冲触发信号经 C1 加到②脚，并使②脚电位瞬时低于$\frac{1}{3}U_{CC}$时，低电平比较器动作，单稳态电路即开始一个暂态过程，电容器 C 开始充电，U_C按指数规律增长。当 U_C充电到$\frac{2}{3}U_{CC}$时，高电平比较器动作，比较器 A1 翻转，输出端 U_o从高电平返回低电平，放电开关管 VT 重新导通，电容器 C 上的电荷很快经放电开关管 VT 放电结束，暂态结束，恢复稳态，为下个触发脉冲的到来做好准备。波形图如图 2—4—6b 所示。

暂稳态的持续时间 t_w（即为延时时间）决定于外接元器件 R、C 值的大小。

$$t_w = 1.1RC$$

通过改变 R、C 的大小，可使延时时间在几微秒到几十分钟之间变化。当这种单稳态电路作为定时器使用时，可直接驱动小型继电器，并可以使用复位端（④脚）接地的方法来中止暂态，重新计定时。直接驱动小型继电器时需用一个续流二极管与继电器线圈并接，以防继电器线圈产生的反电势损坏 555 集成电路的内部电路。

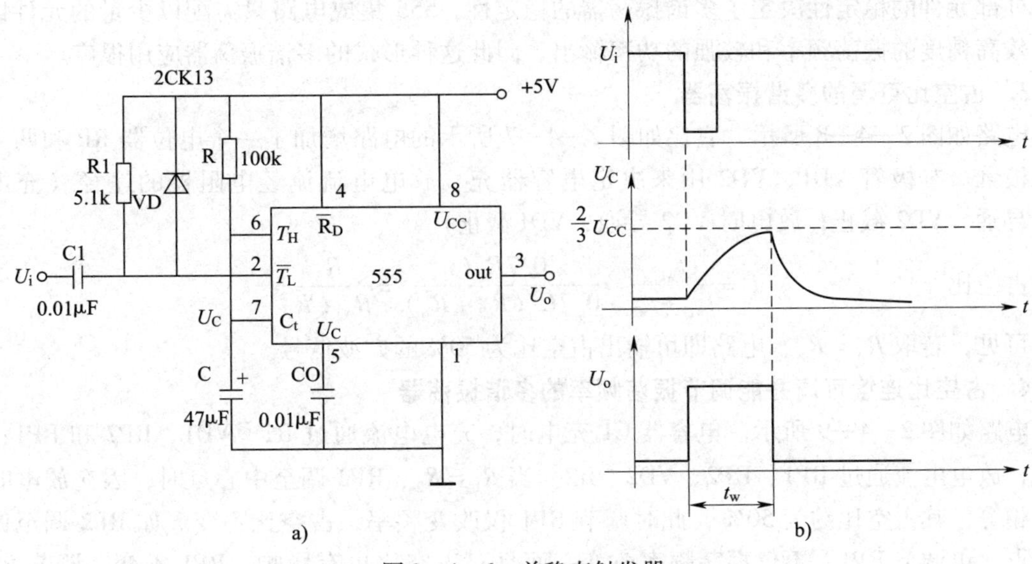

图 2—4—6　单稳态触发器

2. 多谐振荡器

如图 2—4—7a 所示，由 555 集成电路和外接元件 R1、R2、C 构成多谐振荡器，555 集成电路的②脚与⑥脚直接相连。电路没有稳态，仅存在两个暂稳态。电路亦不需要外加触发信号，利用电源通过 R1、R2 向 C 充电，以及 C 通过 R2 向放电端 C_t 放电，使电路产生振荡。电容器 C 在$\frac{1}{3}U_{CC}$和$\frac{2}{3}U_{CC}$之间充电和放电，其波形如图 2—5—4b 所示。输出信号的时间参数如下：

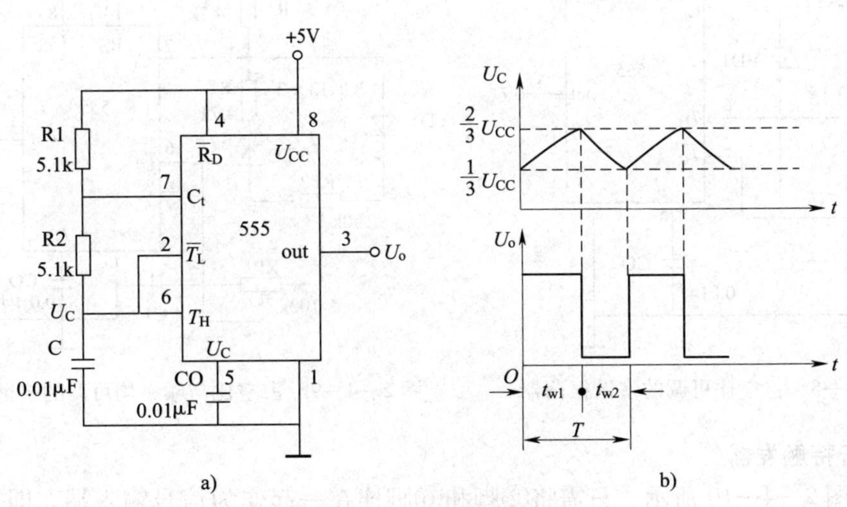

图 2—4—7　多谐振荡器

$T = t_{w1} + t_{w2}$　（其中 $t_{w1} = 0.7(R_1 + R_2)C, t_{w2} = 0.7R_2C$）

555 振荡电路要求 R_1 与 R_2 均应大于或等于 1 kΩ，但（$R_1 + R_2$）应小于或等于 3.3 MΩ。

外部元件的稳定性决定了多谐振荡器的稳定性，555 集成电路只需配以少量的元件即可获得较高精度的振荡频率和较强的功率输出。因此这种形式的多谐振荡器应用很广。

3. 占空比可调的多谐振荡器

电路如图 2—4—8 所示，它比如图 2—4—7 所示的电路增加了一个电位器 RP 和两个导引二极管。二极管 VD1、VD2 用来决定电容器充、放电电流流经电阻器的途径（充电时 VD1 导通，VD2 截止；放电时 VD2 导通，VD1 截止）。

占空比
$$P=\frac{t_{w1}}{t_{w1}+t_{w2}}\approx\frac{0.7R_AC}{0.7C\ (R_A+R_B)}=\frac{R_A}{R_A+R_B}$$

可见，若取 $R_A=R_B$，电路即可输出占空比为50%的方波信号。

4. 占空比连续可调并能调节振荡频率的多谐振荡器

电路如图 2—4—9 所示。电容器 C1 充电时，充电电流通过 R1、VD1、RP2 和 RP1；放电时，放电电流通过 RP1、RP2、VD2、R2。当 $R_1=R_2$、RP2 调至中心点时，因充放电时间基本相等，其占空比约为50%，此时调节 RP1 仅改变频率，占空比不变。如 RP2 调至偏离中心点，再调节 RP1，不仅振荡频率改变，而且对占空比也有影响。RP1 不变，调节 RP2，仅改变占空比，对频率无影响。因此，当接通电源后，应首先调节 RP1 使频率至规定值，再调节 RP2，以获得需要的占空比。若频率调节的范围比较大，还可以用波段开关改变电容器 C1 的值。

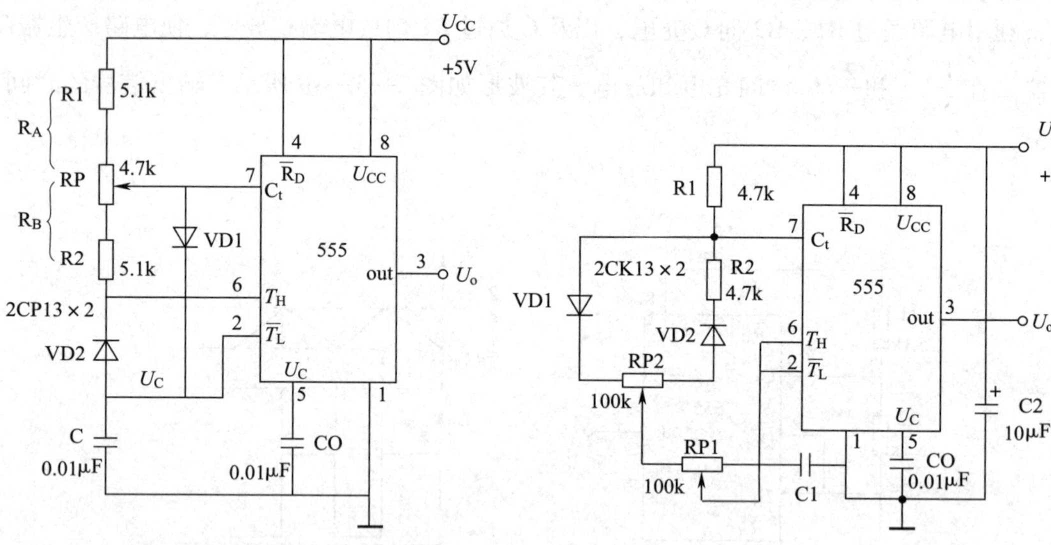

图 2—4—8　占空比可调的多谐振荡器　　　图 2—4—9　占空比与频率均可调的多谐振荡器

5. 施密特触发器

电路如图 2—4—10 所示，只需将②脚和⑥脚连在一起作为信号输入端，即得到施密特触发器。如图 2—4—11 所示为 U_i、U_C和 U_o的波形图。

设被整形变换的电压为正弦波 U_i，其正半波通过二极管 VD 同时加到 555 集成电路的②脚和⑥脚，得到 U_C为半波整流波形。当 U_C上升到$\frac{2}{3}U_{CC}$时，U_o从高电平翻转为低电平；当

U_C下降到$\frac{1}{3}U_{CC}$时，U_o又从低电平翻转为高电平。施密特触发器的电压传输特性曲线如图2—4—12 所示。

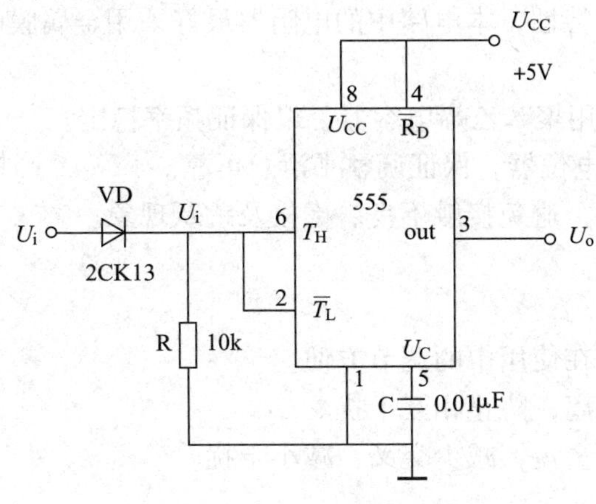

图 2—4—10　施密特触发器

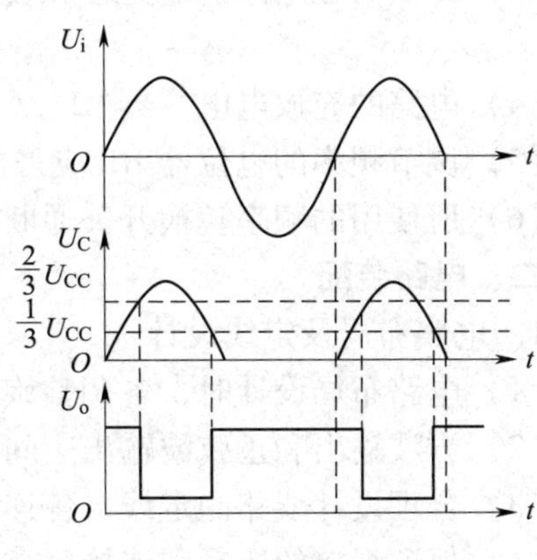

图 2—4—11　波形变换图

任务实施

一、工具、器材的准备

1. 工具及仪器

电子焊接工具一套；万用表一块；直流电源一台；示波器一台。

2. 元器件明细表

本任务电路的元器件明细表见表 2—4—1。

表 2—4—1　　元器件明细表

代号	名称	规格	代号	名称	规格
R1、R2	电阻器	150 Ω	C4	电容器	0. 1 μF
R3	电阻器	4. 7 kΩ	C5	电容器	100 μF
R4	电阻器	10 kΩ	C6	电容器	0. 022 μF
R5	电阻器	5. 8 kΩ	C7	电容器	0. 01 μF
R6	电阻器	39 kΩ	VD1 ~ VD3	二极管	IN4149
R7、R8	电阻器	1 kΩ	VT1、VT2	三极管	9012
R9	电阻器	220 Ω	VT3、VT4	三极管	9011
R10	电阻器	47 kΩ	VT5	三极管	3DK2
R11	电阻器	3. 3 kΩ	VT6 ~ VT8	三极管	9013
R12、R13	电阻器	30 kΩ	IC1	集成电路	NE555
RP	电位器	200 kΩ	IC2	集成电路	LF356
C1	电容器	2. 2 μF	IC1、IC2	IC 插座	双列直插 8 脚
C2	电容器	1 μF	S1	拨动开关	双极三位
C3	电容器	0. 47 μF	GB	直流电源	±12 V

3. 元器件检测

（1）使用相关仪表认真检测所使用的元器件的性能和参数，保证元器件的质量和精度。

（2）要尽量保证电路中使用的 VT1、VT2、VT3 和 VT4 的电流放大系数相等，性能一致。

（3）为了保证电路的稳定性和良好的频率特性，本电路中的电阻器最好采用金属膜电阻器。

（4）电路的充放电电容器 C1、C2、C3 采用聚苯乙烯电容器，以保证频率稳定。

（5）调节频率的电位器 RP 应采用绕线式电位器，保证调整平滑、可靠。

（6）所使用的频率转换开关通断应当可靠，避免接触不良、虚接及跳跃现象。

二、电路装配

1. 电路布局及走线设计

（1）电路布局设计时，各调整旋钮应考虑在使用中的调节方便。

（2）方波输出和正弦波输出应间隔一定距离，防止相互干扰。

（3）合理设计线路的走线，各连接线要尽量短，减少交叉，减小干扰。

（4）保证焊接的质量和连接可靠。

（5）向外的输出引线应当使用屏蔽线。

方波、三角波、正弦波产生电路的元件布局和走线图如图 2—4—12 所示，图中所显示的是元件布局层，焊盘和连接走线放在另一面。

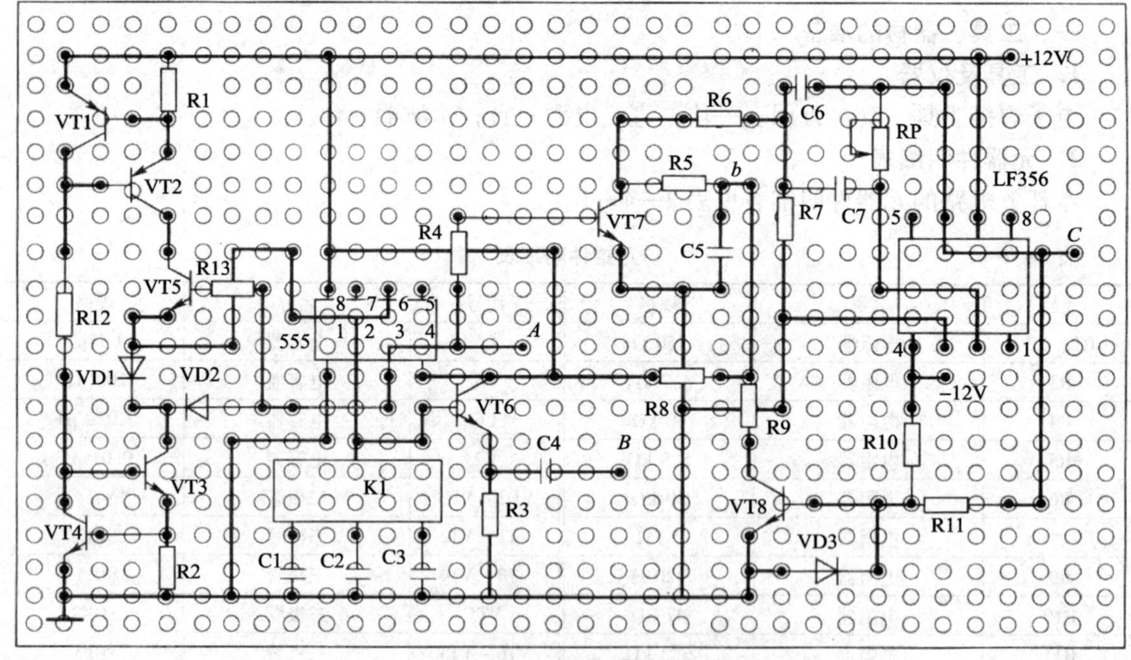

图 2—4—12　波形产生电路的元件布局和走线图

2. 电路装接

（1）电路中使用的元件及导线在安装前应进行整形和镀锡。

（2）集成块周围应留出装接操作间距。

（3）元件标称值应处于便于观察的位置。

（4）每个元件引脚应单独占用一个焊盘。

（5）电子元器件要安装端正，摆放整齐，同类元件高度应尽量一致。

（6）焊接面的焊点要均匀一致，表面光亮，无虚焊和假焊。

（7）各管脚之间较长的连接线应当垂直、平行、绷紧，不要有松动，减少拐弯。

（8）需要调试的元件，放置时应有利于调整操作。

3. 自检

在未通电情况下，用万用表在路电阻测量法对装配好的电路板进行检测。

三、电路调试与测试

1. 对称恒流源的调试

先测量 VT1、VT2 管恒流源的输出电流，测量时，断开 VT5 开关管发射极与电路的连接，断开 R13 与 555 集成块第③脚的连接，将断开的 R13 端接到电源的正极，用万用表电流挡测量 VT5 发射极对地的电流，为 2 ~ 3 mA，更换或调整 R1 的大小，可改变恒流源输出的电流值。测量 VT3、VT4 管恒流源的输出电流时，断开 VD1 二极管正极与电路的连接，用万用表电流挡测量电源正极到 VD1 二极管的输入电流，所测出的电流应和 VT1、VT2 管恒流源的电流相等，否则应调整 R2 电阻的大小。调好两个恒流源后，恢复电路的连接。

2. 频段开关的检测

断开电路电源，用万用表欧姆挡测量 S 的 3 个挡位的通断状态，保证其接触良好，工作可靠。

3. 555 振荡电路的检测

检查 555 集成电路座各引脚连接是否正确，在确认无短路和断路的情况下，插入集成块，接通电源。用示波器观察 *A* 端和 *B* 端的振荡波形，首先观察 *A* 端输出的方波的幅值及占空比是否相等、波形是否规范。其占空比应为 50%，如果有误差，应对 R1 或 R2 做微量调整。其振荡频率为：

$$f_0 \approx \frac{0.1475}{(R_1 + R_2)\ C}$$

用示波器测量 *A* 端和 *B* 端的振荡波形数据，并把结果记录在表 2—4—2 中。

表 2—4—2 波形图

A 端波形		*B* 端波形	
频率		频率	
幅度		幅度	

用示波器调试出以下 3 段的频率波形：$C_1=2.2\ \mu F$，$f_1\approx255$ Hz；$C_2=1\ \mu F$，$f_2\approx500$ Hz；$C_3=0.47\ \mu F$，$f_3\approx1\ 000$ Hz，确认其幅值和频率的大小。如需要其他频率，可更换电容值。

4. 方波转为正弦波电路的调试

方波的输入由 *A* 端通过 R4 送给 VT7 管，由于还要通过运算放大器放大，所以输入的方波信号不宜过大，一般可在 0.5 V 左右，可通过调整 R4 的大小使输入量合适。对于动态输出正弦波幅值的大小，则需要调整由 VT8 组成的反馈稳定电路，主要调整 R10 和 R11 的大小，保证 VT8 工作于放大状态，且输出的正弦波不失真。本电路中的输出频率是由 C6、C7、R7 和 RP 决定的，这里按 1 000 Hz 设定，可以通过调整 RP 在一定范围内对频率进行调整。初次调试可以通过频段开关的第二挡位进行。

四、装配工艺过程卡编制

根据装配工艺过程卡片指定的元器件，完成表 2—4—3 所示装配工艺过程卡片的编制。

表 2—4—3　　　　装配工艺过程卡片

装配工艺过程卡片				工序名称		产品图号
序号	代号	装入件及插装材料 代号、名称、规格		数量	工艺要求	工装名称
		名称	规格			
1	R1、R2	电阻器	150 Ω	2		镊子、剪刀、电烙铁等常用装配工具
2	R3	电阻器	4.7 kΩ	1		
3	R4	电阻器	10 kΩ	1		
4	R5	电阻器	5.8 kΩ	1		
5	R6	电阻器	39 kΩ	1		
6	R7、R8	电阻器	1 kΩ	2		
7	R9	电阻器	220 Ω	1		
8	R10	电阻器	47 kΩ	1		
9	R11	电阻器	3.3 kΩ	1		
10	R12、R13	电阻器	30 kΩ	2		
11	RP	电位器	200 kΩ	1		
12	C1	电容器	2.2 μF	1		
13	C2	电容器	1 μF	1		
14	C3	电容器	0.47 μF	1		
15	C4	电容器	0.1 μF	1		
16	C5	电容器	100 μF	1		
17	C6	电容器	0.022 μF	1		
18	C7	电容器	0.01 μF	1		
19	VD1 ~ VD3	二极管	IN4149	3		

续表

序号	代号	装入件及插装材料 代号、名称、规格		数量	工艺要求	工装名称
		名称	规格			
20	VT1、VT2	三极管	9012	2		镊子、剪刀、电烙铁等常用装配工具
21	VT3、VT4	三极管	9011	2		
22	VT5	三极管	3DK2	1		
23	VT6～VT8	三极管	9013	3		
24	IC1	集成电路	NE555	1		
25	IC2	集成电路	LF356	1		
26	IC1、IC2	IC 插座	双列直插 8 脚	2		
27	S1	拨动开关	双极三位	1		
28	以上各元器件插件顺序是：					
图样	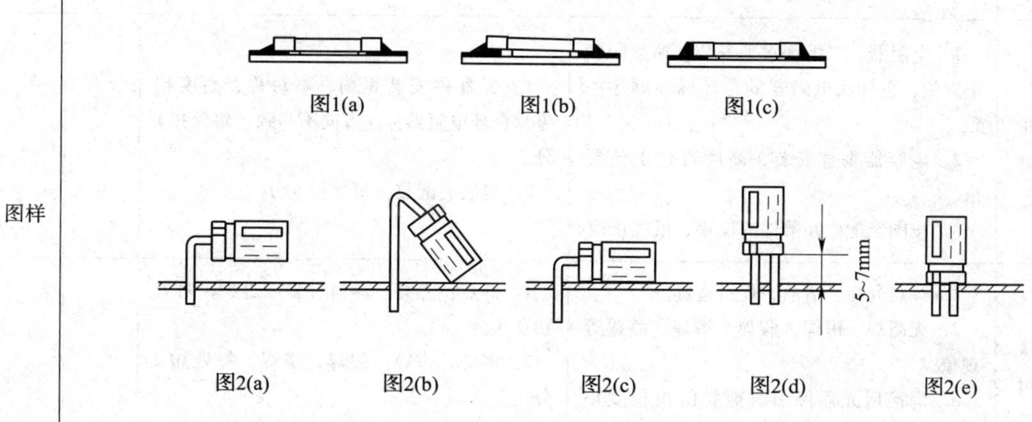					

图1(a) 图1(b) 图1(c)

图2(a) 图2(b) 图2(c) 图2(d) 图2(e)

旧底图总号	更改标记	数量	更改单号	签名	日期		签名	日期	第 页
						拟制			共 页
底图总号						审核			第 册
						标准化			第 页

1．把表2—4—3《装配工艺过程卡片》中列出的各元器件，在“以上各元器件插装顺序是：”一栏中编制插装顺序（可归类处理）。

2．根据《装配工艺过程卡片》中的“图样”，在“工艺要求”一列中的空格里填写工艺要求。

操作应符合安全操作规程：工具摆放、包装物品、导线线头等的处理，符合职业岗位6S要求；遵守实训纪律，爱惜实训室的设备和器材，保持工位的整洁。

（1）工作过程安全。

（2）仪器仪表操作规范、安全。

（3）工具使用安全、规范。

（4）测试电路安全摆放。

（5）遵守纪律、保持清洁。

任务测评

对任务实施的完成情况进行检查，并将结果填入表2—4—4中。

表2—4—4　　评分标准

项目配分		工艺要求	评分标准	扣分	得分
装配	插件 20分	1. 电阻器、二极管水平安装，贴紧印制电路板，色标法电阻器的色环标注顺序一致 2. 电容器垂直安装，高度符合工艺要求 3. 按图装配，元器件的位置、极性正确	1. 元器件安装歪斜、不对称、高度超差、色环电阻器标注方向不一致，每处扣1分 2. 错装、漏装，每处扣5分		
	焊接 20分	1. 焊点光亮、清洁、焊料适量 2. 无漏焊、虚焊、假焊、搭焊、溅锡等现象 3. 焊接后元器件引脚剪脚留头长度小于1 mm	1. 焊点不光亮、焊料过多或过少，每处扣0.5分 2. 漏焊、虚焊、假焊、搭焊，每处扣2分 3. 剪脚留头长度过长，每处扣0.5分		
	总装 15分	1. 整机装配符合工艺要求 2. 导线连接正确，绝缘恢复良好 3. 不损伤绝缘层和表面涂覆层 4. 拨动开关等固定牢固	1. 错装、漏装，每处扣1分 2. 导线连接错误，每处扣1分 3. 绝缘、涂覆不符合要求，扣1分 4. 损伤绝缘层和表面涂覆层，每处扣1分 5. 紧固件松动，扣2分		
调试	调试 30分	1. 关键点电位正常 2. 方波、正弦波、三角波输出波形正常、频率可调 3. 用示波器观察规定点的波形正常	1. 关键点电位不正常，扣5分 2. 无方波输出，扣5分 3. 无三角波输出，扣5分 4. 无正弦波输出，扣5分 5. 波形频率不可调，每项扣5分 6. 示波器使用错误，每次扣5分		

续表

项目配分		工艺要求	评分标准	扣分	得分
故障排除	故障判断 5分	1. 能够正确观察出故障现象 2. 能够正确分析故障原因，判断故障范围	1. 故障现象观察错误，每次扣3分 2. 故障原因分析错误，每次扣5分 3. 故障范围判断过大或过小，每次扣2分		
	故障检修 10分	1. 检修思路清晰，方法运用得当 2. 检修结果正确 3. 正确使用仪表	1. 检修思路不清，扣5分 2. 检修方法不当，每次扣3分 3. 检修结果错误，扣10分 4. 仪表使用错误，每次扣3分		
安全文明生产		1. 安全用电，无人为损坏元器件、加工件和设备 2. 保持环境整洁，秩序井然，操作习惯良好	1. 发生安全事故，扣10分 2. 违反文明生产要求，视情况扣5~10分		
合计					

思考与练习

一、填空题（请将正确答案填在横线空白处）

1. 本课题使用555集成块构成__________电路，在外围采用了对称的两个恒流源完成__________和__________，振荡产生的波形完全对称，占空比为__________，可以同时输出__________和__________。电路产生的矩形波通过驱动、滤波、放大和反馈控制，输出稳定的__________。

2. 本课题电路中由VT1、VT2和R1构成一个____________，通过开关三极管VT5向电容器C1进行____________；VT3、VT4和____________组成另一个恒流源，其结构和VT1、VT2组成的恒流源完全对称，当进入放电状态时，经由____________构成放电通路进行放电。

3. 本课题电路中方波的输入由*A*端通过R4送给__________，由于还要通过运算放大器放大，所以输入的方波信号不宜__________，一般可在__________ V左右，可通过调整__________的大小使输入量合适。

二、思考题

1. 简述方波产生电路的工作原理。

2. 简述电路中正弦波产生的工作过程。

任务5　电压检测控制电路

学习目标

知识目标：

1. 掌握555电路的基本工作原理。
2. 掌握555集成电路的典型应用。
3. 掌握电压检测控制电路的分析方法。

能力目标：

1. 能完成电压检测控制电路的装配与调试。
2. 能用示波器测555电路的输出波形。
3. 能排除简单的电路故障。

任务提出

本任务装配图是图2—5—1所示的电压检测控制电路。通过电压检测控制电路的装配和调试，进一步掌握用NE555集成电路所组成的时基电路的工作原理，即NE555集成电路构成自激振荡电路的方法及相关基本知识的应用，通过调节电位器RP模拟被测电压的变化，控制电路信号灯及发光二极管的亮和灭，能独立排除装配与调试过程中出现的简单故障。

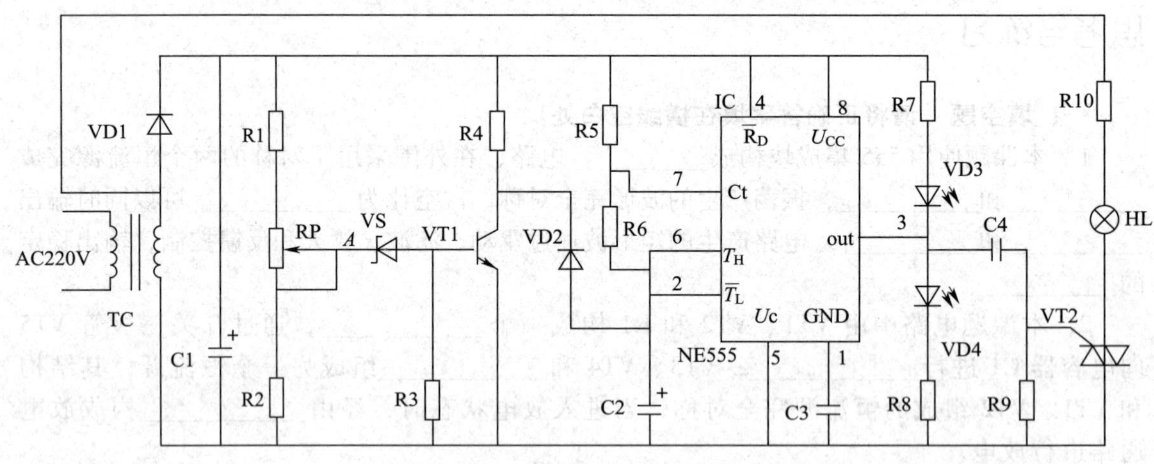

图2—5—1　电压检测控制电路

电路分析

该电路由变压器降压，经半波整流及电容器滤波后提供直流电源，三极管VT1、稳压二极管VS、电阻器R3等元件组成电压检测电路，集成电路555、电阻器R5、R6、电容器C2

等构成自激多谐振荡器，为双向可控硅 VT2 提供导通触发信号。调节电位器 RP，当 A 点电位低于某值时，三极管 VT1 截止，二极管 VD2 也截止，电容器 C2 经 R5、R6 充电，经 R6 放电，此时集成电路 555 产生自激振荡信号，发光二极管 VD4、VD3 同时发光，双向可控硅 VT2 被触发导通，指示灯 HL 亮。如果 A 点的电位高于某值时，VT1 导通，则 VD2 也导通，电源经 R5、R6、VD2、VT1 接地，电容器 C2 经 VD2、VT1 放电，使 555 集成电路的②脚和⑥脚电位小于 $\frac{1}{3}U_{CC}$（约为 VD2 的导通压降），使自激多谐振荡器停振，此时 555 集成电路的③脚维持高电位，发光二极管 VD4 亮，VD3 不亮。由于 C4 的隔离作用，VT2 不能被触发导通，指示灯 HL 熄灭。

相关知识

一、双向可控硅的结构与符号

双向可控硅的结构、符号和外形如图 2—5—2 所示。它属于 NPNPN 5 层器件，3 个电极依次为 T1、T2、G。因器件可沿两个方向导通，故除控制极 G 以外的两个电极统称为主端子，用 T1、T2 表示。

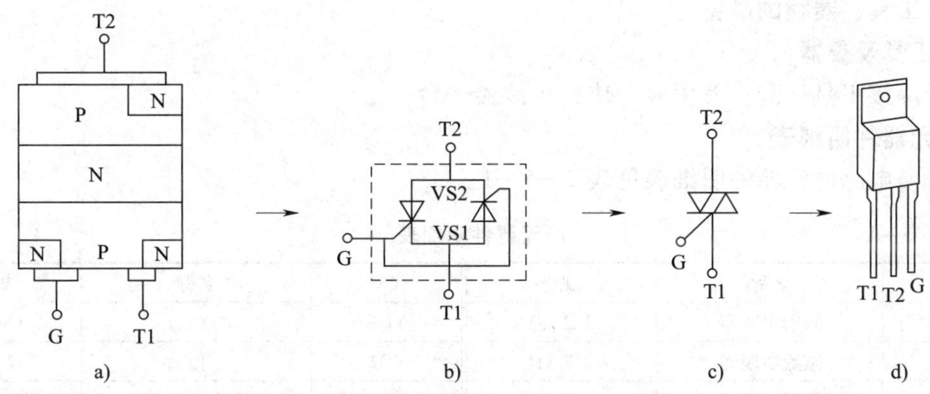

图 2—5—2　双向可控硅结构、符号和外形

二、双向可控硅的工作原理

可将双向可控硅看成两只普通可控硅的组合，但实际上它是由 7 只晶体管和多只电阻器构成的功率集成器件，等效图的分析比较复杂，使用者不必作过多了解，可理解为一个双向可控硅在电路中的作用和两只普通的单向可控硅反向并联起来是等效的。

对双向可控硅来说，没有确定的阳极和阴极。当 T2 为阳极时，T1 为阴极；当 T1 为阳极时，T2 为阴极。两个主端子在不同极性下都具有导通和阻断的能力，双向可控硅具有正、反两个方向都能导通的特性。另外，双向可控硅还有一个重要的特点，即控制极电压相对主端子 T1 无论是正还是负，都能控制双向可控硅导通。也就是说可以用交流信号来做触发信号，从而使双向可控硅能作为一个交流双向开关使用。主端极性有正有负，控制极也有两种选择。因此，控制极极性和主端子的极性组合共有 4 种方式，如图 2—5—3 所示。

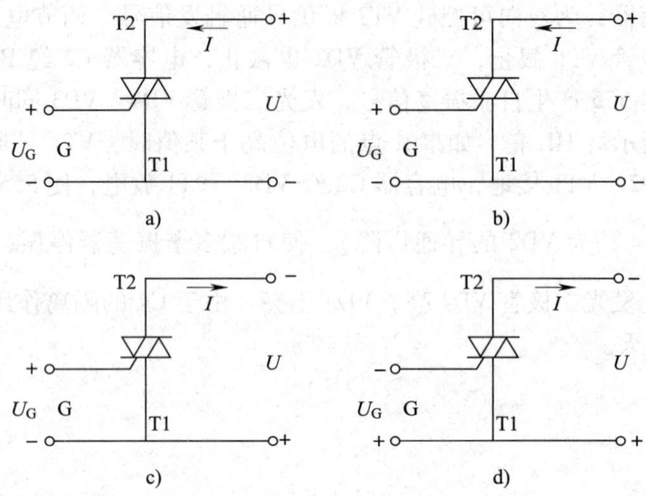

图 2—5—3　双向可控硅极性组合方式

任务实施

一、工具、器材的准备

1. 工具及仪器

电子焊接工具一套；万用表一块；示波器一台。

2. 元器件明细表

本任务电路的元器件明细表见表 2—5—1。

表 2—5—1　　元器件明细表

代号	名称	规格	代号	名称	规格
R1	碳膜电阻器	2.2 kΩ	VD1	二极管	1N4001
R2	碳膜电阻器	2.7 kΩ	VD2	二极管	1N4148
R3	碳膜电阻器	10 kΩ	VD3	发光二极管	绿
R4	碳膜电阻器	5.6 kΩ	VD4	发光二极管	红
R5	碳膜电阻器	1 kΩ	VT1	三极管	2N9014
R6	碳膜电阻器	5.6 kΩ	VT2	双向可控硅	97A6
R7	碳膜电阻器	680 Ω	VS	稳压二极管	3 V
R8	碳膜电阻器	680 Ω	IC	集成电路	NE555
R9	碳膜电阻器	3.3 kΩ	HL	指示灯泡	6.3 V
R10	碳膜电阻器	51 Ω/0.5 W	TC	变压器	220 V/7.5 V
RP	可调电位器	4.7 kΩ		固定螺钉	M4 × 12
C1	电解电容器	100 μF/25 V		印制板或万能板	
C2	涤纶电容器	0.033 μF/25 V		连接导线	
C3	涤纶电容器	0.01 μF/25 V		焊料、助焊剂	
C4	涤纶电容器	0.033 μF/25 V		绝缘胶布	

3. 元器件检测

根据给出的元器件清单逐一检查测试元器件的参数与好坏，并将部分元器件的检测结果填入表2—5—2中。

表2—5—2　　部分元器件检查结果记录

元器件	识别及检测内容			
电阻器		标称值（含误差）	测量值	测量挡位
	R2			
电容器		标称值（μF）	介质	
	C1			
	C2			
集成电路		型号	封装形式	引脚图
	IC			
二极管	VD1	正向电阻	反向电阻	
可变电阻		测量值（最大值）	测量值（最小值）	
	RP1			

二、电路装配

工艺流程：准备→熟悉工艺要求→核对元器件数量、规格、型号→元器件检测→印制电路板检查→元器件预加工→印制电路板装配、焊接→总装加工→自检。

1. 印制电路板装配工艺要求

（1）电阻器均采用水平安装方式，并贴紧印制电路板，色标法电阻器的色环标注顺序方向一致。

（2）电容器采用垂直安装方式，高度要求为电解电容器的底部离印制电路板小于4 mm，其他电容器的底部离印制电路板（6±2）mm。

（3）三极管、双向可控硅和发光二极管均采用垂直安装方式，高度要求为管底部离印制板（6±2）mm。

（4）集成电路NE555采用插脚安装，插脚紧贴印制电路板安装。

（5）微调电位器应紧贴印制电路板安装。

（6）小灯泡将线引出，在印制电路板外安装，应注意防止引出线短路。

（7）所有焊点均采用直脚焊，焊接完成后剪去多余引脚，留头在焊面以上0.5～1 mm，且不能损伤焊接面。

2. 总装加工

电源变压器用螺钉紧固在印制电路板的元件面，一次绕组的引出线向外，二次绕组的引出线向内。紧固件的螺母均安装在焊接面。变压器一次侧电源线从印制电路板焊接面穿过孔

Q 后，在元件面打结，再与变压器一次绕组引出线焊接并完成绝缘恢复，变压器二次绕组引出线插入安装孔后焊接。

3. 自检

对已完成装配、焊接的工件仔细检查质量，重点是装配的准确性，包括元器件位置、有极性元器件的极性、变压器一、二次侧等；焊点质量应无虚、假、漏焊，搭焊，空隙、毛刺等；应无影响安全性能指标的缺陷；元器件整形。

三、电路调试与测试

1. 通电前要特别注意检查电源部分连接是否正确，220 V 电源线是否安全。

2. 检查无误后通电进行调试，用万用表测量 C1 两端电压，其值约为 5 V。然后调节电位器 RP 使 VD3、VD4、HL 均发光，并且当用镊子短路 R1 时能使 VD3、HL 熄灭，此时仅 VD4 发光。

3. 电路静态电压测试，并将关键点电位测试量结果填入表 2—5—3 中。

表 2—5—3　　电路静态表

	灯 HL 不发光	灯 HL 发光
A 点电位		
VD2 阳极电位		
VD2 阴极电位		
555 集成电路③脚电位		
VT2 门极电位		

4. 用示波器测量 555 集成电路脚输出振荡信号的周期、频率和幅度。

5. 简单故障排除训练

故障实例：*A* 点电位始终为 0。

故障分析：故障可能在电源部分、电位器 RP、电阻器 R1、R2。

排除故障思路：

　　　　无
查电源 ┈┈┈→检查电压器、VD1、C1
　　　　↓有
查 RP、R1、R2

四、装配工艺过程卡编制

根据装配工艺过程卡片指定的元器件，完成表 2—5—4 装配工艺过程卡片的编制。

1. 请把下表《装配工艺过程卡片》中列出的各元器件，在“以上各元器件插装顺序是:”一栏中编制插装顺序（可归类处理）。

2. 根据《装配工艺过程卡片》中的“图样”，在“工艺要求”一列中的空格里填写工艺要求。

表 2—5—4 装配工艺卡片

<table>
<tr><td colspan="4" rowspan="2">装配工艺过程卡片</td><td colspan="2">工序名称</td><td>产品图号</td></tr>
<tr><td colspan="2"></td><td></td></tr>
<tr><td rowspan="2">序号</td><td rowspan="2">代号</td><td colspan="2">装入件及插装材料
代号、名称、规格</td><td>数量</td><td>工艺要求</td><td>工装名称</td></tr>
<tr><td>名称</td><td>规格</td><td></td><td></td><td></td></tr>
<tr><td>1</td><td>R1</td><td>电阻器</td><td>2.2 kΩ</td><td>1</td><td></td><td rowspan="22">镊子、剪切、电烙铁等常用装接工具</td></tr>
<tr><td>2</td><td>R2</td><td>电阻器</td><td>2.7 kΩ</td><td>1</td><td></td></tr>
<tr><td>3</td><td>R3</td><td>电阻器</td><td>10 kΩ</td><td>1</td><td></td></tr>
<tr><td>4</td><td>R4</td><td>电阻器</td><td>5.6 kΩ</td><td>1</td><td></td></tr>
<tr><td>5</td><td>R5</td><td>电阻器</td><td>1 kΩ</td><td>1</td><td></td></tr>
<tr><td>6</td><td>R6</td><td>电阻器</td><td>5.6 kΩ</td><td>1</td><td></td></tr>
<tr><td>7</td><td>R7、R8</td><td>电阻器</td><td>680 Ω</td><td>2</td><td></td></tr>
<tr><td>8</td><td>R9</td><td>电阻器</td><td>3.3 kΩ</td><td>1</td><td></td></tr>
<tr><td>9</td><td>R10</td><td>电阻器</td><td>51 Ω、0.5 W</td><td>1</td><td></td></tr>
<tr><td>10</td><td>RP</td><td>可调电位器</td><td>4.7 kΩ</td><td>1</td><td></td></tr>
<tr><td>11</td><td>C1</td><td>电解电容器</td><td>100 μF/25 V</td><td>1</td><td></td></tr>
<tr><td>12</td><td>C2、C4</td><td>涤纶电容器</td><td>0.033 μF/25 V</td><td>1</td><td></td></tr>
<tr><td>13</td><td>C3</td><td>涤纶电容器</td><td>0.01 μF/25 V</td><td>1</td><td></td></tr>
<tr><td>14</td><td>VD1</td><td>二极管</td><td>1N4001</td><td>1</td><td></td></tr>
<tr><td>15</td><td>VD2</td><td>二极管</td><td>1N4148</td><td>1</td><td></td></tr>
<tr><td>16</td><td>VD3</td><td>发光二极管</td><td>绿</td><td>1</td><td></td></tr>
<tr><td>17</td><td>VD4</td><td>发光二极管</td><td>红</td><td>1</td><td></td></tr>
<tr><td>18</td><td>VT1</td><td>三极管</td><td>2N9014</td><td>1</td><td></td></tr>
<tr><td>19</td><td>VT2</td><td>双向可控硅</td><td>97A6</td><td>1</td><td></td></tr>
<tr><td>20</td><td>VS</td><td>稳压二极管</td><td>3 V</td><td>1</td><td></td></tr>
<tr><td>21</td><td>IC</td><td>集成电路</td><td>NE555</td><td>1</td><td></td></tr>
<tr><td>22</td><td colspan="5">以上各元器件插件顺序是：</td></tr>
<tr><td>图样</td><td colspan="6"> 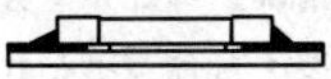图1(a) 　图1(b) 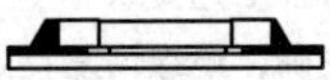　图1(c) 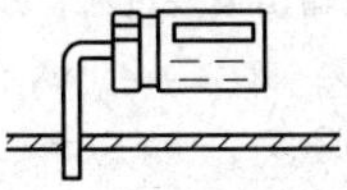
5~7mm
图2(a) 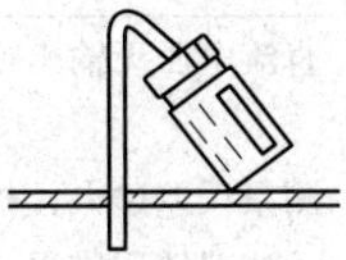　图2(b) 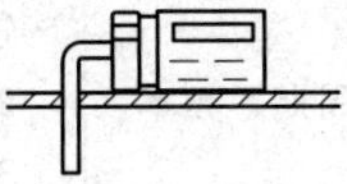　图2(c) 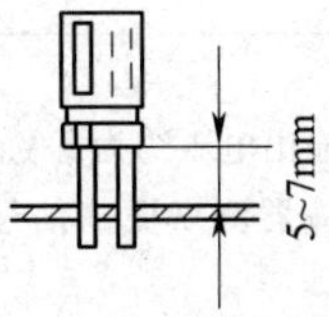　图2(d) 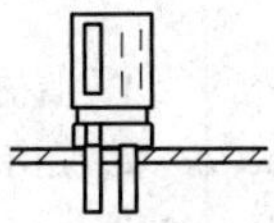　图2(e)</td></tr>
</table>

续表

序号	代号	装入件及插装材料 代号、名称、规格		数量	工艺要求	工装名称
		名称	规格			

旧底 图总号	更改标记	数量	更改单号	签名	日期		签名	日期	第　页
						拟制			共　页
底图 总号						审核			第　册
						标准化			第　页

任务测评

对任务实施的完成情况进行检查，并将结果填入表2—5—5中。

表2—5—5　　评分标准

项目配分		工艺要求	评分标准	扣分	得分
装配	插件 20分	1．电阻器、二极管水平安装，贴紧印制电路板，色标法电阻器的色环标注顺序一致 2．电容器、三极管、双向可控硅、发光管等垂直安装，高度符合工艺要求 3．按图装配，元器件的位置、极性正确	1．元器件安装歪斜、不对称、高度超差、色环电阻器标注方向不一致，每处扣1分 2．错装、漏装，每处扣5分		
装配	焊接 20分	1．焊点光亮、清洁、焊料适量 2．无漏焊、虚焊、假焊、搭焊、溅锡等现象 3．焊接后元器件引脚剪脚留头长度小于1 mm	1．焊点不光亮、焊料过多或过少，每处扣0.5分 2．漏焊、虚焊、假焊、搭焊，每处扣3分 3．剪脚留头长度过长，每处扣0.5分		
装配	总装 10分	1．整机装配符合工艺要求 2．导线连接正确，绝缘恢复良好 3．不损伤绝缘层和表面涂覆层 4．变压器固定牢固	1．错装、漏装，每处扣5分 2．导线连接错误，每处扣5分 3．绝缘、涂覆不符合要求，扣5分 4．损伤绝缘层和表面涂覆层，每处扣5分 5．紧固件松动，每处扣5分		
调试	调试 35分	1．直流输出电压约为5 V 2．用示波器测量振荡信号周期、频率、幅度 3．调节RP，电路输出显示正常	1．直流电压无输出或输出偏差过大，扣5分 2．测量误差过大，扣2分 3．示波器使用错误，每次扣5分 4．电路输出显示异常，扣5分；无显示，扣10分		

续表

<table>
<tr><th colspan="2">项目配分</th><th>工艺要求</th><th>评分标准</th><th>扣分</th><th>得分</th></tr>
<tr><td rowspan="2">故障排除</td><td>故障判断5分</td><td>1. 能够正确观察出故障现象
2. 能够正确分析故障原因，判断故障范围</td><td>1. 故障现象观察错误，每次扣3分
2. 故障原因分析错误，每次扣5分
3. 故障范围判断过大或过小，每次扣2分</td><td></td><td></td></tr>
<tr><td>故障检修10分</td><td>1. 检修思路清晰，方法运用得当
2. 检修结果正确
3. 正确使用仪表</td><td>1. 检修思路不清，扣5分
2. 检修方法不当，每次扣3分
3. 检修结果错误，扣10分
4. 仪表使用错误，每次扣3分</td><td></td><td></td></tr>
<tr><td colspan="2">安全、文明生产</td><td>1. 安全用电，无人为损坏元器件、加工件和设备
2. 保持环境整洁，秩序井然，操作习惯良好</td><td>1. 发生安全事故，扣10分
2. 违反文明生产要求，视情况，扣5～10分</td><td></td><td></td></tr>
</table>

思考与练习

1. 试述555集成定时器的结构组成，说明各端的作用。

2. 试述555集成定时器的工作原理。

3. 试述占空比可调的555构成的方波发生器工作原理。说明占空比D的决定因素，并画出完整的电路。

4. 在如图2—5—4所示电压检测电路中，试说明当监视电压u_x超过一定值时，发光二极管VD将发出闪烁的信号。

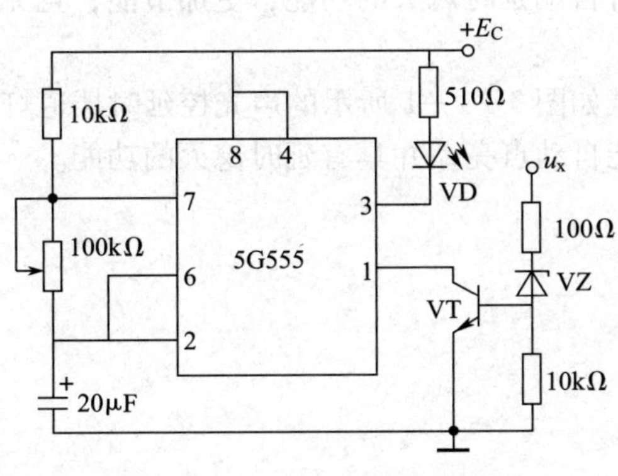

图2—5—4　电压检测电路

模块三　数字电子电路的制作

本模块中的课题的任务是使学生进一步加深对数字电路的理解，获得基本数字电路装配与调试的操作技能，培养学生在数字电子技术方面的分析能力和动手能力，为深入学习后续课程和从事有关电子技术方面的实际工作打下牢固的基础。

任务 1　声光控延时楼道灯控制电路

学习目标

知识目标：

1. 掌握集成电路 CD4011、光敏电阻、驻极体传声器元器件的应用。
2. 掌握声光控延时楼道灯控制电路各部分电路的具体功能。

能力目标：

1. 提高元器件识别、测试及整机装配、调试的技能，增强综合实践能力。
2. 能完成声光控延时楼道灯控制电路的装配与调试。

任务提出

在各种建筑的楼梯过道、走廊等公共场所，常见声光控延时的楼道灯，本任务就是介绍声光控延时楼道灯控制电路的安装与调试。它是利用声波为控制源的新型智能开关，避免了烦琐的人工开灯，同时具有自动延时熄灭的功能，更加节能，且无机械触点、无火花、寿命长。

本任务要求装配与调试如图 3—1—1 所示的声光控延时楼道灯控制电路。当外界有声音或者光暗的时候，楼道灯能自动点亮，并具有延时熄灭的功能。

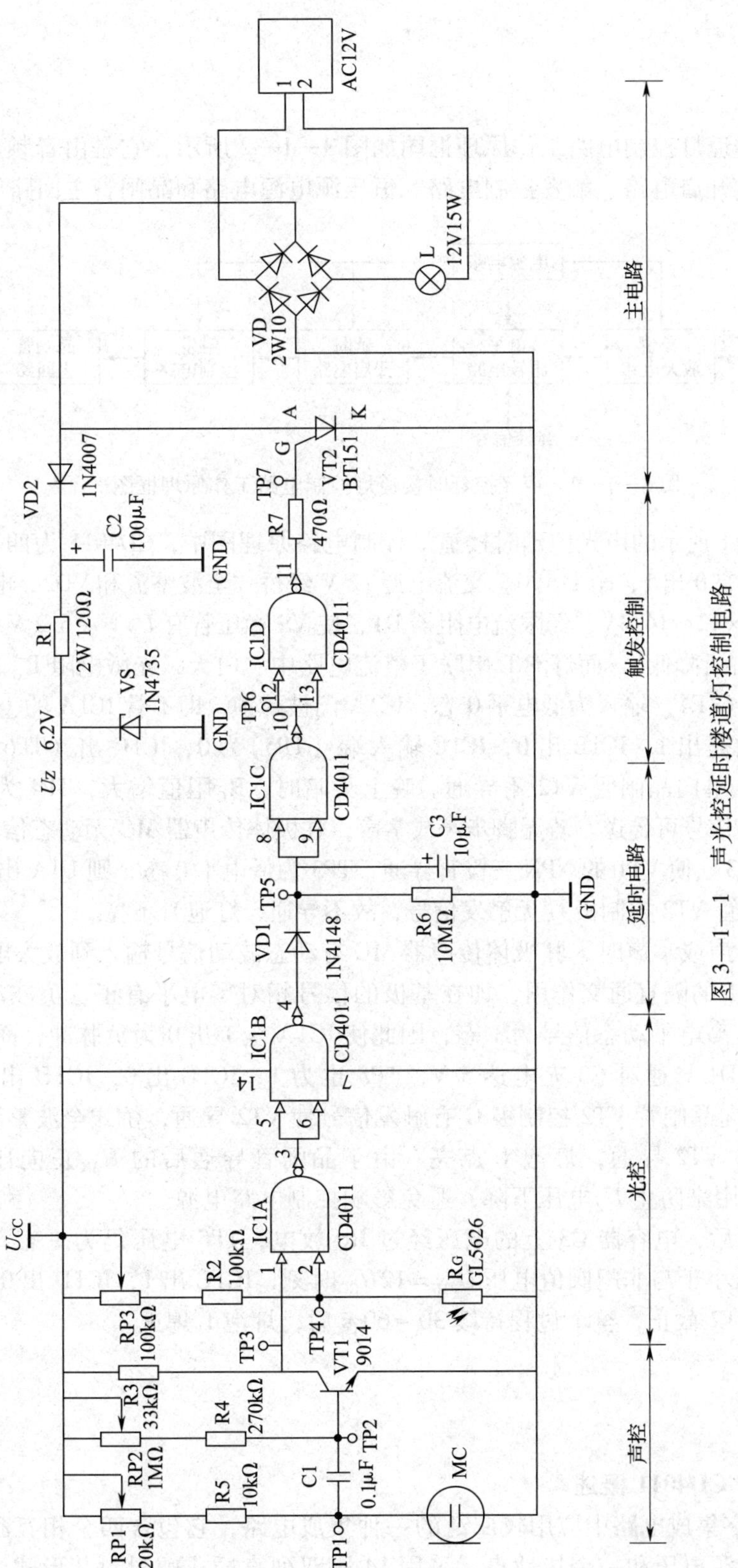

图 3—1—1　声光控延时楼道灯控制电路

电路分析

声光控延时楼道灯控制电路工作原理框图如图3—1—2所示，它是由音频放大电路、电平比较电路、延时开启电路、触发控制电路、恒压源电源电路和晶闸管主回路等组成。

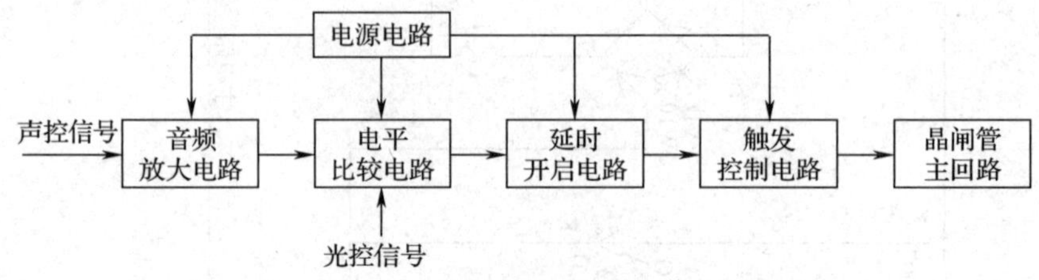

图3—1—2　声光控延时楼道灯控制电路工作原理框图

在如图3—1—1所示的声光控延时楼道灯控制电路原理图中，CD4011为四个2输入与非门电路，其功能为有0出1，全1出0。交流电源12 V经桥式全波整流和VD2、电容器C2滤波获得直流电压1.2×12≈14.4V，经限流电阻器R1，使VS稳压管有 $U_Z = +6.2$ V稳定电压供给电路（灯亮时 U_Z 有所降低），而灯泡L串联于整流电路中。白天，光敏电阻 R_G 阻值较小，与非门IC1A的②脚（TP4）输入为低电平0态，IC1A门被封锁，即不管IC1A的①脚（TP3）为何种状态，IC1A总是出1，IC1B出0，IC1C输入端（TP5）为0，IC1C出（TP6）1，IC1D出0，TP7为低电平，单向晶闸管VT2不导通。晚上天暗时，R_G 阻值增大，TP4为高电平1态，IC1A门打开，TP3信号可传送。若无脚步声或掌声，驻极体传声器MC无动态信号。偏置电阻器（RP2、R4和R3）使VT1的NPN三极管导通，TP3为低电平0态，则U1A出1，其余状态与上述相同，晶闸管VT2控制极G无触发信号，故不导通，灯泡L不亮。

晚上当有脚步声或掌声时，驻极体传声器MC有动态波动信号输入到放大电路VT1的基极，由于电容器C1的隔直通交作用，加在基极的信号相对零电平有正、负波动信号，使集电极输出端TP3有高电平动态信号为1态，因此使IC1A全1出0为负脉冲，而IC1B出1为正脉冲，二极管VD1导通对C3充电达5 V，TP5也为1，IC1C出0，IC1D出1为高电平，经R7限流，在单向晶闸管VT2控制极G有触发信号使VT2导通，桥式全波整流电路中串联的灯泡L经晶闸管VT2导通，灯泡L点亮。由于晶闸管导通后的 U_{AK} 正向压降会降至约1.8 V，由此VD2用来防止 U_Z 电压下降，避免影响控制电路电源。

在脚步声消失后，电容器C3上的电压经过R6放电，TP5电压仍为1态，故灯泡L仍亮，直到TP5电压小于与非门阀值电压 $U_{TH} = 12U_{CC}$ 时刻，IC1C出1，IC1D出0。当 U_{AK} 过零电压时，晶闸管VT2截止，整个过程持续30～60 s后，灯泡L熄灭。

相关知识

一、集成电路CD4011概述

CD4011是数字集成电路中应用较广泛的一种集成电路，它包含四个相互独立的与非门电路，共用一个电源电压和一个接地点。采用14脚双列直插式塑料封装形式，其各引脚排列如图 3—1—3 所示。其中，⑭脚为电源正端，⑦脚为电源负端。内部结构如图 3—1—4 所示。芯片功能：4 二输入与非门；电压范围：3 ~ 15 V；功耗：700 mW（普通封装），500 mW（小外形封装）；工作温度范围：-55 ~ +125℃。表 3—1—1 为 CD4011 真值表。

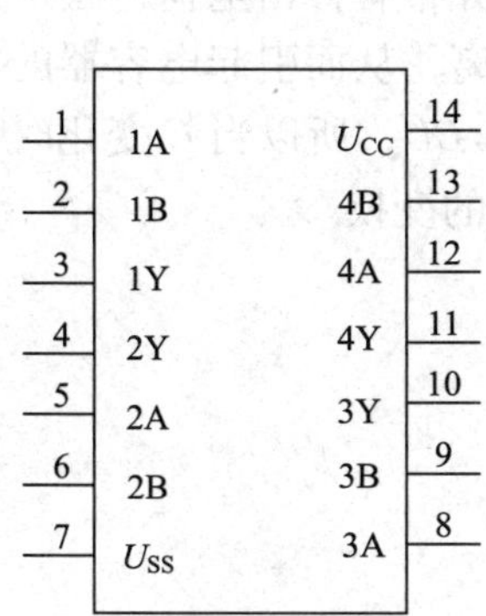

图 3—1—3　CD4011 引脚

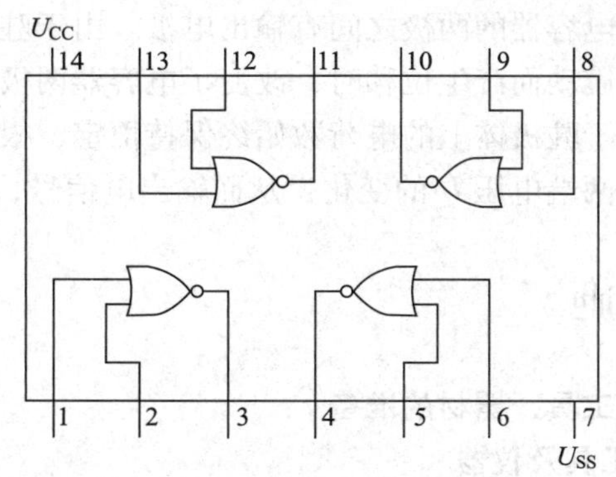

图 3—1—4　CD4011 内部结构

表 3—1—1　　CD4011 真值表

A	B	Y
0	0	1
0	1	1
1	0	1
1	1	0

二、光敏电阻器

光敏电阻器是一种利用光敏感材料的内光电效应制成的光电元件，具有精度高、体积小、性能稳定、价格低等特点，被广泛应用于自动化技术中，作为开关式光电信号传感元件。光敏电阻器的工作原理简单，它是由一块两边带有金属电极的光电半导体组成的，电极和半导体之间呈欧姆接触。使用时在它的两电极上施加直流或交流工作电压，在无光照射时，光敏电阻器呈高阻态，回路中仅有微弱的暗电流通过；在有光照射时，光敏材料吸收光能，使电阻率变小，光敏电阻器呈低阻态，回路中仅有较强的亮电流，光照越强，阻值越小，亮电流则越大。

三、驻极体传声器

驻极体传声器具有体积小，频率范围宽，高保真和成本低的特点，已在通信设备和家用电器等电子产品中广泛应用。

驻极体传声器的内部结构如图 3—1—5 所示。

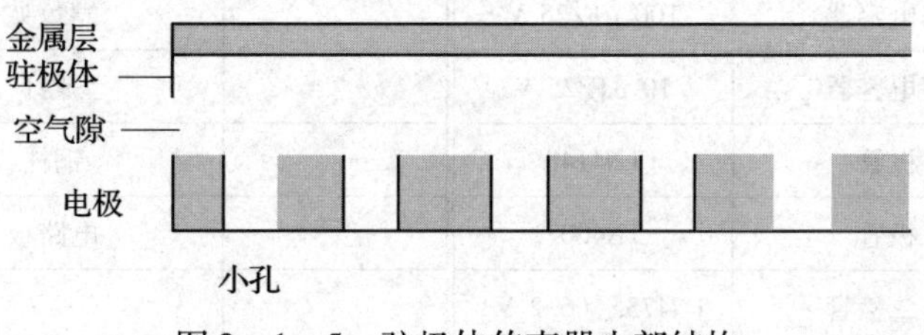

图 3—1—5　驻极体传声器内部结构

传声器的基本结构是由一片单面涂有金属的驻极体薄膜与一个上面有若干小孔的金属电极（被称为背电极）构成。驻极体面与背电极相对，中间有一个极小的空气隙，形成一个以空气隙和驻极体作绝缘介质，以背电极和驻极体上的金属层作为两个电极而构成的一个平板电容器。电容器的两极之间有输出电极。由于驻极体薄膜上分布有自由电荷，当声波引起驻极体薄膜震动而产生位移时，改变了电容器两极板之间的距离，从而引起电容器的容量发生变化。由于驻极体上的电荷数始终保持恒定，根据公式：$Q=CU$，所以当 C 变化时，必然引起电容器两端电压 U 的变化，从而输出电信号，实现声—电的变换。

任务实施

一、工具、器材的准备

1. 工具及仪器

电子焊接工具一套；万用表一块；示波器一台。

2. 元器件明细表

本任务电路的元器件明细表见表 3—1—2。

表 3—1—2　　元器件明细表

代号	名称	规格	代号	名称	规格
R1	电阻器	120 Ω/2 W	VD	桥式整流堆	KBPC25609
R2	电阻器	100 kΩ	VT1	三极管	9041
R3	电阻器	33 kΩ	VT2	晶闸管	BT151
R4	电阻器	270 kΩ	L	灯泡	12 V/15 W
R5	电阻器	10 kΩ	配 L	灯泡座	E10
R6	电阻器	10 MΩ	MC	驻极性传声器	9×7
R7	电阻器	470 Ω	IC1	集成电路	CD4011
RP1	电位器	20 kΩ	配 IC1	IC 插座	14P
RP2	电位器	1 MΩ	TP1 - TP7	单排线	11 mm
RP3	电位器	100 kΩ	U_{CC}，GND	单排线	11 mm
R_G	光敏电阻器	GL5626	AC 12 V	电压插座	2P
C1	瓷片电容器	0.1 μF		杜邦电源	双色
C2	电解电容器	100 μF/25 V		鳄鱼夹	红+黑
C3	电解电容器	10 μF/25 V		螺钉	3×6
VD1	二极管	1N4148		铜柱	3×10
VD2	二极管	1N4007		电路板	85×58
VS	稳压二极管	1N4735（6.2 V）			

3. 元器件检测

根据给出的元器件清单逐一检查测试元器件的参数与好坏，并将部分元器件的检测结果填入表 3—1—3 中。

表 3—1—3　　部分元器件检查结果记录

元器件	识别及检测内容			
电阻器		标称值（含误差）	测量值	测量挡位
	R1			
	R2			
	R3			
	R4			
	R5			
	R6			
	R7			
电容器		标称值（μF）	介质	
	C1			
	C2			
	C3			
集成电路		型号	封装形式	引脚图
	IC1			
二极管		正向电阻	反向电阻	
	VD1			
	VD2			
电位器		测量值（最大值）	测量值（最小值）	
	RP1			
	RP2			
	RP3			

二、电路装配

1. 元件成型与安装

本课题电路元件应按集成电路、电阻器、二极管、三极管、晶闸管、电位器、电容器、驻极体传声器、桥式整流堆的顺序进行安装。元件成型引线折弯处距根部 1.5 mm 以上，弯曲一般不要成死角，圆弧半径应大于引线直径的 1.5 倍。

2. 印制电路板装配工艺要求

（1）电阻器插装焊接。卧式电阻器应紧贴电路板插装焊接，立式电阻器应在离电路板1～2 mm处插装焊接。

（2）电容器插装焊接。陶瓷电容器应在离电路板4～6 mm处插装焊接，电解电容器应在离电路板1～2 mm处插装焊接。

（3）二极管插装焊接。卧式二极管应在离电路板3～5 mm处插装焊接，立式二极管应在离电路板1～2 mm（塑封）和2～3 mm（玻璃封装）处插装焊接。

（4）三极管插装焊接。三极管应在离电路板4～6 mm处插装焊接。

（5）集成电路插座插装焊接。集成电路插座应紧贴电路板插装焊接。

（6）电位器插装焊接。电位器应按照电路板丝印要求方向紧贴电路板安装焊接。

3. 自检

在未通电情况下，用万用表在路电阻测量法对装配好的电路板进行检测。

三、电路调试与测试

为了确保声光控楼道灯电路能够正常工作，也就是说要稳定、准确地反映白天、黑夜灯的变化，在完成声光控延时楼道灯控制电路的焊接与安装后，必须要对电路进行测量和调试。利用通用仪器（示波器或万用表）对电路进行测量和调试，确保电路能够实现所有功能。

测试过程记录：

1. 测试稳压管VS输出端电压应为6.2 V左右，用万用表测试。

2. 光敏电阻器放在自然光照下，用万用表测量电路中各参考点电压，并记录在表3—1—4的序号1中。

3. 光敏电阻器用黑胶带布遮光，在拍手声过程中用示波器观察参考点电压波形状态，并观察灯亮状态，记录于表3—1—4的序号2中，并估算灯泡发光持续时间。

表3—1—4　　各参考点电压记录表

序号	测试情况工作条件	各参考点电压测试值（V）					
		TP3	TP4	TP5	TP6	TP7	灯泡L的状态
1	光敏电阻器受光						
2	光敏电阻器 遮住、有拍手声						

四、装配工艺过程卡编制

根据装配工艺过程卡片指定的声光控楼道灯电路元器件，完成表3—1—5所示装配工艺过程卡片的编制。

1. 请把下表《装配工艺过程卡片》中列出的各元器件，在“以上各元器件插装顺序是:”一栏中编制插装顺序（可归类处理）。

2. 根据《装配工艺过程卡片》中的“图样”，在“工艺要求”一列中的空格里填写工艺要求。

表 3—1—5　　装配工艺过程卡片

装配工艺过程卡片				工序名称		产品图号
						PCB－20120407
序号	代号	装入件及插装材料代号、名称、规格		数量	工艺要求	工装名称
		名称	规格			
1	R1	电阻器	120 Ω/2 W	1		镊子、剪刀、电烙铁等常用装配工具
2	R2	电阻器	100 kΩ	1		
3	R3	电阻器	33 kΩ	1		
4	R4	电阻器	270 kΩ	1		
5	R5	电阻器	10 kΩ	1		
6	R6	电阻器	10 MΩ	1		
7	R7	电阻器	470 Ω	1		
8	RP1	电位器	20 kΩ	1		
9	RP2	电位器	1 MΩ	1		
10	RP3	电位器	100 kΩ	1		
11	R_G	光敏电阻器	GL5626	1		
12	C1	瓷片电容器	0.1 μF	1		
13	C2	电解电容器	100 μF/25 V	1		
14	C3	电解电容器	10 μF/25 V	1		
15	VD1	二极管	1N4148	1		
16	VD2	二极管	1N4007	1		
17	VS	稳压二极管	1N4735	1		
18	2W10	桥式整流堆	VD	1		
19	9041	三极管	VT1	1		
20	BT151	晶闸管	VT2	1		
21	12 V/15 W	灯泡	L	1		
22	E10	灯泡座	配 L	1		
23	9×7	驻极性传声器	MC	1		
24	CD4011	集成电路	IC1	1		
25	14P	IC 插座	配 IC1	1		
	以上各元器件插件顺序是：					

续表

序号	代号	装入件及插装材料 代号、名称、规格		数量	工艺要求	工装名称
		名称	规格			
图样	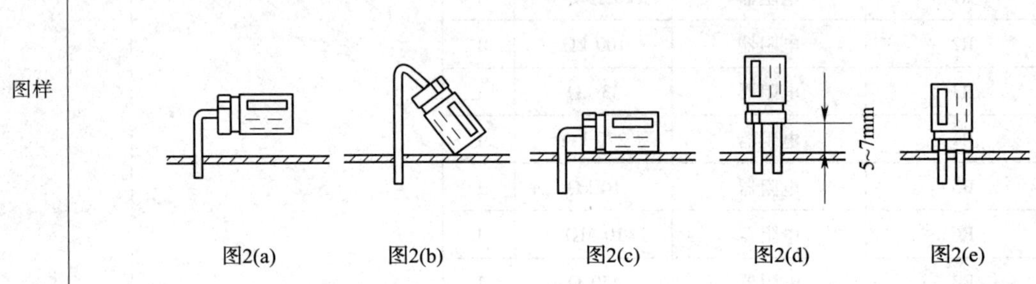					

旧底图总号	更改标记	数量	更改单号	签名	日期		签名	日期	第　页
						拟制			共　页
底图总号						审核			第　册
						标准化			第　页

操作提示

一、注意事项

1. 对光敏电阻器暗阻环境要求达到夜晚光度遮挡严实下测试。

2. C2 和 C3 电解电容器极性不能接反，外壳有“－”号一边为负极接地。

3. 当灯亮时，电容器 C3 上的电压（TP5）波形直线为缓慢下降，说明 C3 在放电，当达到低电压时，延时结束，灯泡熄灭。

二、电路排故

在声光控延时楼道灯控制电路的装配与调试过程中，接入电源后，如果电灯不能点亮，则应按以下步骤检查电路：

1. 检查整个电路，看各管脚有无虚焊，有无连焊。

2. 检查桥式整流堆，因元件直接和 12 V 电源相连，看是否被击穿。

3. 检查除 IC 以外的其他外围电路，看有无击穿和损坏，若有，应该用好的元器件替换。

4. 由于IC易损坏，在焊接IC时，最好先在线路板上焊上集成电路管座。整个电路焊接完毕后，将IC最后直接插装在管座上，如果IC有损坏，可直接用镊子拔下，更换新的即可。

任务测评

对任务实施的完成情况进行检查，并将结果填入表3—1—6所示评分表内。

表3—1—6　　　　　　　　　　评分标准

项目配分		工艺要求	评分标准	扣分	得分
装配	插件 20分	1. 电阻器、二极管水平安装，贴紧印制电路板，色标法电阻器的色环标注顺序一致 2. 电容器垂直安装，高度符合工艺要求 3. 按图装配，元器件的位置、极性正确	1. 元器件安装歪斜、不对称、高度超差、色环电阻器标注方向不一致，每处扣1分 2. 错装、漏装，每处扣5分		
	焊接 20分	1. 焊点光亮、清洁、焊料适量 2. 无漏焊、虚焊、假焊、搭焊、溅锡等现象 3. 焊接后元器件引脚剪脚留头长度小于1 mm	1. 焊点不光亮、焊料过多或过少，每处扣0.5分 2. 漏焊、虚焊、假焊、搭焊，每处扣2分 3. 剪脚留头长度过长，每处扣0.5分		
	总装 15分	1. 整机装配符合工艺要求 2. 导线连接正确，绝缘恢复良好 3. 不损伤绝缘层和表面涂覆层	1. 错装、漏装，每处扣1分 2. 导线连接错误，每处扣1分 3. 绝缘、涂覆不符合要求，扣1分 4. 损伤绝缘层和表面涂覆层，每处扣1分 5. 紧固件松动，扣2分		
调试	调试 30分	1. 光敏电阻器受光时，灯能点亮 2. 光敏电阻器遮住、有拍手声时，灯能点亮 3. 灯亮延时一段时间后，能自动熄灭	1. 光敏电阻器受光时，灯不能点亮，扣10分 2. 光敏电阻器遮住、有拍手声时，灯不能点亮，扣10分 3. 灯亮延时一段时间后，不能自动熄灭，扣10分		

续表

<table>
<tr><th colspan="2">项目配分</th><th>工艺要求</th><th>评分标准</th><th>扣分</th><th>得分</th></tr>
<tr><td rowspan="2">故障排除</td><td>故障判断
5分</td><td>1. 能够正确观察出故障现象
2. 能够正确分析故障原因，判断故障范围</td><td>1. 故障现象观察错误，每次扣3分
2. 故障原因分析错误，每次扣5分
3. 故障范围判断过大或过小，每次扣2分</td><td></td><td></td></tr>
<tr><td>故障检修
10分</td><td>1. 检修思路清晰，方法运用得当
2. 检修结果正确
3. 正确使用仪表</td><td>1. 检修思路不清，扣5分
2. 检修方法不当，每次扣3分
3. 检修结果错误，扣10分
4. 仪表使用错误，每次扣3分</td><td></td><td></td></tr>
<tr><td colspan="2">安全文明生产</td><td>1. 安全用电，无人为损坏元器件、加工件和设备
2. 保持环境整洁，秩序井然，操作习惯良好</td><td>1. 发生安全事故，扣10分
2. 违反文明生产要求，视情况，扣5～10分</td><td></td><td></td></tr>
<tr><td colspan="4">合计</td><td></td><td></td></tr>
</table>

知识拓展

利用CD4011集成电路可以制作延迟灯，电路如图3—1—6所示。

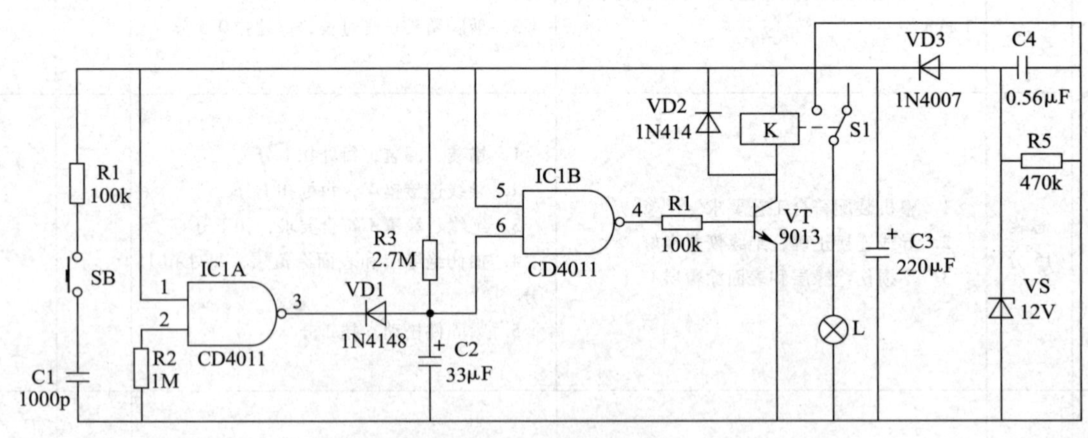

图3—1—6　延迟灯电路

VD3、VS、C3、C4等组成简单的电容器降压半波整流稳压线路。电路通电后，C3两端即输出12 V左右的稳定直流电压供整个控制器用电。

门Ⅰ的①脚和门Ⅱ的⑤脚平时均为高电平“1”，使其均为开门状态，而门Ⅱ另一输入端即⑥脚由于在稳定态时C2已充好电，所以也为高电平“1”。因此门Ⅱ输出端④脚为低电平“0”状态，三极管VT截止，继电器K不动作，电灯L不亮。当按下按钮SB时，电源经R1

向C1充电，使门Ⅰ输入端②脚由原来的低电平变为高电平“1”状态，输出变为低电平“0”状态，二极管VD1导通，C2就通过VD1放电，故门Ⅱ的另一输入端⑥脚也变为低电平“0”状态，输出端④脚就变为高电平“1”状态，该高电平经R4使VT导通，继电器K得电吸合，其动触点K闭合，电灯L通电发光。松开按钮SB后，门Ⅰ输出又变为高电平“1”，VD1截止，C2又经R3充电，大约经过40 s（决定于R3与C2的充电时间常数），C2电平上升到一定值时，门Ⅱ又输出低电平“0”，VT截止，K释放，电灯L熄灭。

思考与练习

一、填空题（请将正确答案填在横线空白处）

1. 图3—1—1中，RP2在电路中起________作用；RP3在电路中起________作用。
2. R5、C3在电路中起________作用；VD1在电路中起________作用。
3. VT2在电路中起________作用；VD2在电路中起________作用。

二、思考题

1. 声控电路是怎样工作的？
2. 光控电路是怎样工作的？

任务2　路灯自动节能控制电路

学习目标

知识目标：

1. 掌握集成电路CD4011、继电器元器件的应用。
2. 掌握路灯自动节能控制电路各部分电路的具体功能。

能力目标：

1. 提高识图、电路原理分析、独立排除故障的能力。
2. 能完成路灯自动节能控制电路的装配与调试。

任务提出

近年来，道路照明设施随着各地经济和交通的发展，其规模及数量越来越大，道路照明耗电在迅速上升，路灯系统的耗电相当可观，因此道路照明节电就显得格外重要。

由于天黑的时间不完全一样，所以不能以时间来确定每天晚上几点亮灯。路灯控制系统中要求路灯能根据光线的亮暗选择打开路灯，且亮暗的定义是要可调的，而不是一成不变的。到半夜的时候行人稀少，需要关闭一半的路灯，达到节能的效果，什么时候关闭，时间也需要可调。

本任务要求装配与调试如图3—2—1所示的路灯自动节能控制电路，通过改变外界光线的强度，自动调节路灯的开关状态以及亮灯的数量。

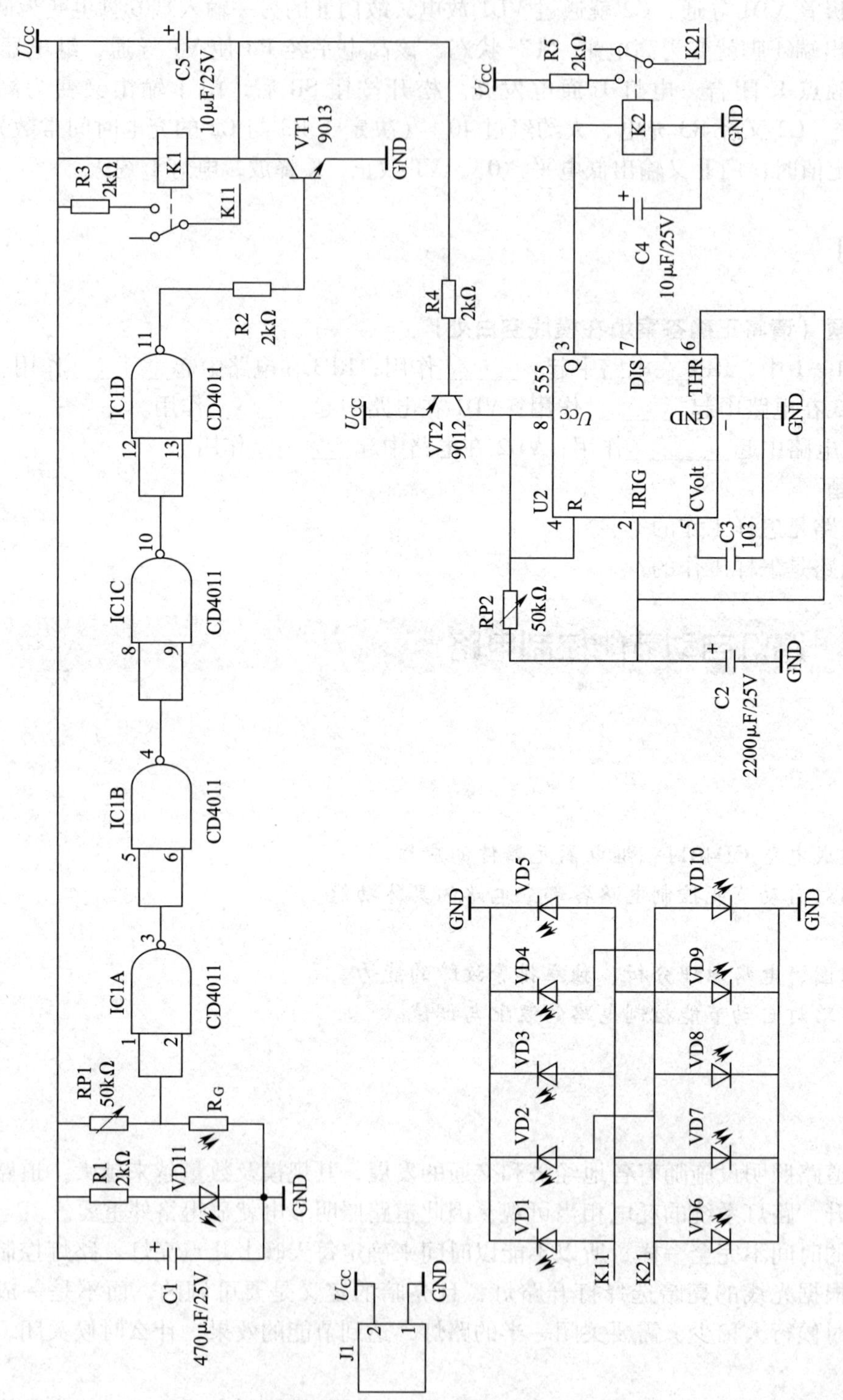

图 3—2—1　路灯自动节能控制电路

电路分析

本电路采用了数字电路中应用广泛的时基定时器 NE555 及与非门 CD4011 组成，并结合光敏元件定时控制路灯的亮暗。

本任务电路采用直流 12 V 供电。白天时 R_G 阻值小，CD4011 第 1 脚为低电平，11 脚也为低电平，继电器 K1、K2 不工作，路灯都不亮；随着夜晚来临，R_G 阻值变大，CD4011 ①脚变高电平，⑪脚也为高电平，VT1 导通，K1 得电，VT2 导通，555 定时电路工作，K2 吸合，此时路灯都亮；随着 C2 充电，到后半夜，C2 充电电压大于$\frac{2}{3}U_{CC}$时，555③脚变为低电平，K2 断电，只有一半路灯得电照明；到第二天白天又回到初始状态，全暗。

相关知识

继电器是一种电子控制器件，它具有控制系统（又称输入回路）和被控制系统（又称输出回路），通常应用于自动控制电路中。它实际上是用较小的电流去控制较大电流的一种“自动开关”，故在电路中起着自动调节、安全保护、转换电路等作用。

图 3—2—2 所示为继电器工作示意图，图中随着开关 S 的闭合，继电器的输入端 R 就会导入电流并驱动继电器，从而使接点 C 关闭控制被控电路。

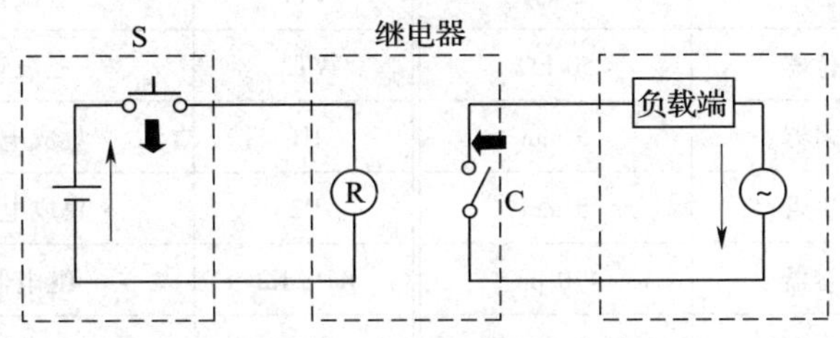

图 3—2—2 继电器工作示意图

一、电磁继电器的工作原理和特性

电磁式继电器一般由铁心、线圈、衔铁、触点簧片等组成。只要在线圈两端加上一定的电压，线圈中就会流过一定的电流，从而产生电磁效应，衔铁就会在电磁吸力的作用下克服返回弹簧的拉力吸向铁心，从而带动衔铁的动触点与静触点（常开触点）吸合。当线圈断电后，电磁的吸力也随之消失，衔铁就会在弹簧的反作用力作用下返回原来的位置，使动触点与原来的静触点（常闭触点）吸合。这样吸合、释放，从而达到了在电路中的导通、切断的目的。对于继电器的“常开、常闭”触点，可以这样来区分：继电器线圈未通电时处于断开状态的静触点，称为“常开触点”；处于接通状态的静触点称为“常闭触点”。

二、热敏干簧继电器的工作原理和特性

热敏干簧继电器是一种利用热敏磁性材料检测和控制温度的新型热敏开关，它由感温磁

环、恒磁环、干簧管、导热安装片、塑料衬底及其他一些附件组成。热敏干簧继电器不用线圈励磁，而由恒磁环产生的磁力驱动开关动作。恒磁环能否向干簧管提供磁力是由感温磁环的温控特性决定的。

三、固态继电器（SSR）的工作原理和特性

固态继电器是一种两个接线端为输入端，另两个接线端为输出端的四端器件，中间采用隔离器件实现输入输出的电隔离。

固态继电器按负载电源类型可分为交流型和直流型；按开关型式可分为常开型和常闭型；按隔离型式可分为混合型、变压器隔离型和光电隔离型，以光电隔离型为最多。

任务实施

一、工具、器材的准备

1. 工具及仪器

电子焊接工具一套；万用表一块；示波器一台。

2. 元器件明细表

本任务电路的元器件明细表见表 3—2—1。

表 3—2—1　　元器件明细表

代号	名称	规格	代号	名称	规格
R1 ~ R5	电阻器	2 kΩ	VT1	三极管	9013（J 3）
RP1、RP2	卧式电位器	50 kΩ	VT2	三极管	9012（2T1）
R_G	光敏电阻器	5 mm	U1	集成电路	CD4011
VD1 ~ VD11	发光二极管	5 mm	U2	集成电路	NE555
C1	电解电容器	470 μF	K1、K2	继电器	12V
C2	电解电容器	2 200 μF	J1	电源线	多芯线
C4、C5	电解电容器	10 μF		电路板	84 × 56
C3	电容器	103			

3. 元器件检测

根据给出的元器件清单逐一检查测试元器件的参数与好坏，并将部分元器件的检测结果填入表 3—2—2 中。

表 3—2—2　　部分元器件检查结果记录

元器件	识别及检测内容		
	数码标志	标称值	实际值
电阻器	2 k		
	50 k		

续表

元器件	识别及检测内容		
电容器	数码 标志	容量值（μF）	
	103		
发光 二极管		正向电阻 数字表（） 指针表（）	反向电阻 数字表（） 指针表（）
	VD1		
三极管		面对标注面，单管脚向上，画出管外形示意图，标出管脚名称	
	VT1		
光敏电阻		亮阻值	暗阻值
	R_G		
继电器		面对管脚，画出外形示意图， 标出公共端和常开、常闭管脚	线圈电阻值
	K1		

二、电路装配

1. 元器件成型与安装

本课题电路元器件应按集成电路、电阻器、二极管、三极管、光敏电阻器、电位器、电容器、继电器的顺序进行安装。大部分元器件需在装插前弯曲成型，要求取决于元器件的封装外形和电路板限定元器件安装位置。

2. 印制电路板装配工艺要求

（1）电阻器插装焊接。卧式电阻器应紧贴电路板插装焊接，立式电阻器应在离电路板1～2 mm处插装焊接。

（2）电容器插装焊接。陶瓷电容器应在离电路板4～6 mm 处插装焊接，电解电容器应在离电路板1～2 mm 处插装焊接。

（3）二极管插装焊接。卧式二极管应在离电路板3～5 mm 处插装焊接，立式二极管应在离电路板1～2 mm（塑封）和2～3 mm（玻璃封装）处插装焊接。

（4）三极管插装焊接。三极管应在离电路板4～6 mm 处插装焊接。

（5）集成电路插座插装焊接。集成电路插座应紧贴电路板插装焊接。

（6）电位器插装焊接。电位器应按照电路板丝印要求方向紧贴电路板安装焊接。

3. 总装加工工艺要求

继电器安装时应装防震垫，外接电源采用多股软线，注意电源极性不能接反。

4. 自检

在未通电情况下，用万用表在路电阻测量法对装配好的电路板进行检测。

三、电路调试与测试

1. 元件安装完毕后，要进行检查，确认无误方可通电调试。

2. 按照以下顺序调试路灯自动节能控制电路基本功能：

路灯显示电路→亮暗自动控制电路→延时控制电路。

3. 检测与调试

（1）电路中所用的发光二极管，其内部介质为__________，要使它正常发光，应给其两端加__________（正向、反向）电压。通电后测量其工作电压为__________，估测其工作电流范围一般为__________。

（2）当路灯全亮时，测量光敏电阻器 R_G 两端的电压为__________；当路灯全灭时，测量光敏电阻器 R_G 两端的电压为__________。

（3）若断开 R2，则电路会出现____________________故障现象；若断开 R4，则电路会出现____________________故障现象。

四、装配工艺过程卡编制

根据装配工艺过程卡片指定的路灯自动节能控制电路元器件，完成表 3—2—3 所示装配工艺过程卡片的编制。

表 3—2—3　　装配工艺过程卡片

装配工艺过程卡片				工序名称		产品图号
						PCB－20120407
序号	代号	装入件及插装材料 代号、名称、规格		数量	工艺要求	工装名称
		名称	规格			
1	R1～R5	电阻器	2 kΩ	1		镊子、剪刀、电烙铁等常用装配工具
2	RP1、RP2	卧式电位器	50 kΩ	2		
3	R_G	光敏电阻器	5 mm	1		
4	VD1～VD11	发光二极管	5 mm	11		
5	C1	电解电容器	470 μF	1		
6	C2	电解电容器	2 200 μF	1		
7	C4、C5	电解电容器	10 μF	2		
8	C3	电容器	103	1		
9	VT1	三极管	9013	1		
10	VT2	三极管	9012	1		
11	IC1	集成电路	CD4011	1		
12	IC2	集成电路	NE555	1		
13	K1、K2	继电器	12 V	1		
	以上各元器件插件顺序是：					

续表

<table>
<tr><td rowspan="2">序号</td><td rowspan="2">代号</td><td colspan="2">装入件及插装材料
代号、名称、规格</td><td>数量</td><td>工艺要求</td><td>工装名称</td></tr>
<tr><td>名称</td><td>规格</td><td></td><td></td><td></td></tr>
<tr><td>图样</td><td colspan="6">图1(a)　图1(b)　图1(c)
5~7mm
图2(a)　图2(b)　图2(c)　图2(d)　图2(e)</td></tr>
</table>

<table>
<tr><td rowspan="2">旧底图总号</td><td>更改标记</td><td>数量</td><td>更改单号</td><td>签名</td><td>日期</td><td></td><td>签名</td><td>日期</td><td>第　页</td></tr>
<tr><td></td><td></td><td></td><td></td><td></td><td>拟制</td><td></td><td></td><td>共　页</td></tr>
<tr><td rowspan="2">底图总号</td><td></td><td></td><td></td><td></td><td></td><td>审核</td><td></td><td></td><td>第　册</td></tr>
<tr><td></td><td></td><td></td><td></td><td></td><td>标准化</td><td></td><td></td><td>第　页</td></tr>
</table>

1. 请把下表《装配工艺过程卡片》中的“序号（位号）”列出的各元器件，在“以上各元器件插装顺序是:”一栏中编制插装顺序（可归类处理）。

2. 根据《装配工艺过程卡片》中的“图样”，在“工艺要求”一列中的空格里填写工艺要求。

操作提示

在路灯自动节能控制电路的装配与调试过程中，接入电源后，光敏电阻器接收自然光照的时候，发光二极管全灭；将光敏电阻器遮光后，发光二极管全亮；一段时间后，有一半自动熄灭。如果不能实现以上功能，检查整个电路，看各管脚有无虚焊，有无连焊，可以按照以下步骤检查电路：

路灯显示电路是否正常→亮暗自动控制电路工作是否正常→显示译码驱动电路工作是否正常→延时控制电路工作是否正常。

任务测评

对任务实施的完成情况进行检查，并将结果填入表3—2—4所示评分表内。

表3—2—4　　评分标准

项目配分		工艺要求	评分标准	扣分	得分
装配	插件 20分	1. 电阻器、二极管水平安装，贴紧印制电路板，色标法电阻器的色环标注顺序一致 2. 电容器垂直安装，高度符合工艺要求 3. 按图装配，元器件的位置、极性正确	1. 元器件安装歪斜、不对称、高度超差、色环电阻器标注方向不一致，每处扣1分 2. 错装、漏装，每处扣5分		
	焊接 20分	1. 焊点光亮、清洁、焊料适量 2. 无漏焊、虚焊、假焊、搭焊、溅锡等现象 3. 焊接后元器件引脚剪脚留头长度小于1 mm	1. 焊点不光亮、焊料过多或过少，每处扣0.5分 2. 漏焊、虚焊、假焊、搭焊，每处扣2分 3. 剪脚留头长度过长，每处扣0.5分		
	总装 15分	1. 整机装配符合工艺要求 2. 导线连接正确，绝缘恢复良好 3. 不损伤绝缘层和表面涂覆层	1. 错装、漏装，每处扣1分 2. 导线连接错误，每处扣1分 3. 绝缘、涂覆不符合要求，扣1分 4. 损伤绝缘层和表面涂覆层，每处扣1分 5. 紧固件松动，扣2分		
调试	调试 30分	1. 光敏电阻器接收自然光照的时候，发光二极管全灭 2. 将光敏电阻器遮光后，发光二极管全亮 3. 发光二极管亮一段时间后，有一半自动熄灭	1. 光敏电阻器接收自然光照的时候，发光二极管没有全灭，扣10分 2. 将光敏电阻器遮光后，发光二极管没有全亮，扣10分 3. 发光二极管亮一段时间后，不能实现一半自动熄灭，扣10分		
故障排除	故障判断 5分	1. 能够正确观察出故障现象 2. 能够正确分析故障原因，判断故障范围	1. 故障现象观察错误，每次扣3分 2. 故障原因分析错误，每次扣5分 3. 故障范围判断过大或过小，每次扣2分		

续表

项目配分		工艺要求	评分标准	扣分	得分
故障排除	故障检修10分	1. 检修思路清晰，方法运用得当 2. 检修结果正确 3. 正确使用仪表	1. 检修思路不清，扣5分 2. 检修方法不当，每次扣3分 3. 检修结果错误，扣10分 4. 仪表使用错误，每次扣3分		
安全文明生产		1. 安全用电，无人为损坏元器件、加工件和设备 2. 保持环境整洁，秩序井然，操作习惯良好	1. 发生安全事故，扣10分 2. 违反文明生产要求，视情况，扣5~10分		
合计					

知识拓展

一、集成电路 CD4013 概述

CD4013 是双 D 触发器，由两个相同的、相互独立的数据型触发器构成。每个触发器有独立的数据、置位、复位、时钟输入和 Q 及 $\overline{Q}$ 输出，引脚图如图 3—2—3 所示。此器件可用作移位寄存器，且通过将 Q 输出连接到数据输入，可用作计数器和触发器。在时钟上升沿触发时，加在 D 输入端的逻辑电平传送到 Q 输出端。置位和复位与时钟无关，而分别由置位或复位线上的高电平完成。真值表见表 3—2—5。

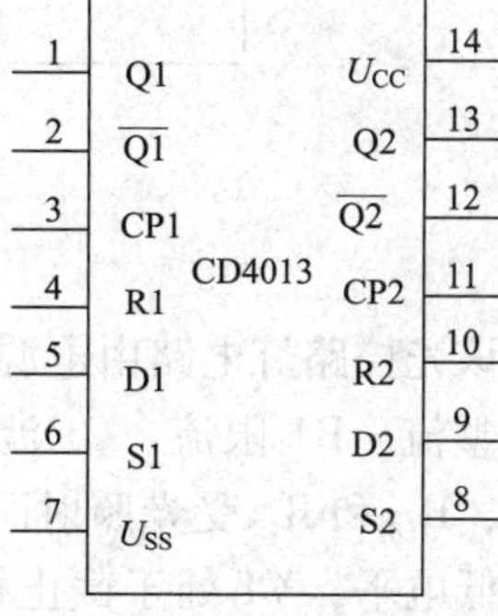

图 3—2—3　CD4013 引脚

表 3—2—5　**CD4013 真值表**

CP	D	R	S	Q	$\overline{Q}$
↑	0	0	0	0	1
↑	1	0	0	1	0
↓	×	0	0	Q	Q
×	×	1	0	0	1
×	×	0	1	1	0
×	×	1	1	1	1

二、CD4013 光控路灯电路

CD4013 光控路灯电路如图 3—2—4 所示。IC 选用 CD4013 或 CC4013 型双 D 触发器集成电路；VT 选用 8050 型或 9014 型硅 NPN 三极管；R_{G1} 和 R_{G2} 选用 MG45 系列的光敏电阻器；VD1 ~ VD5 均选用 1N4007 或 1N4004 型整流二极管；VS 选用 1 W、12 V 稳压管；C1 选用耐压 25 V 的铝电解电容，C2 选用耐压 16 V 的铝电解电容；RP1 和 RP2 选用普通电位器，R1 选用 2 W 的金属膜电阻器，R2 ~ R4 选用普通 1/8 或 1/4 W 金属膜电阻器；K 选用 12 V 直流继电器，其触头电流容量视 EL 功率而定。

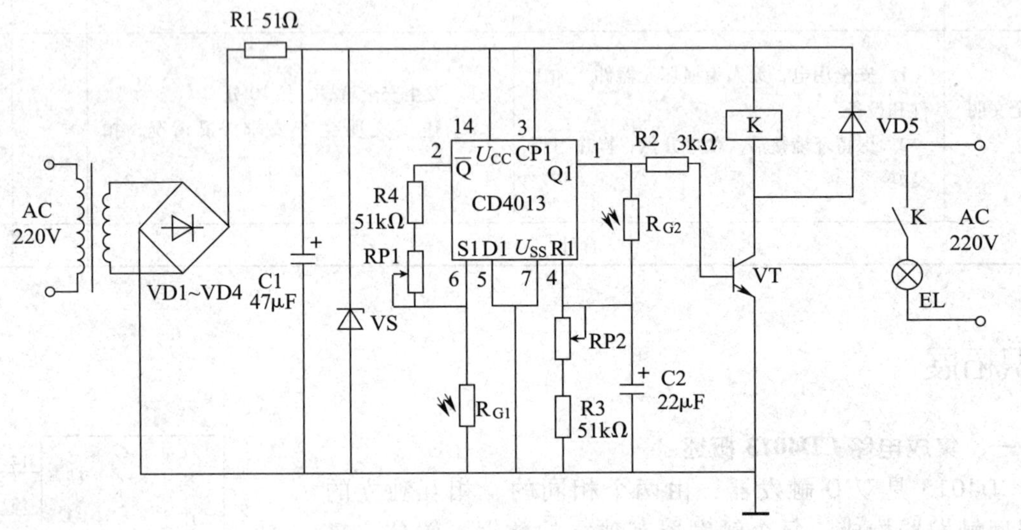

图 3—2—4　CD4013 光控路灯电路

该光控路灯电路由电源电路、光控电路和控制执行电路组成。交流 220 V 电压经 VD1 ~ VD4 整流、R1 限流、C1 滤波及 VS 稳压后，为光控电路和执行电路提供 +12 V 工作电压。白天，R_{G1} 和 R_{G2} 受光照射而呈低阻状态，CD4013 的 S1 端为低电平，R1 端为高电平，Q1 端输出低电平，VT 处于截止状态，K 处于释放状态，照明灯 EL 不亮；夜晚，R_{G1} 和 R_{G2} 因无光照射或光照变弱而阻值增大，使 IC 的 S1 端变为高电平，R1 端变为低电平，Q1 端输出高电平，VT 饱和导通，K 通电吸合，其常开触头接通，EL 点亮；天亮后，R_{G1} 和 R_{G2} 阻值下降，CD4013 的 Q1 端又输出低电平，VT 截止，K 释放，EL 熄灭。调节 RP1 和 RP2 的阻值，可以调节光控的灵敏度。

思考与练习

1. 将图 3—2—1 电路中 R_{G1} 和 RP1 位置对调，试分析电路将会出现什么现象？

2. 图 3—2—1 电路中 RP1 和 RP2 各自的作用是什么？它们大小的变化对电路有哪些影响？

3. 简述小功率继电器的内部结构和控制方法。

任务3 8路数显抢答器

学习目标

知识目标：

1. 掌握LED数码管、集成电路CD4511元器件的应用。
2. 掌握8路数显抢答器各部分电路的具体功能。

能力目标：

1. 掌握调试的基本方法和技巧；学会排除焊接、装配过程中出现的故障，解决遇到的各种问题。
2. 能完成8路数显抢答器电路的装配与调试。

任务提出

在各类抢答竞赛活动中，抢答器是十分重要的设备，本任务要求装配与调试如图3—3—1所示的8路数显抢答器电路。在主持人发布抢答命令按下抢答开始的按钮后，8位参赛选手通过按下各自的抢答按钮进行抢答。哪位选手最先按下抢答按钮，蜂鸣器发声，数码管就显示其对应的号码，表示该名选手抢答成功，并且锁定，其他参赛选手本轮无法再进行抢答。

电路分析

电路包括抢答、编码、优先、锁存、数显及复位电路，见图3—3—1。可同时进行8路优先抢答，按下按键后，蜂鸣器发声，同时（数码管）显示优先抢答者的号数，抢答成功后，再按按键，显示不会改变，除非按复位键。复位后，显示清零，可继续抢答。S1～S8为抢答键，S9为复位键。CD4511是一块含BCD－7段锁存/译码/驱动电路于一体的集成电路，其中1、2、6、7为BCD码输入端，⑨～⑮脚为显示输出端，③脚（$\overline{LT}$）为测试输出端。当“$\overline{LT}$”为0时，输出全为1，④脚（$\overline{BI}$）为消隐端，$\overline{BI}$为0时输出全为0。⑤脚（LE）为锁存允许端，当LE由“0”变为“1”时，输出端保持LE为0时的显示状态。⑯脚为电源正，⑧脚为电源负。555及外围电路组成抢答器讯响电路。数码管接0.5寸共阴数码管。

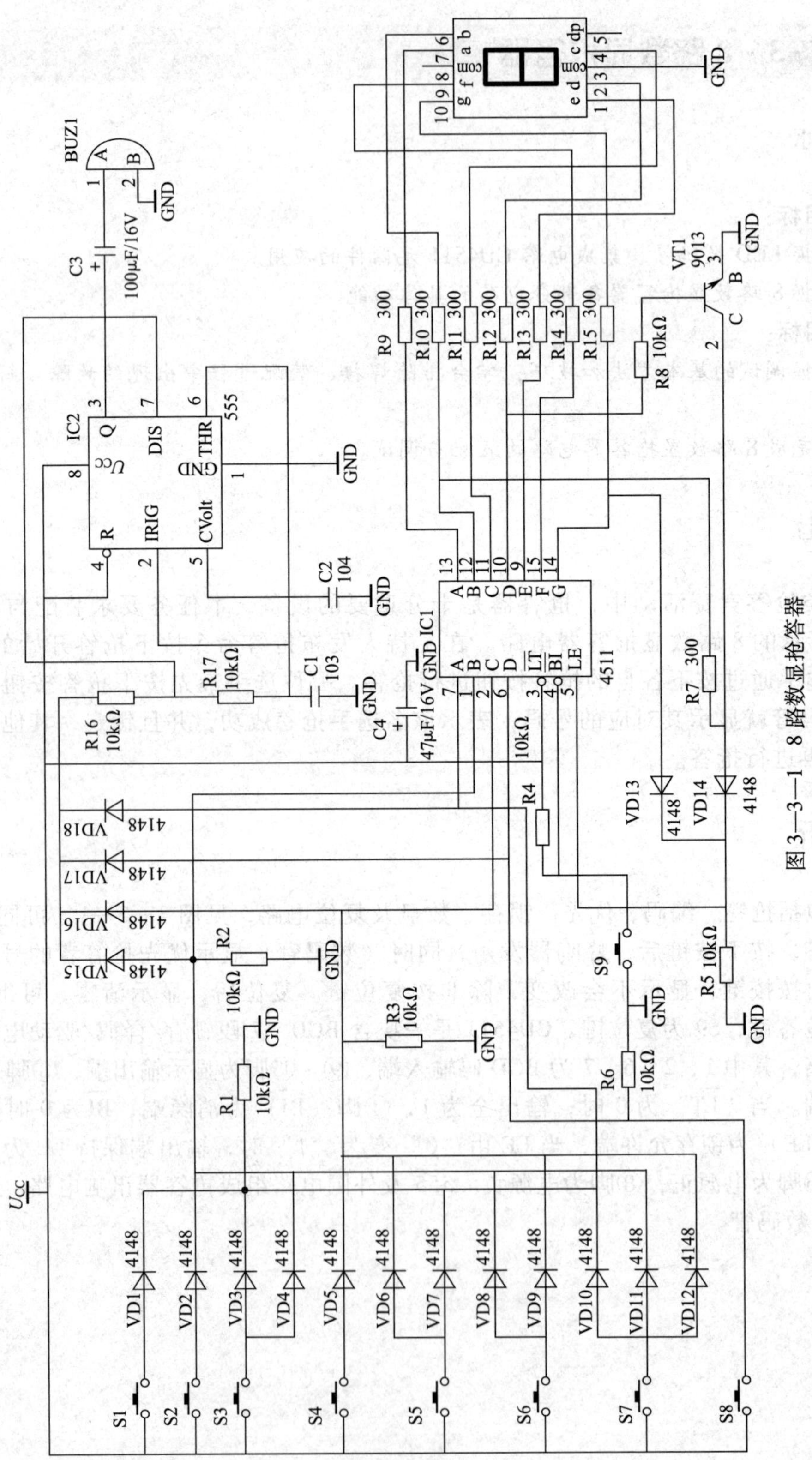

图 3—3—1 8 路数显抢答器

相关知识

一、LED 数码管简述

LED 数码管以其体积小、质量轻、功耗小、亮度高、寿命长，因能与 CMOS、TTL 电路兼容等特点而被广泛选作为数字仪表、数控装置等数字系统的数显器件。LED 数码管内部电路结构和管脚排列如图 3—3—2 所示。LED 数码管分为共阴极和共阳极两大类，a 图为共阴极数码管；b 图为共阳极数码管，使用时要求配用相应的译码/驱动器。

使用普通 LED 数码管时，工作电流一般选择在 10 mA/段左右，这样既保证亮度适中，又不会损坏元器件，故使用时必须在数码管的每段中串接一适当阻值的限流电阻器。

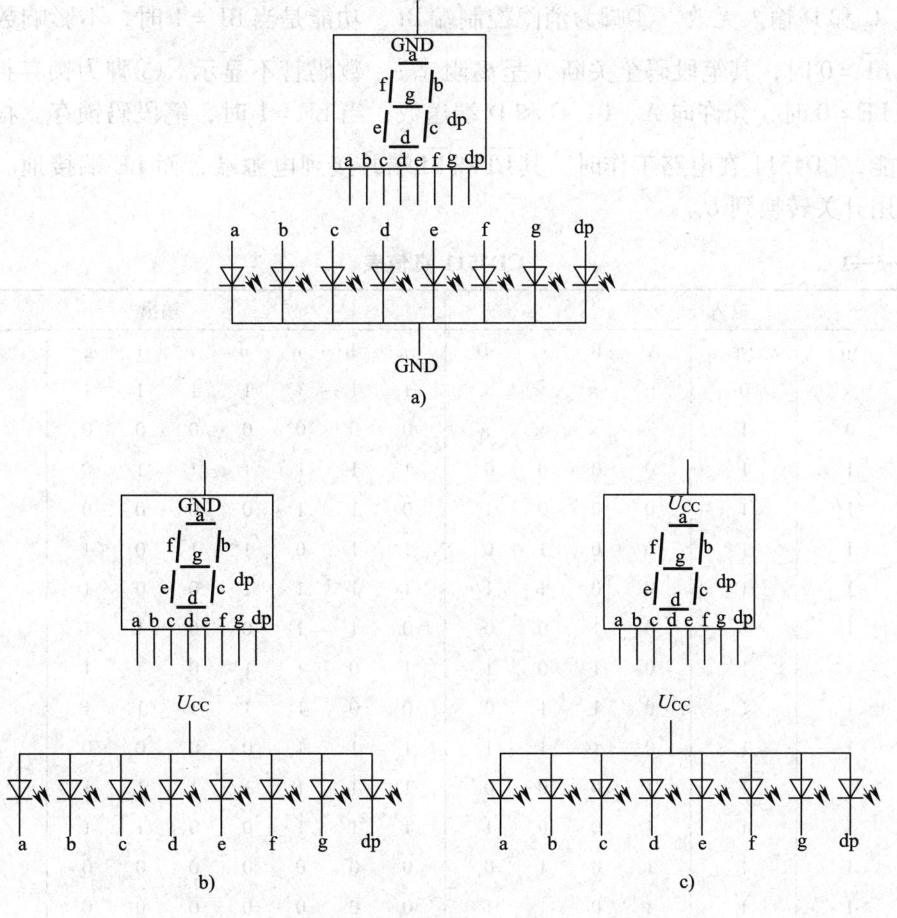

图 3—3—2 LED 数码管内部电路结构和管脚排列

a）共阴极 b）共阳极 c）引脚排列图

二、译码驱动器简介

LED 数码管是在译码驱动电路的驱动下工作的，使用时要求配用相应的译码/驱动器。常用的译码/驱动器有 74LS47（配共阳极数码管）、74LS48（配共阴极数码管）、CD4511

（配共阴极数码管）等。

集成电路 CD4511 是将锁存、译码、驱动三种功能集于一身的“三合一”元器件。锁存器的作用是避免在计数过程中出现跳数现象，便于观察和记录。译码器的作用是将 4 位 BCD 码转换成数码管显示所需要的七段码，再经过大电流反相器，驱动 LED 数码管（共阴极）。译码器属于非时序电路，其输出状态与时钟无关，仅取决于输入的 BCD 码。显示时利用该元器件的七段码输出端 a、b、c、d、e、f、g，可直接驱动数码管 LED（共阴极）。

CD4511 管脚配置如图 3—3—3 所示，其真值表见表 3—3—1。

电路的 A、B、C、D 为二—十进制 BCD 码（4 位）输入端，a、b、c、d、e、f、g 为七段译码输出端。$\overline{LT}$、$\overline{BI}$ 和 LE 为控制端，其中③脚为灯测试端 $\overline{LT}$，功能是当 $\overline{LT}=1$ 时，不影响数码管 LED 显示；当 $\overline{LT}=0$ 时，笔段 a ~ g 全发光，显示 8，以检测数码管的好坏，同时 A、B、C 和 D 输入无效。④脚为消隐控制端 $\overline{BI}$，功能是当 $\overline{BI}=1$ 时，不影响数码管 LED 工作；当 $\overline{BI}=0$ 时，其笔段码全关断（呈高阻态），数码管不显示。⑤脚为锁存控制端 LE，功能是当 LE = 0 时，允许向 A、B、C 和 D 端送数；当 LE = 1 时，笔段码锁存。根据上述的控制端功能，CD4511 在电路工作时，其 $\overline{LT}$ 和 $\overline{BI}$ 端并接到电源端，而 LE 端接地。需要锁存数据时利用开关转换到 U_{CC}。

表 3—3—1　　CD4511 真值表

输入							输出							
LE	$\overline{BI}$	$\overline{LT}$	A	B	C	D	a	b	c	d	e	f	g	显示
×	×	0	×	×	×	×	1	1	1	1	1	1	1	8
×	0	1	×	×	×	×	0	0	0	0	0	0	0	
0	1	1	0	0	0	0	1	1	1	1	1	1	0	0
0	1	1	0	0	0	1	0	1	1	0	0	0	0	1
0	1	1	0	0	1	0	1	1	0	1	1	0	1	2
0	1	1	0	0	1	1	1	1	1	1	0	0	1	3
0	1	1	0	1	0	0	0	1	1	0	0	1	1	4
0	1	1	0	1	0	1	1	0	1	1	0	1	1	5
0	1	1	0	1	1	0	0	0	1	1	1	1	1	6
0	1	1	0	1	1	1	1	1	1	0	0	0	0	7
0	1	1	1	0	0	0	1	1	1	1	1	1	1	8
0	1	1	1	0	0	1	1	1	1	0	0	1	1	9
0	1	1	1	0	1	0	0	0	0	0	0	0	0	×
0	1	1	1	0	1	1	0	0	0	0	0	0	0	×
0	1	1	1	1	0	0	0	0	0	0	0	0	0	×
0	1	1	1	1	0	1	0	0	0	0	0	0	0	×
0	1	1	1	1	1	0	0	0	0	0	0	0	0	×
0	1	1	1	1	1	1	0	0	0	0	0	0	0	×
1	1	1	×	×	×	×	×	×	×	×	×	×	×	×

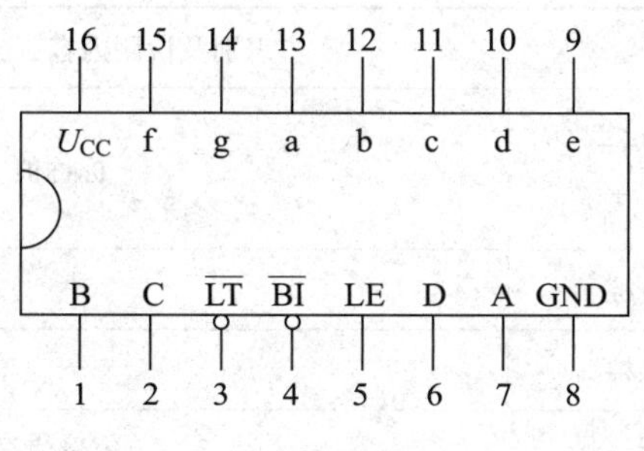

图 3—3—3 CD4511 引脚

任务实施

一、工具、器材的准备

1. 工具及仪器

电子焊接工具一套；万用表一块；示波器一台。

2. 元器件明细表

本任务电路的元器件明细表见表 3—3—2。

表 3—3—2　　元器件明细表

代号	名称	规格	代号	名称	规格
R1 ~ R6	电阻器	10 kΩ	IC2	IC 座	8P
R7	电阻器	300 Ω	IC1	IC 座	16P
R8	电阻器	100 kΩ	IC1	集成电路	CD4511
R9 ~ R15	电阻器	300 Ω	IC2	集成电路	NE555
R16、R17	电阻器	10 kΩ	VT1	三极管	9013
VD1 ~ VD18	二极管	1N4148	BUZ1	蜂鸣器	3 V
C3	电解电容器	100 μF	DS1	数码管	共阴
C4	电解电容器	47 μF	S1 ~ S9	按键	6 × 6 × 5
C1	瓷片电容器	103		电池盒	3 节 5 号
C2	瓷片电容器	104		电路板	120 × 80

3. 元器件检测

根据给出的元器件清单逐一检查测试元器件的参数与好坏，并将部分元器件的检测结果填入表 3—3—3 中。

表 3—3—3　　部分元器件检查结果记录

<table>
<tr><td>元器件</td><td colspan="3">识别及检测内容</td></tr>
<tr><td rowspan="3">电阻器</td><td>色环（最后一位为误差）</td><td colspan="2">标称值（含误差）</td></tr>
<tr><td>棕黑黑橙棕</td><td colspan="2"></td></tr>
<tr><td>红红黑棕棕</td><td colspan="2"></td></tr>
<tr><td rowspan="2">电容器</td><td>数码标志</td><td colspan="2">容量值（μF）</td></tr>
<tr><td>104</td><td colspan="2"></td></tr>
<tr><td rowspan="2">二极管</td><td></td><td>正向电阻
数字表（）
指针表（）</td><td>反向电阻
数字表（）
指针表（）</td></tr>
<tr><td>VD6</td><td></td><td></td></tr>
<tr><td rowspan="2">三极管</td><td></td><td colspan="2">面对标注面，管脚向下，画出管外形示意图，标出管脚名称</td></tr>
<tr><td>VT1</td><td colspan="2"></td></tr>
<tr><td rowspan="2">蜂鸣器</td><td></td><td>测量阻值</td><td>测量挡位</td></tr>
<tr><td>BUZ1</td><td></td><td></td></tr>
<tr><td rowspan="2">数码管</td><td></td><td colspan="2">画出数码管外形俯视示意图，标出所有管脚</td></tr>
<tr><td>DS1</td><td colspan="2"></td></tr>
</table>

二、电路装配

1. 元器件成型与安装

本课题元器件应按集成块、电阻器、二极管、微调电位器、电解电容器、蜂鸣器、按键的顺序进行安装。不同元器件的引线是不同的，在将其插装到印制电路板进行焊接前，必须预先对元器件引线进行成型处理。由于手工、自动两种不同焊接技术对元器件插装的要求不同，元器件引出线成型的形状也有所不同。

2. 印制电路板装配工艺要求

（1）电阻器、二极管均采用水平式安装，要求贴近电路板，电阻器的色环方向应一致，二极管的标志方向应正确。

（2）电容器插装焊接。陶瓷电容器应在离电路板 4 ~ 6 mm 处插装焊接，电解电容器应在离电路板 1 ~ 2 mm 处插装焊接。

（3）二极管插装焊接。卧式二极管应在离电路板 3 ~ 5 mm 处插装焊接，立式二极管应在离电路板 1 ~ 2 mm（塑封）和 2 ~ 3 mm（玻璃封装）处插装焊接。

（4）三极管插装焊接。三极管应在离电路板 4 ~ 6 mm 处插装焊接。

（5）集成电路插座插装焊接。集成电路插座应紧贴电路板插装焊接。

3. 自检

在未通电情况下，用万用表在路电阻测量法对装配好的电路板进行检测。

三、电路调试与测试

1. 按照以下顺序调试抢答器基本功能

按键电路→声响电路→显示译码驱动电路→显示电路。

2. 检测与调试

（1）检查电路无误后，接通电源，测量三极管 VT1 在下列情况下的 C、E 间的电压。

1）S1 按下时，VT1 的 C、E 间的电压为____________ V。

2）S1 未按下时，VT1 的 C、E 间的电压为____________ V。

（2）若电容器 C1 容值增大，IC2（555）③脚输出波形的频率____________（变大、变小、不变）。

（3）若断开 R17，IC2（555）③脚输出波形周期会____________（变大、变小、不变）。

（4）按下 S5 时，VD6 两端电压为________ V，VD7 两端电压为________ V；松开 S5 时，VD6 两端电压为________ V，VD7 两端电压为________ V。

（5）若电阻器 R8 短路，会出现____________现象；若电阻器 R6 短路，会出现____________现象；若电阻器 R2 短路，会出现________________现象。

四、装配工艺过程卡编制

根据装配工艺过程卡片指定的 8 路数显抢答器元器件，完成表 3—3—4 所示装配工艺过程卡片的编制。

表 3—3—4　　装配工艺过程卡片

<table>
<tr><td colspan="4" rowspan="2">装配工艺过程卡片</td><td colspan="2">工序名称</td><td>产品图号</td></tr>
<tr><td colspan="2"></td><td>PCB－20120407</td></tr>
<tr><td rowspan="2">序号</td><td rowspan="2">代号</td><td colspan="2">装入件及插装材料
代号、名称、规格</td><td>数量</td><td>工艺要求</td><td>工装名称</td></tr>
<tr><td>名称</td><td>规格</td><td></td><td></td><td></td></tr>
<tr><td>1</td><td>R8</td><td>电阻器</td><td>100 kΩ</td><td>1</td><td rowspan="10"></td><td rowspan="10">镊子、剪刀、电烙铁等常用装配工具</td></tr>
<tr><td>2</td><td>R1～R6、R16、R17</td><td>电阻器</td><td>10 kΩ</td><td>8</td></tr>
<tr><td>3</td><td>R7、R9～R15</td><td>电阻器</td><td>300</td><td>8</td></tr>
<tr><td>4</td><td>VD1～VD18</td><td>二极管</td><td>1N4148</td><td>18</td></tr>
<tr><td>5</td><td>C3</td><td>电解电容器</td><td>100 μF</td><td>1</td></tr>
<tr><td>6</td><td>C4</td><td>电解电容器</td><td>47 μF</td><td>1</td></tr>
<tr><td>7</td><td>C1</td><td>瓷片电容器</td><td>103</td><td>1</td></tr>
<tr><td>8</td><td>C2</td><td>瓷片电容器</td><td>104</td><td>1</td></tr>
<tr><td>9</td><td>IC1</td><td>集成电路</td><td>CD4511</td><td>1</td></tr>
<tr><td>10</td><td>IC2</td><td>集成电路</td><td>NE555</td><td>1</td></tr>
</table>

续表

序号	代号	装入件及插装材料代号、名称、规格		数量	工艺要求	工装名称
		名称	规格			
11	VT1	三极管	9013			镊子、剪刀、电烙铁等常用装配工具
12	BUZ1	蜂鸣器	3V			
13	DS1	数码管	单位共阴			
14	S1 ~ S9	按键	6 × 6 × 5	1		
15		电池盒	3 节 5 号	1		
16		电路板	120 × 80	1		
	以上各元器件插件顺序是：					
图样	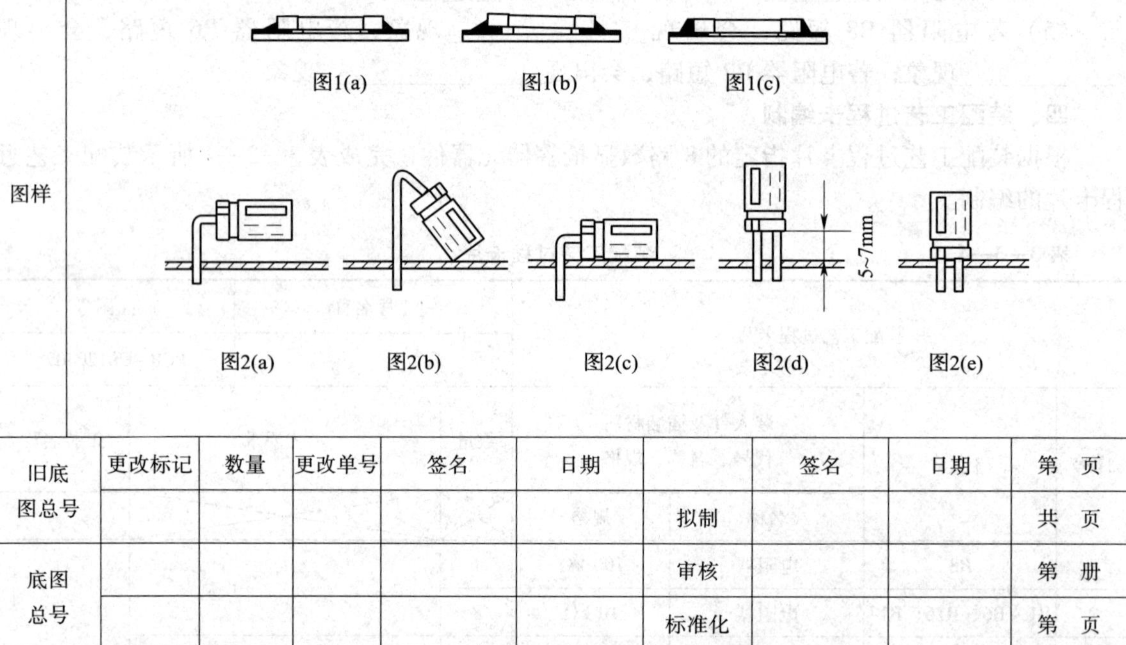 图1(a) 图1(b) 图1(c) 图2(a) 图2(b) 图2(c) 图2(d) 图2(e)					

旧底图总号	更改标记	数量	更改单号	签名	日期		签名	日期	第 页
						拟制			共 页
底图总号						审核			第 册
						标准化			第 页

1. 请把下表《装配工艺过程卡片》中列出的各元器件，在“以上各元器件插装顺序是:”一栏中编制插装顺序（可归类处理）。

2. 根据《装配工艺过程卡片》中的“图样”，在“工艺要求”一列中的空格里填写工艺要求。

操作提示

在 8 路数显抢答器的装配与调试过程中，接入电源后，如果按键后数码管不能显示抢答成功的选手号，检查整个电路，看各管脚有无虚焊，有无连焊，可以按照以下步骤检查电路：

按键电路工作是否正常→声响电路工作是否正常→显示译码驱动电路工作是否正常→显示电路工作是否正常。

任务测评

对任务实施的完成情况进行检查，并将结果填入表3—3—5所示评分表内。

表3—3—5 评分标准

项目配分		工艺要求	评分标准	扣分	得分
装配	插件 20分	1. 电阻器、二极管水平安装，贴紧印制电路板，色标法电阻器的色环标注顺序一致 2. 电容器垂直安装，高度符合工艺要求 3. 按图装配，元器件的位置、极性正确	1. 元器件安装歪斜、不对称、高度超差、色环电阻器标注方向不一致，每处扣1分 2. 错装、漏装，每处扣5分		
	焊接 20分	1. 焊点光亮、清洁、焊料适量 2. 无漏焊、虚焊、假焊、搭焊、溅锡等现象 3. 焊接后元器件引脚剪脚留头长度小于1 mm	1. 焊点不光亮、焊料过多或过少，每处扣0.5分 2. 漏焊、虚焊、假焊、搭焊，每处扣2分 3. 剪脚留头长度过长，每处扣0.5分		
	总装 15分	1. 整机装配符合工艺要求 2. 导线连接正确，绝缘恢复良好 3. 不损伤绝缘层和表面涂覆层	1. 错装、漏装，每处扣1分 2. 导线连接错误，每处扣1分 3. 绝缘、涂覆不符合要求，扣1分 4. 损伤绝缘层和表面涂覆层，每处扣1分 5. 紧固件松动，扣2分		
调试	调试 30分	1. 选手按键后，数码管能显示选手号 2. 选手按键后，蜂鸣器能发出提示音 3. 开始抢答按键按下后，可以进行下一轮抢答。关键点电位正常	1. 选手按键后，数码管不能显示选手号，扣10分 2. 选手按键后，蜂鸣器不能发出提示音，扣10分 3. 开始抢答按键按下后，不能进行下一轮抢答，扣10分		

续表

项目配分		工艺要求	评分标准	扣分	得分
故障排除	故障判断5分	1. 能够正确观察出故障现象 2. 能够正确分析故障原因，判断故障范围	1. 故障现象观察错误，每次扣3分 2. 故障原因分析错误，每次扣5分 3. 故障范围判断过大或过小，每次扣2分		
	故障检修10分	1. 检修思路清晰，方法运用得当 2. 检修结果正确 3. 正确使用仪表	1. 检修思路不清，扣5分 2. 检修方法不当，每次扣3分 3. 检修结果错误，扣10分 4. 仪表使用错误，每次扣3分		
安全文明生产		1. 安全用电，无人为损坏元器件、加工件和设备 2. 保持环境整洁，秩序井然，操作习惯良好	1. 发生安全事故，扣10分 2. 违反文明生产要求，视情况，扣5～10分		
合计					

知识拓展

一、集成电路CD4518概述

CD4518是二—十进制（8421编码）同步加计数器，内含两个单元的加计数器，引脚如图3—3—4所示，其真值表见表3—3—6。每单个单元有两个时钟输入端CLK和EN，可用时钟脉冲的上升沿或下降沿触发。由表可知，若用ENABLE信号下降沿触发，触发信号由EN端输入，CLK端置“0”；若用CLK信号上升沿触发，触发信号由CLK端输入，ENABLE端置“1”。RESET端是清零端，RESET端置“1”时，计数器各端输出端Q1～Q4均为“0”；只有RESET端置“0”时，CD4518才开始计数。

CD4518采用并行进位方式，只要输入一个时钟脉冲，计数单元Q1翻转一次；当Q1为1，Q4为0时，每输入一个时钟脉冲，计数单元Q2翻转一次；当Q1 = Q2 = 1时，每输入一个时钟脉冲Q3翻转一次；当Q1 = Q2 = Q3 = 1或Q1 = Q4 = 1时，每输入一个时钟脉冲Q4翻转一次。这样从初始状态（“0”态）开始计数，每输入10个时钟脉冲，计数单元便自动恢复到“0”态。若将第一个加计数器的输出端Q4A作为第二个加计数器的输入端ENB的时钟脉冲信号，便可组成两位8421编码计数器，依次下去可以进行多位串行计数。

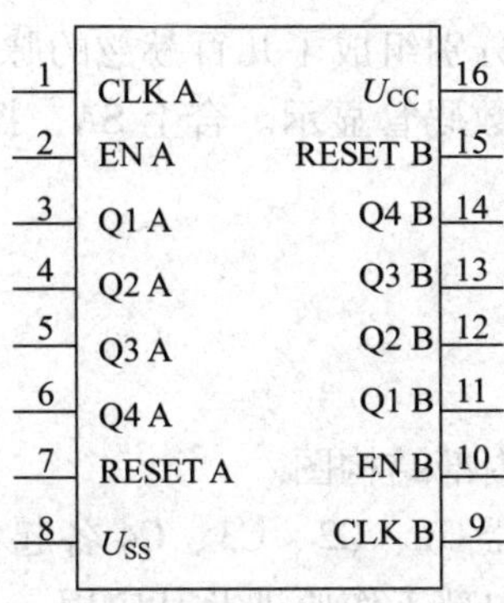

图 3—3—4　CD4518 引脚

表 3—3—6　**CD4518 真值表**

CLOCK	ENABLE	RESET	ACTION
上升沿	1	0	加计数
0	下降沿	0	加计数
下降沿	X	0	不变
X	上升沿	0	不变
上升沿	0	0	不变
1	下降沿	0	不变
X	X	1	Q0 ~ Q4 = 0

二、两位抽奖号显示电路

如图 3—3—5 所示是由 BCD7 段译码显示驱动器 CD4511 构成的两位抽奖号显示电路。该电路主要由四块集成电路构成。ICl、IC2（均为 CD4511）是一种 BCD7 段译码显示驱动器；IC3（CD4518）是一种双 BCD 加法计数器；IC4（CD4011）是一种 2 输入端四与非门。

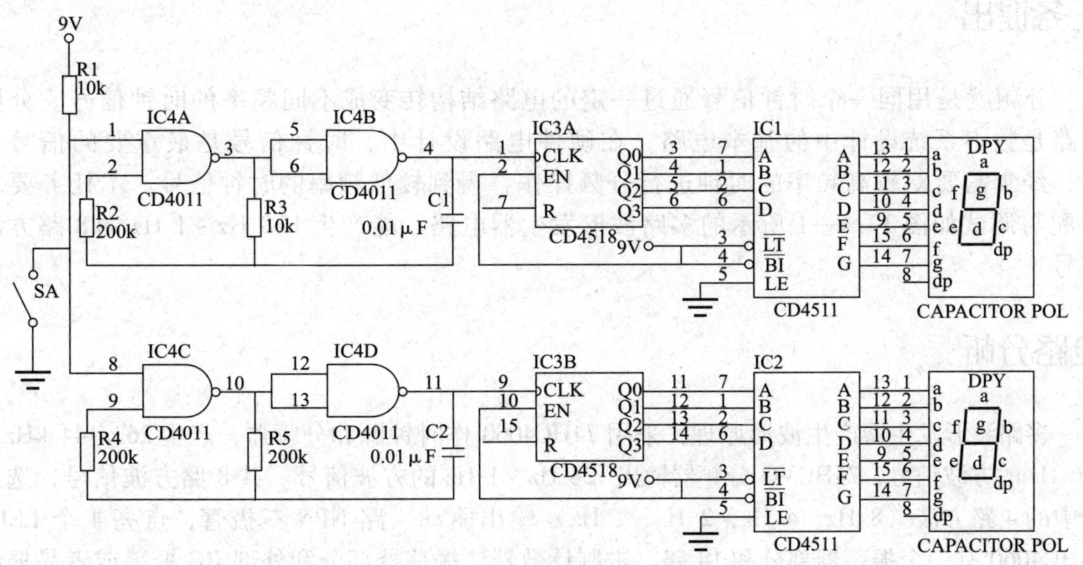

图 3—3—5　两位抽奖号显示电路

IC4A 与 IC4B、IC4C 与 IC4D 分别组成了几百赫兹的脉冲振荡器，供给 IC3 作计数脉冲，计数的结果由 IC1、IC2 驱动 LED 数码管显示。合上 SA，振荡器停振，数码管显示的数字即为中奖号码。

思考与练习

1. 画出共阴和共阳数码管的内部结构图。
2. 如图 3—3—1 电路中电容器 C1、C2、C3、C4 各起什么作用?
3. 分析 555 集成时基电路的内部工作原理及其应用。
4. 简述集成电路 CD4511 的功能。

任务 4　多路波形发生器

学习目标

知识目标：

1. 掌握集成电路 74HC393、74HC4060 元器件的应用。
2. 掌握计数器/分频器的原理。
3. 掌握多路波形发生器各部分电路的具体功能。

能力目标：

1. 掌握多路波形发生器电路的分析方法。
2. 能独立按工艺要求进行电路的装配与调试，并能排除装配与调试过程中出现的简单故障。

任务提出

分频就是用同一个时钟信号通过一定的电路结构转变成不同频率的时钟信号。分频电路是数字系统设计中的基本电路，在硬件电路设计中，时钟信号是最重要的信号之一，经常需要对较高频率的时钟进行分频操作，得到较低频率的时钟信号。本任务要求装配与调试如图 3—4—1 所示的多路波形发生器电路，能产生 128 Hz ~ 1 Hz 的 8 路方波信号。

电路分析

多路波形发生器产生波形原理：采用 74HC4060 作时钟源和分频器，产生 262.144 kHz ~ 256 Hz 的方波信号，74HC393 分频器输出 128 Hz ~ 1 Hz 的方波信号。共 8 路方波信号，选用其中的 4 路方波（8 Hz，4 Hz，2 Hz，1 Hz）输出驱动 4 路 NPN 三极管，点亮 4 个 LED。74HC4060 有一个振荡器部分和 14 路二进制计数器，振荡器部分和外部 RC 振荡或者晶振组成时钟源。

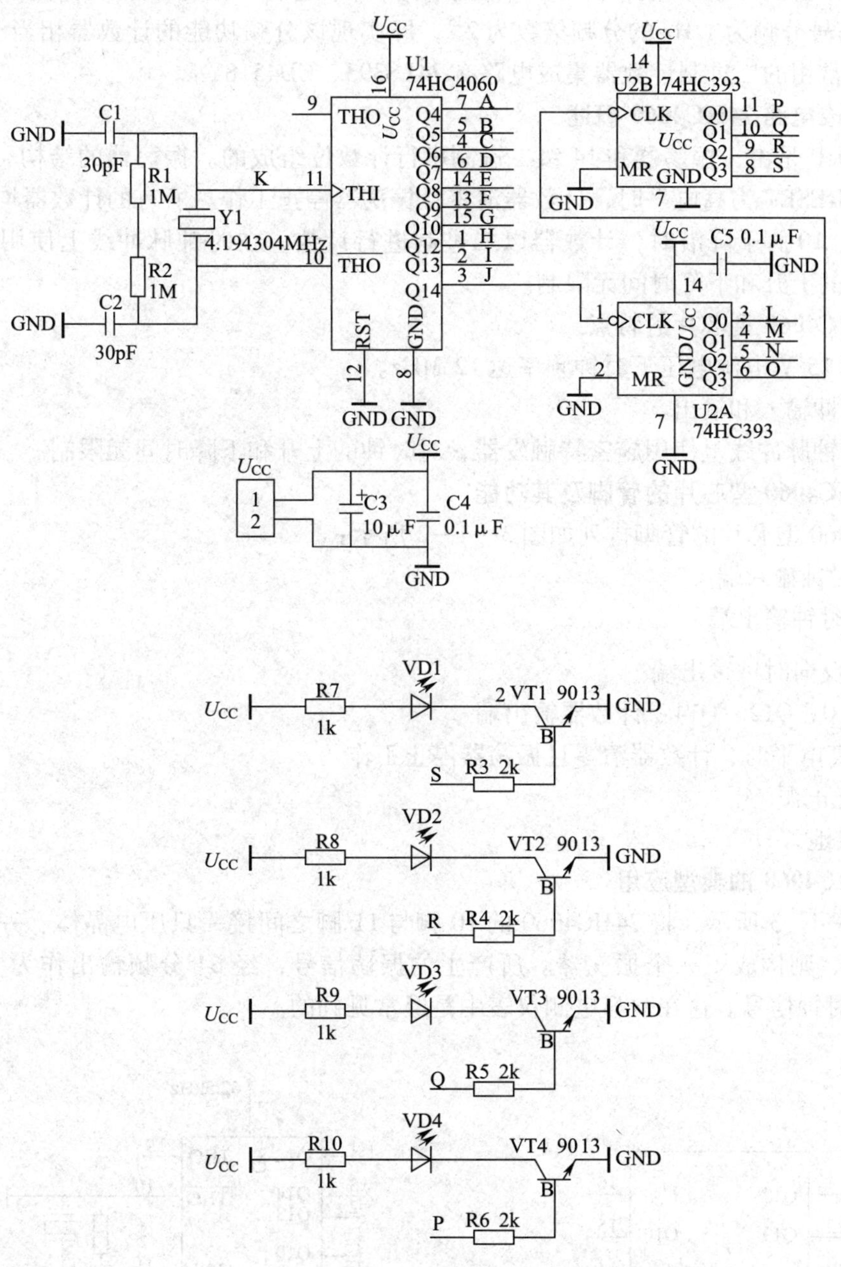

图 3—4—1 多路波形发生器电路原理图

相关知识

一、分频器电路

实现分频的电路或装置称为分频器。分频器的种类有很多，根据其分频信号的波形不同，有正弦波分频和脉冲分频两种。

通常分频器由计数器电路组成，一般采用多级二进制计数器来实现。例如，将 32 768 Hz 的振荡信号分频为 1 Hz 的分频倍数为 2^{15}，即实现该分频功能的计数器相当于 15 级二进制计数器。常用的二进制计数器集成电路有 74LS393、CD4518 等。

二、集成电路 74HC4060 概述

74HC4060 是由一振荡器和 14 级二进制串行计数位组成的。振荡器的结构可以是 RC 或晶振电路。RESET 为高电平时，计数器清零且振荡器停止工作。所有的计数器均为主—从触发器，在 9、10 脚下降沿时，计数器以二进制进行计数。在时钟脉冲线上使用施密特触发器，对时钟的上升和下降时间无限制。

1. 74HC4060 型芯片的特点

（1）在 15 V 电源电压下时钟频率达 12 MHz。

（2）缓冲输入和输出。

（3）时钟脉冲线上使用施密特触发器，对时钟的上升和下降时间无限制。

2. 74HC4060 型芯片的管脚及其功能

74HC4060 型芯片的管脚排列如图 3—4—2 所示：

THI：时钟输入端

THO：时钟输出端

$\overline{\text{THO}}$：反向时钟输出端

Q4 – Q10，Q12 – Q14：计数器输出端

R：为高电平时，计数器清零且振荡器停止工作

U_{CC}：正电源

U_{SS}：接地

3. 74HC4060 的典型应用

如图 3—4—3 所示，将 74HC4060 的 10 脚与 11 脚之间接一只压电晶体、一只电阻器和两只电容器，则构成了一个振荡器。所产生的振荡信号，经 64 分频输出作为 A/D 转换器 ICL7135 的时钟信号。这在数显电测仪表中是经常见到的。

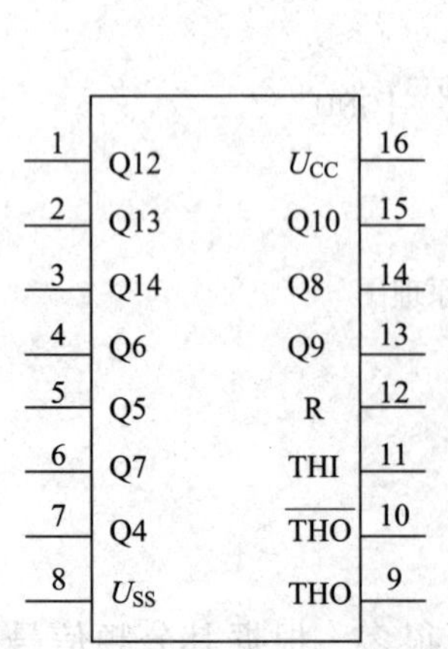

图 3—4—2　74HC4060 芯片管脚

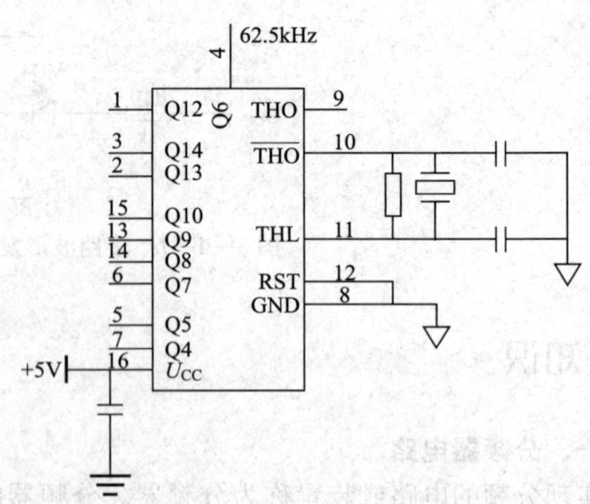

图 3—4—3　74HC4060 典型应用电路

三、集成电路 74HC393 概述

74HC393 引脚如图 3—4—4 所示。74HC393 包含 4 位二进制纹波计数器，每个计数器具有独立时钟（1CP 和 2CP）以及主复位（1CR 和 2CR）输入。计数器由时钟输入从高到低转换进行触发。计数器输出采用内部连接以提供后续级的时钟输入。纹波计数器的输出不会同步发生变化，并且不应当用于高速地址解码。

主复位（1CR 和 2CR）是每个 4 位计数器的有源高电平异步输入。nCR 输入上的高电平可覆盖时钟并将输出设置为低电平。

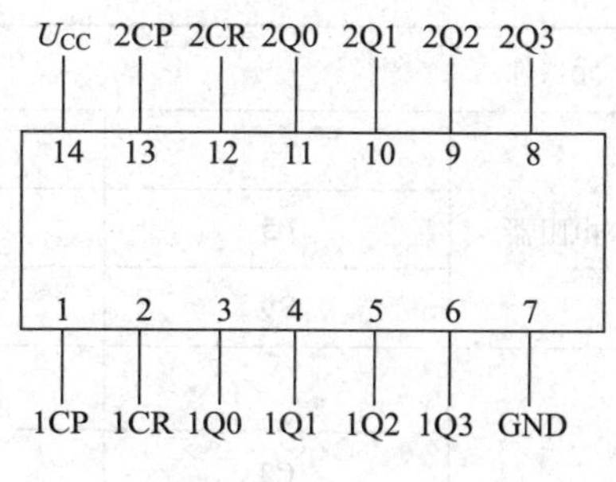

图 3—4—4　74HC393 芯片管脚

任务实施

一、工具、器材的准备

1. 工具及仪器

电子焊接工具一套；万用表一块；示波器一台。

2. 元器件明细表

本任务电路的元器件明细表见表 3—4—1。

表 3—4—1　　元器件明细表

代号	名称	规格	代号	名称	规格
R1 ~ R2	电阻器	1 MΩ	VD1 ~ VD4	发光二极管	红色
R3 ~ R6	电阻器	2 kΩ	Y1	无源晶振	4. 194 304 MHz
R7 ~ R10	电阻器	1 kΩ	IC1	集成电路	74HC4060
C1 ~ C2	瓷片电容器	30P	IC2	集成电路	74HC393D
C3	电解电容器	10 μF/16 V		电池	2 节 5 号
C4 ~ C5	瓷片电容器	0. 1 μF（104）		PCB 印制板	50 mm × 55 mm
VT1 ~ VT4	三极管	9012			

3. 元器件检测

根据给出的元器件清单逐一检查测试元器件的参数与好坏，并将部分元器件的检测结果填入表 3—4—2 中。

表 3—4—2　　部分元器件检查结果记录

元器件	识别及检测内容			
电阻器		标称值（含误差）	测量值	测量挡位
	R1			

续表

元器件	识别及检测内容			
电阻器		标称值（含误差）	测量值	测量挡位
	R5			
	R9			
电容器		标称值（μF）	介质	
	C2			
	C3			
	C5			
集成电路		型号	封装形式	引脚图
	IC1			
	IC2			
发光二极管		正向电阻	反向电阻	
	VD3			

二、电路装配

1. 元器件成型与安装

本课题电路元器件应按集成电路、电阻器、二极管、三极管、电容器的顺序进行安装。所有元器件引线不能从根部弯曲成型，要尽量将有字符的元器件面置于容易观察的位置。

2. 印制电路板装配工艺要求

（1）电阻器插装焊接。卧式电阻器应紧贴电路板插装焊接，立式电阻器应在离电路板 1 ~ 2 mm处插装焊接。

（2）电容器插装焊接。陶瓷电容器应在离电路板 4 ~ 6 mm 处插装焊接，电解电容器应在离电路板 1 ~ 2 mm 处插装焊接。

（3）二极管插装焊接。卧式二极管应在离电路板 3 ~ 5 mm 处插装焊接，立式二极管应在离电路板 1 ~ 2 mm（塑封）和 2 ~ 3 mm（玻璃封装）处插装焊接。

（4）三极管插装焊接。三极管应在离电路板 4 ~ 6 mm 处插装焊接。

（5）集成电路插座插装焊接。集成电路插座应紧贴电路板插装焊接。

（6）电位器插装焊接。电位器应按照电路板丝印要求方向紧贴电路板安装焊接。

3. 自检

在未通电情况下，用万用表在路电阻测量法对装配好的电路板进行检测。

三、电路调试与测试

按评分表中的要求对多路波形发生器电路中“O”点进行测试，测试结果填入下表内。

波 形 图（5分）	周期	频率	幅 度
	量程范围		量程范围

四、装配工艺过程卡片编制

根据装配工艺过程卡片指定的多路波形发生器电路元器件，完成表3—4—3所示装配工艺过程卡片的编制。

表3—4—3　　　　装配工艺过程卡片

装配工艺过程卡片				工序名称		产品图号
						PCB－20120407
序号	代号	装入件及插装材料 代号、名称、规格		数量	工艺要求	工装名称
		名称	规格			
1	R1，R2	电阻器	1 MΩ　0805	1		镊子、剪刀、电烙铁等常用装配工具
2	R3，R4，R5，R6	电阻器	2 kΩ　0805	2		
3	R7，R8，R9，R10	电阻器	1 kΩ　0805	1		
4	C1，C2	电容器	30 pF　0603	11		
5	C3	电容器	10 μF/16 V 1206钽电容器	1		
6	C4，C5	0.1 μF （104）0603	0.1 μF （104）0603	1		
7	VT1，VT2， VT3，VT4	三极管	9012 SOT－23	2		
8	VD1，VD2， VD3，VD4	发光二极管	红色超高亮	1		
9	Y1	无源晶振	4.194 304 MHz	1		
10	IC1	集成电路	74HC4060 SO－16	1		
11	IC2	集成电路	74HC393D SO－14	1		
	以上各元器件插件顺序是：					

续表

序号	代号	装入件及插装材料 代号、名称、规格		数量	工艺要求	工装名称
		名称	规格			
图样	图1(a) 图1(b) 图1(c) 5~7mm 图2(a) 图2(b) 图2(c) 图2(d) 图2(e)					

旧底图总号	更改标记		更改单号	签名	日期		签名	日期	第 页
						拟制			共 页
底图总号						审核			第 册
						标准化			第 页

1. 请把下表《装配工艺过程卡片》中列出的各元器件，在“以上各元器件插装顺序是:”一栏中编制插装顺序（可归类处理）。

2. 根据《装配工艺过程卡片》中的“图样”，在“工艺要求”一列中的空格里填写工艺要求。

故障实例：发光二极管不是按照 1 Hz、2 Hz、4 Hz、8 Hz 频率闪烁。

故障分析：故障可能在发光二极管驱动电路、计数显示电路等。

排除故障思路：

用波形测试法测 74HC393 第 8－11 引脚信号，如果分别有 1 Hz、2 Hz、4 Hz、8 Hz，查 74HC393 分频电路和 74HC4060 振荡分频电路；如果没有，查发光二极管驱动电路。

任务测评

对任务实施的完成情况进行检查，并将结果填入表 3—4—4 所示评分表内。

表 3—4—4　　评分标准

<table>
<tr><th colspan="2">项目配分</th><th>工艺要求</th><th>评分标准</th><th>扣分</th><th>得分</th></tr>
<tr><td rowspan="3">装配</td><td>插件
20 分</td><td>1. 电阻器、二极管水平安装，贴紧印制电路板，色标法电阻器的色环标注顺序一致
2. 电容器垂直安装，高度符合工艺要求
3. 按图装配，元器件的位置、极性正确</td><td>1. 元器件安装歪斜、不对称、高度超差、色环电阻器标注方向不一致，每处扣1分
2. 错装、漏装，每处扣5分</td><td></td><td></td></tr>
<tr><td>焊接
20 分</td><td>1. 焊点光亮、清洁、焊料适量
2. 无漏焊、虚焊、假焊、搭焊、溅锡等现象
3. 焊接后元器件引脚剪脚留头长度小于 1 mm</td><td>1. 焊点不光亮、焊料过多或过少，每处扣0.5 分
2. 漏焊、虚焊、假焊、搭焊，每处扣2分
3. 剪脚留头长度过长，每处扣0.5 分</td><td></td><td></td></tr>
<tr><td>总装
15 分</td><td>1. 整机装配符合工艺要求
2. 导线连接正确，绝缘恢复良好
3. 不损伤绝缘层和表面涂覆层</td><td>1. 错装、漏装，每处扣1分
2. 导线连接错误，每处扣1分
3. 绝缘、涂覆不符合要求，扣1分
4. 损伤绝缘层和表面涂覆层，每处扣1分
5. 紧固件松动，扣2分</td><td></td><td></td></tr>
<tr><td>调试</td><td>调试
30 分</td><td>1. 用示波器测量出波形测试参考点 A ~ S 的波形
2. 检查发光二极管的闪烁情况</td><td>1. 测试参考点 A ~ S 的波形不正确，每个扣3分
2. 检查发光二极管的闪烁情况，频率不正确，每个扣3分</td><td></td><td></td></tr>
<tr><td rowspan="2">故障排除</td><td>故障判断
5 分</td><td>1. 能够正确观察出故障现象
2. 能够正确分析故障原因，判断故障范围</td><td>1. 故障现象观察错误，每次扣3分
2. 故障原因分析错误，每次扣5分
3. 故障范围判断过大或过小，每次扣2分</td><td></td><td></td></tr>
<tr><td>故障检修
10 分</td><td>1. 检修思路清晰，方法运用得当
2. 检修结果正确
3. 正确使用仪表</td><td>1. 检修思路不清，扣5分
2. 检修方法不当，每次扣3分
3. 检修结果错误，扣10分
4. 仪表使用错误，每次扣3分</td><td></td><td></td></tr>
<tr><td colspan="2">安全文明生产</td><td>1. 安全用电，无人为损坏元器件、加工件和设备
2. 保持环境整洁，秩序井然，操作习惯良好</td><td>1. 发生安全事故，扣10分
2. 违反文明生产要求，视情况，扣5 ~ 10 分</td><td></td><td></td></tr>
<tr><td colspan="4">合计</td><td></td><td></td></tr>
</table>

知识拓展

图 3—4—5 所示为多种波形发生器电路，可同时产生方波、三角波、正弦波并输出。555 定时器接成多谐振荡器工作形式，C2 为定时电容器，C2 的充电回路是 R2→R3→RP→C2；C2 的放电回路是 C2→RP→R3→IC 的⑦脚（放电管）。由于 R3 + RP ≫ R2，所以充电时间常数与放电时间常数近似相等，由 IC 的③脚输出的是近似对称方波。按图所示元器件参数，其频率为 1 kHz 左右，调节电位器 RP 可改变振荡器的频率。方波信号经 R4、C5 积分网络后，输出三角波。三角波再经 R5、C6 积分网络，输出近似的正弦波。C1 是电源滤波电容器。发光二极管 VD 用作电源指示。

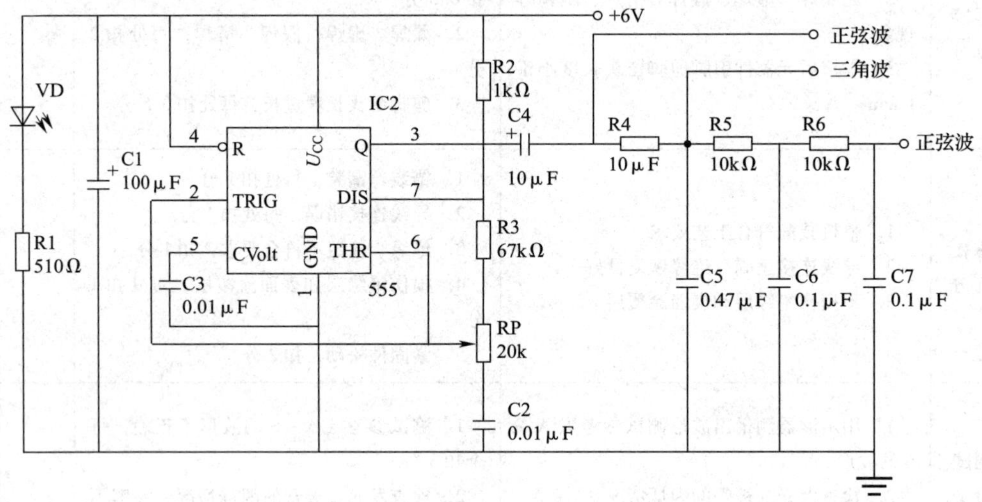

图 3—4—5　多种波形发生器电路图

思考与练习

1. 简述分频的概念，试列举几个常用的可以进行计数/分频的集成芯片。

2. 如果将 74HC393 的第⑤脚和第⑬脚 CLK 相连，那么发光二极管闪烁的频率分别为多少？

3. 设计一个可以进行 8 分频的电路。试画出电路图，并安装与调试所设计电路。

任务 5　数显定时电路

学习目标

知识目标：

1. 了解集成计数器的基础知识。

2. 掌握数显定时电路的组成、工作原理与应用。

能力目标：

1. 掌握数显定时电路的分析方法。

2. 能独立按工艺要求进行电路的装配与调试，并能排除装配与调试过程中出现的简单故障。

任务提出

在一些楼道灯、电动机降压启动等控制中较多地采用了时间控制。由555集成电路组成的定时电路具有结构简单、成本低廉、使用方便、抗干扰能力强等特点，但是其定时精度较低，定时时间较短。因此，对于长时间定时通常采用多个定时电路进行级联或与计数器配合使用。本任务电路就是利用555集成电路产生时基信号，通过计数器实现定时控制，且能将定时时间用数码管直接显示出来，亦可直接驱动其他控制电路。

本任务要求根据电路原理图装配与调试如图3—5—1所示的数显定时器电路，通过调节电位器RP2，能使电路延时时间为9 s，且数码管能从9到0减计数显示。

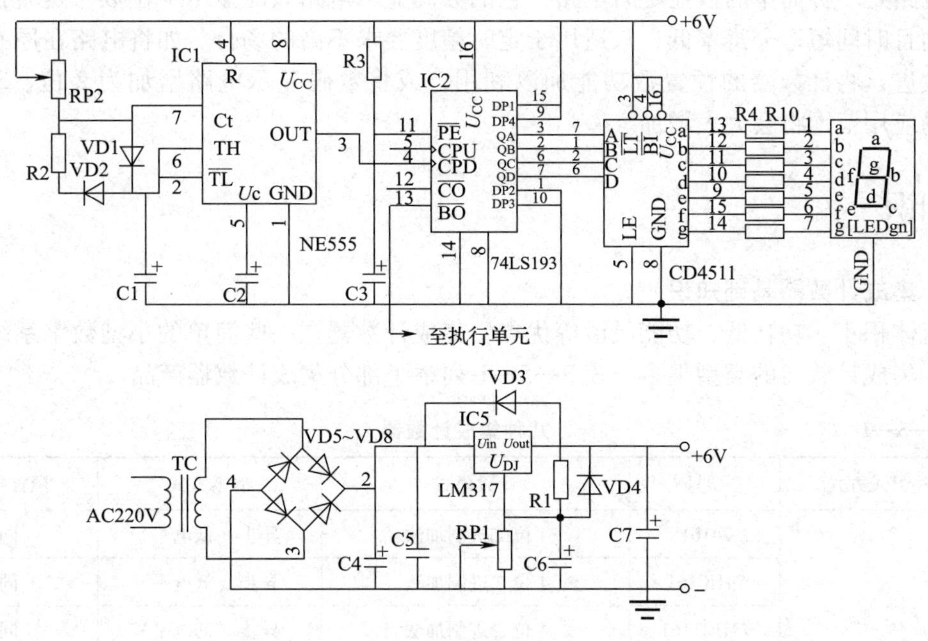

图3—5—1 数显定时器电路

电路分析

数显定时器电路主要由时基脉冲发生器、脉冲计数器、译码驱动器和数码显示器等组成。

1. 时基脉冲发生器

时基脉冲发生器实际上是由NE555集成电路组成的多谐振荡器，其振荡周期 $T=0.693$

×（$R_A + R_B$）·C_1，在电路中 $R_B = 0$，$R_A = RP_2 + R_2$，$C_1 = 10\ \mu F$。由于 R2 为固定阻值的电阻器，这样振荡周期只能由电位器 RP2 来调节，在这里 RP2 的调节范围为 0 ~ 100 kΩ，因此，时基脉冲发生器的时基脉冲周期可调至 1 s 左右。

2. 脉冲计数器

脉冲计数器由一只可预置数的二进制同步可逆计数器 74LSl93 组成，它能对输入的时基脉冲进行加、减计数，并在输出端 QA ~ QD 输出 4 位二进制数。在本电路中，74LS193 接成减计数器。接通电源后，由 R3、C3 形成的微分脉冲通过预置数控制端将计数器预置为 9（DP1、DP4 接高电平，DP2、DP3 接低电平，等于二进制数 1001）。同时时钟脉冲发生器开始工作，输出时钟脉冲，由于 IC1（NE555）③脚输出的时钟脉冲输入到 IC2（74LS193）的减计数脉冲输入端 CPD，因此，随着时钟脉冲的输入，计数器作减计数。计数器由 9 递减，每输入一个时钟脉冲，计数器减 1，直到计数器减为“0”，定时结束。定时结束后 IC2（74LS193）的进借位输出端脚输出负脉冲，可根据需要加装执行驱动电路进行定时控制。

3. 译码驱动和显示

译码和显示驱动器采用 7 段译码显示电路 CD4511 实现，它将 IC2（74LS193）输出的 4 位 BCD 码译码后通过数码显示器件显示出来。

本电路是一种简单的数显定时电路，它的数码显示电路只能显示 1 位数，定时预置时间值固定而且时间短，分辨率低，只适用于定时精度要求不高的场合。如将电路在原有的基础上进行改进，将计数器的预置数功能加以利用，或将数码显示电路增加为 2 位、3 位或以上，它的应用范围将会大大增加。

相关知识

一、集成计数器基础知识

具有体积小、功耗低、功能灵活等优点，集成计数器在一些简单的小型数字系统中被广泛应用。集成计数器的类型很多，表 3—5—1 列举了部分集成计数器产品。

表 3—5—1　　几种集成计数器

CP 脉冲引入方式	型号	计数模式	清零方式	预置数方式
同步	74161	4 位二进制加法	异步（低电平）	同步
	74HC161	4 位二进制加法	异步（低电平）	同步
	74HCT161	4 位二进制加法	异步（低电平）	同步
	74LS191	单时钟 4 位二进制可逆	无	异步
	74LS193	双时钟 4 位二进制可逆	异步（高电平）	异步
	74160	十进制加法	异步（低电平）	同步
	74LS190	单时钟十进制可逆	无	异步
异步	74LS293	双时钟 4 位二进制加法	异步	无
	74LS290	二 - 五 - 十进制加法	异步	异步

二、集成电路 74LS193 概述

集成电路 74LS193 是双时钟 4 位二进制同步可逆计数器。如图 3—5—2 所示是它的引脚图，表 3—5—2 是 74LS193 的功能表。74LS193 的特点是有两个时钟脉冲（计数脉冲）输入端 CPU 和 CPD。在 MR =0、$\overline{PE}$ =1 的条件下，作加计数时，令 CPD =1，计数脉冲从 CPU 输入；作减计数时，令 CPU =1，计数脉冲从 CPD 输入。此外，74LS193 还具有异步清零和异步预置数的功能。

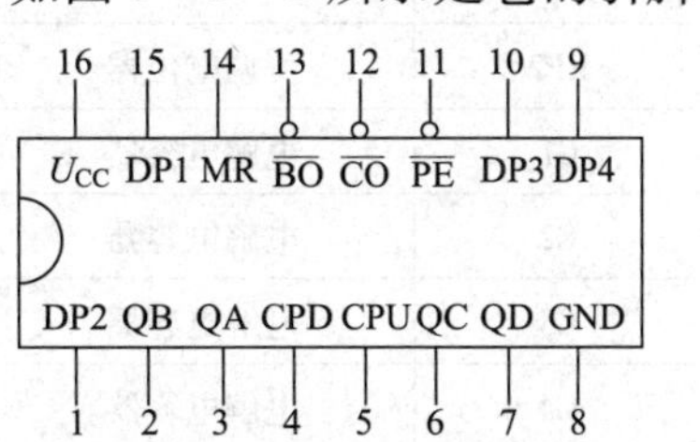

图 3—5—2 74LS193 的引脚图

当清零信号 MR =1 时，不管时钟脉冲的状态如何，计数器的输出将被直接置零；当 MR =0，$\overline{PE}$ =0 时，不管时钟脉冲的状态如何，将立即把预置数数据输入端 DP1、DP2、DP3、DP4 的状态置入计数器的输出端 QA、QB、QC、QD，称为异步预置数。74HC193、74HCT193 的逻辑功能及引脚图与 74LS193 完全相同。

表 3—5—2 **74LS193 的功能表**

清零	预置	时钟		预置数据输入				输出			
MR	$\overline{PE}$	CPU	CPD	DP1	DP2	DP3	DP4	QA	QB	QC	QD
H	×	×	×	×	×	×	×	L	L	L	L
L	L	×	×	A	B	C	D	A	B	C	D
L	H	↑	H	×	×	×	×	加计数			
L	H	H	↑	×	×	×	×	减计数			

任务实施

一、工具、器材的准备

1. 工具及仪器

电子焊接工具一套；万用表一块；示波器一台。

2. 元器件明细表

本任务电路的元器件明细表见表 3—5—3。

表 3—5—3 **元器件明细表**

代号	名称	规格	代号	名称	规格
R1	碳膜电阻器	100 Ω	R7	碳膜电阻器	470 Ω
R2	碳膜电阻器	60 Ω	R8	碳膜电阻器	470 Ω
R3	碳膜电阻器	1 kΩ	R9	碳膜电阻器	470 Ω
R4	碳膜电阻器	470 Ω	R10	碳膜电阻器	470 Ω
R5	碳膜电阻器	470 Ω	R11	碳膜电阻器	470 Ω
R6	碳膜电阻器	470 Ω	RP1	可调电位器	5.1 kΩ

续表

代号	名称	规格	代号	名称	规格
RP2	可调电位器	100 kΩ	VD6	二极管	1N4001
C1	电解电容器	10 μF/16 V	VD7	二极管	1N4001
C2	电解电容器	1 μF/16 V	VD8	二极管	1N4001
C3	电解电容器	1 μF/16 V	IC1	集成电路	NE555
C4	电解电容器	2 200 μF/16 V	IC2	集成电路	74LS193
C5	涤纶电容器	0.33 μF	IC3	集成电路	CD4511
C6	电解电容器	10 μF/16 V	IC4	数码管	共阴
C7	电解电容器	100 μF/16 V	IC5	集成电路	LM317
VD1	二极管	1N4004	TC	变压器	220 V/7.5 V
VD2	二极管	1N4004		印制电路板	
VD3	二极管	1N4001		连接导线	
VD4	二极管	1N4001		锡焊丝、焊料	
VD5	二极管	1N4001		绝缘胶布	

3. 元器件检测

根据给出的元器件清单逐一检查测试元器件的参数与好坏，并将部分元器件的检测结果填入表 3—5—4 中。

表 3—5—4　部分元器件检查结果记录

元器件	识别及检测内容			
电阻器		标称值（含误差）	测量值	测量档位
	R1			
	R2			
电容器		标称值（μF）	介质	
	C1			
	C2			
集成电路		型号	封装形式	引脚图
	U1			
二极管		正向电阻	反向电阻	
	VD1			
		测量值（最大值）	测量值（最小值）	
电位器	RP1			

二、电路装配

1. 元器件成型与安装

本课题电路元器件应按集成电路、电阻器、二极管、电位器、电容器、数码管、变压器的顺序进行安装。

2. 印制电路板装配工艺要求

（1）电阻器插装焊接。卧式电阻器应紧贴电路板插装焊接，立式电阻器应在离电路板1 ~2 mm处插装焊接。

（2）电容器插装焊接。陶瓷电容器应在离电路板4 ~6 mm 处插装焊接，电解电容器应在离电路板1 ~2 mm 处插装焊接。

（3）二极管插装焊接。卧式二极管应在离电路板3 ~5 mm 处插装焊接，立式二极管应在离电路板1 ~2 mm（塑封）和2 ~3 mm（玻璃封装）处插装焊接。

（4）集成电路插座插装焊接。集成电路插座应紧贴电路板插装焊接。

（5）微调电位器插装焊接。微调电位器应按照电路板丝印要求方向紧贴电路板安装焊接。

不同元器件的引线是不同的，在将其插装到印制电路板进行焊接前，必须预先对元器件引线进行成型处理。由于手工、自动两种不同焊接技术对元器件插装的要求不同，元器件引出线成型的形状也有所不同。

3. 总装加工工艺要求

电源变压器用螺钉紧固在印制电路板的元器件面，一次绕组的引出线向外，二次绕组的引出线向内。紧固件的螺母均安装在焊接面。变压器一次侧电源线从印制电路板焊接面穿过孔Q后，在元器件面打结，再与变压器一次绕组引出线焊接并完成绝缘恢复，变压器二次绕组引出线插入安装孔后焊接。

4. 自检

在未通电情况下，用万用表在路电阻测量法对装配好的电路板进行检测。

三、电路调试与测试

1. 元器件安装完毕后，要进行检查，确认无误方可通电调试。

2. 主要性能指标

（1）直流稳压电源输出电压可调整为 +6 V。

（2）定时时间在0 ~9 s 内可调。

（3）数码管能显示定时剩余时间（只显示一位）。

3. 调试方法

（1）接通电源，调整 RP1 使直流稳压电源输出电压 +6 V。

（2）接通电源，将 RP2 调至最小、最大位置，测试 NE555 集成电路脚输出信号的波形及周期，然后调节 RP2 使脉冲周期为1 s，观察数码管的显示。

四、装配工艺过程卡片编制

根据装配工艺过程卡片指定的数显定时器电路元器件，完成表3—5—5 所示装配工艺过程卡片的编制。

1. 请把表3—5—5《装配工艺过程卡片》中列出的各元器件，在“以上各元器件插装顺序是:”一栏中编制插装顺序（可归类处理）。

2. 根据《装配工艺过程卡片》中的“图样”，在“工艺要求”一列中的空格里填写工艺要求。

表 3—5—5　　　　　　　　　　　装配工艺过程卡片

装配工艺过程卡片				工序名称		产品图号 PCB－20120407
序号	代号	装入件及插装材料 代号、名称、规格		数量	工艺要求	工装名称
		名称	规格			
1	R1	碳膜电阻器	100 Ω	1		
2	R2	碳膜电阻器	60 Ω	1		
3	R3	碳膜电阻器	1 kΩ	1		
4	R4 ~ R11	碳膜电阻器	470 Ω	1		
5	RP1	可调电位器	5. 1 kΩ	1		
6	RP2	可调电位器	100 kΩ	1		
7	C1	电解电容器	10 μF/16 V	1		
8	C2、C3	电解电容器	1 μF/16V	1		
9	C4	电解电容器	2 200 μF/16 V	1		
10	C5	涤纶电容器	0. 33 μF	1		镊子、剪刀、电烙铁等常用装配工具
11	C6	电解电容器	10 μF/16 V	1		
12	C7	电解电容器	100 μF/16 V	1		
13	VD1、VD2	二极管	1N4004	1		
14	VD3 ~ VD8	二极管	1N4001	1		
15	IC1	集成电路	NE555	1		
16	IC2	集成电路	74LS193	1		
17	IC3	集成电路	CD4511	1		
18	IC4	数码管	共阴	1		
19	IC5	集成电路	LM317	1		
20	TC	变压器	220 V/7. 5 V			
	以上各元器件插件顺序是：					

图样

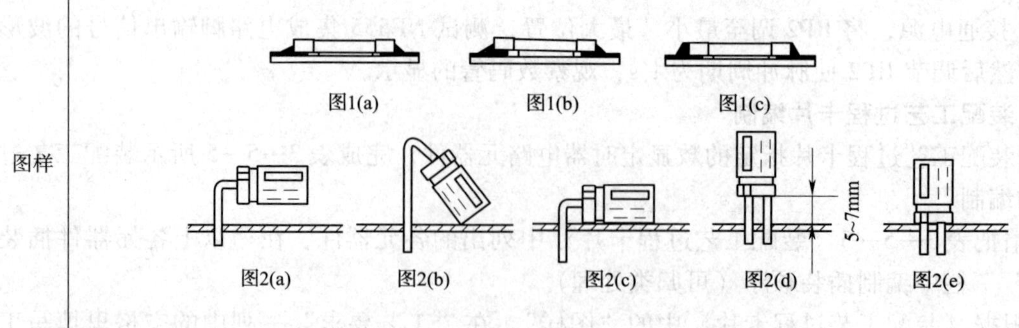

续表

<table>
<tr><td rowspan="2">序号</td><td rowspan="2" colspan="2">代号</td><td colspan="4">装入件及插装材料
代号、名称、规格</td><td rowspan="2">数量</td><td colspan="2">工艺要求</td><td colspan="2">工装名称</td></tr>
<tr><td colspan="3">名称</td><td>规格</td><td colspan="2"></td><td colspan="2"></td></tr>
<tr><td rowspan="2" colspan="2">旧底
图总号</td><td>更改标记</td><td>数量</td><td>更改单号</td><td>签名</td><td>日期</td><td></td><td>签名</td><td>日期</td><td>第 页</td></tr>
<tr><td></td><td></td><td></td><td></td><td></td><td>拟制</td><td></td><td></td><td>共 页</td></tr>
<tr><td rowspan="2" colspan="2">底图
总号</td><td></td><td></td><td></td><td></td><td></td><td>审核</td><td></td><td></td><td>第 册</td></tr>
<tr><td></td><td></td><td></td><td></td><td></td><td>标准化</td><td></td><td></td><td>第 页</td></tr>
</table>

故障实例：数码管不显示定时时间。

故障分析：故障可能在 NE555 时基电路、计数显示电路等。

排除故障思路：用波形测试法测 74LS193④脚信号 $\xrightarrow{\text{无}}$ 查 NE555 振荡电路

↓有

查计数显示电路

任务测评

对任务实施的完成情况进行检查，并将结果填入表 3—5—6 所示评分表内。

表 3—5—6　　评分标准

<table>
<tr><td colspan="2">项目配分</td><td>工艺要求</td><td>评分标准</td><td>扣分</td><td>得分</td></tr>
<tr><td rowspan="3">装配</td><td>插件
20 分</td><td>1. 电阻器、二极管水平安装，贴紧印制电路板，色标法电阻器的色环标注顺序一致
2. 电容器垂直安装，高度符合工艺要求
3. 按图装配，元器件的位置、极性正确
4. 散热片安装正确</td><td>1. 元器件安装歪斜、不对称、高度超差、色环电阻器标注方向不一致，每处扣 1 分
2. 错装、漏装，每处扣 5 分</td><td></td><td></td></tr>
<tr><td>焊接
20 分</td><td>1. 焊点光亮、清洁、焊料适量
2. 无漏焊、虚焊、假焊、搭焊、溅锡等现象
3. 焊接后元器件引脚剪脚留头长度小于 1 mm</td><td>1. 焊点不光亮、焊料过多或过少，每处扣 0.5 分
2. 漏焊、虚焊、假焊、搭焊，每处扣 2 分
3. 剪脚留头长度过长，每处扣 0.5 分</td><td></td><td></td></tr>
<tr><td>总装
15 分</td><td>1. 整机装配符合工艺要求
2. 导线连接正确，绝缘恢复良好
3. 不损伤绝缘层和表面涂覆层
4. 变压器固定牢固</td><td>1. 错装、漏装，每处扣 1 分
2. 导线连接错误，每处扣 1 分
3. 绝缘、涂覆不符合要求，扣 1 分
4. 损伤绝缘层和表面涂覆层，每处扣 1 分
5. 紧固件松动，扣 2 分</td><td></td><td></td></tr>
</table>

续表

<table>
<tr><th colspan="2">项目配分</th><th>工艺要求</th><th>评分标准</th><th>扣分</th><th>得分</th></tr>
<tr><td>调试</td><td>调试
30 分</td><td>1. 稳压电源输出电压正常
2. NE555 集成电路脚输出脉冲周期正确
3. 数码管显示正常</td><td>1. 稳压电源输出电压不正常，扣 5 分
2. NE555 集成电路③脚无输出脉冲，扣 5 分
3. 数码管无显示或显示错误，扣 10 分</td><td></td><td></td></tr>
<tr><td rowspan="2">故障排除</td><td>故障判断
5 分</td><td>1. 能够正确观察出故障现象
2. 能够正确分析故障原因，判断故障范围</td><td>1. 故障现象观察错误，每次扣 3 分
2. 故障原因分析错误，每次扣 5 分
3. 故障范围判断过大或过小，每次扣 2 分</td><td></td><td></td></tr>
<tr><td>故障检修
10 分</td><td>1. 检修思路清晰，方法运用得当
2. 检修结果正确
3. 正确使用仪表</td><td>1. 检修思路不清，扣 5 分
2. 检修方法不当，每次扣 3 分
3. 检修结果错误，扣 10 分
4. 仪表使用错误，每次扣 3 分</td><td></td><td></td></tr>
<tr><td colspan="2">安全文明生产</td><td>1. 安全用电，无人为损坏元器件、加工件和设备
2. 保持环境整洁，秩序井然，操作习惯良好</td><td>1. 发生安全事故，扣 10 分
2. 违反文明生产要求，视情况，扣 5～10分</td><td></td><td></td></tr>
<tr><td colspan="4">合计</td><td></td><td></td></tr>
</table>

知识拓展

模拟叮咚门铃电路如图 3—5—3 所示。用 NE555 集成电路接成多谐振荡器，当按下按钮 S1，电源经 D2 对 C3 充电，当集成电路④脚（复位端）电压大于 1V 时，电路振荡，扬声器发出“叮”声。松开按钮 S1，C3 电容器储存的电能经 R4 电阻器放电，但集成电路④脚继续维持高电平而保持振荡，但这时因 R1 电阻器也接入振荡电路，振荡频率变低，使扬声器发出“咚”声。当 C3 电容器上的电能释放一定时间后，集成电路④脚电压低于 1 V，此时电路将停止振荡。再按一次按钮，电路将重复上述过程。C3、R4 放电时间的长短决定了断开 S1 后余音的长短，所以要改变余音的长短可调整 C3、R4 的数值，一般余音不易过长。本电路可采用三节 1.5 V 电池（4.5 V）供电，等待电流约为 3.5 mA，鸣叫电流约为 120 mA。

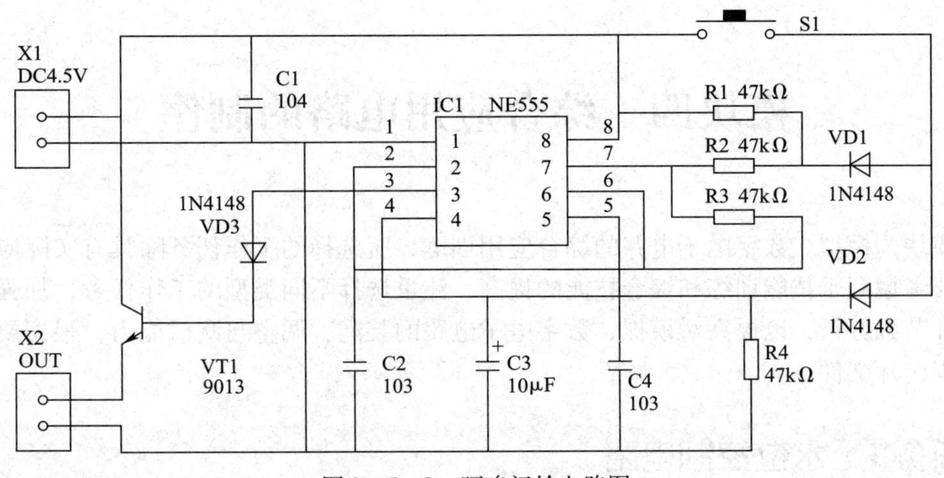

图 3—5—3 叮咚门铃电路图

思考与练习

1. 若时基脉冲为 2 s，定时时间为 14 s，图 3—5—1 电路应怎样改变？

2. 图 3—5—1 定时显示电路的显示为减计数显示，若要改为加计数显示应怎样实现？

3. 若二极管 VD1 接反会出现什么现象？试分析产生此现象的原因。

4. 图 3—5—1 电路延时时间大约为 9 s，且只有一个数码管显示，若定时时基脉冲仍为 1 s，定时时间为 0 ~ 999 s 可调，用三个数码管显示定时时间，则电路怎样设计，试画出电路图，并安装与调试所设计电路。

模块四　综合应用电路的制作

本模块为模拟、数字电子电路的综合应用训练，所选择的工作任务除具有实际应用功能外，主要考虑利于技能训练和综合技能的提高，注重选择不同类型的工作任务，加强了对电路及其环节的分析，以提高对模拟、数字电子电路的装配、调整与测试能力，根据要求编制工艺过程卡片文件。

任务 1　水位控制电路

学习目标

知识目标：

1. 掌握 D 触发器的基本工作原理。
2. 掌握 TLC22749 的工作特性及应用。
3. 理解水位检测过程的工作原理。

能力目标：

1. 能测量电路中关键点的波形。
2. 能正确安装与调试水位控制电路。

任务提出

如图 4—1—1 所示，水池内有两个传感器。当水池水位降到低水位传感器下时，缺水报警器（蜂鸣器）工作，水泵自动启动，水位开始上涨；当水位超过低水位线后，报警器停止工作，水泵继续工作；当水位达到高水位线后，水泵停止工作。随着水的减少，一直到达低水位位置后，此时水池为缺水状态，水泵又自动启动，水位又会再次上涨，依此重复。若因意外导致水位一直在低水位以下，而水泵未工作，则报警声长鸣。

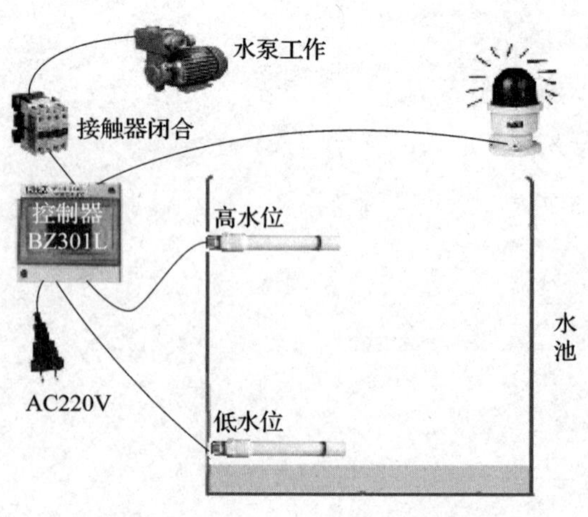

图 4—1—1　水位控制示意图

本任务要求装配与调试水位控制电路，其电路原理如图 4—1—2 所示。通过调节各电位器，利用水位传感器自动检测水位的状态，

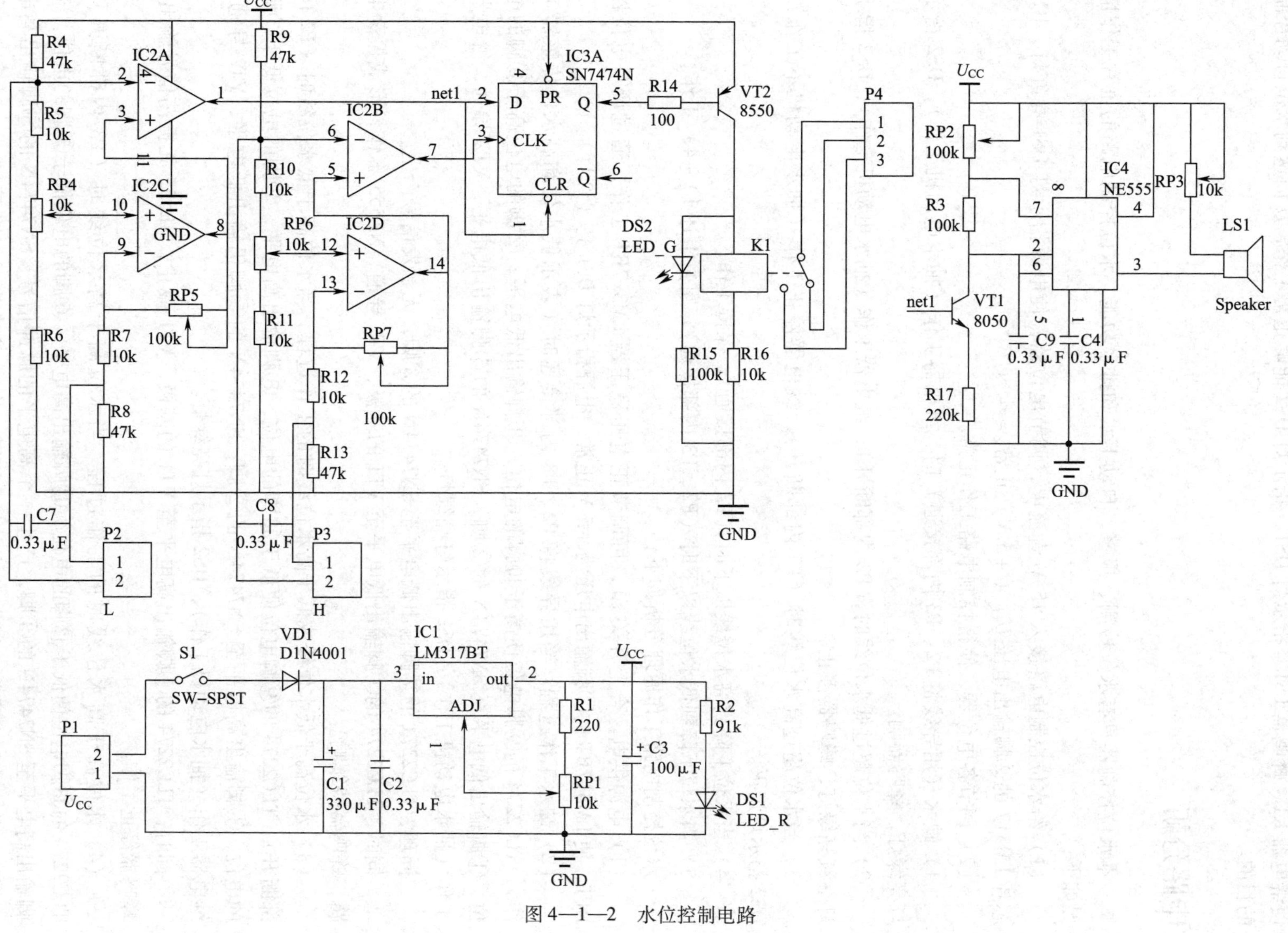

图 4—1—2　水位控制电路

R4 47k
IC2A
R5 10k
RP4 10k
IC2C
GND
RP5
100k
R6 10k
R7 10k
R8 47k
C7
0.33 μF
P2
L
U_{CC}
R9 47k
R10 10k
RP6 10k
R11 10k
IC2B
IC2D
RP7
100k
R12 10k
R13 47k
C8
0.33 μF
P3
H
net1
IC3A
SN7474N
D
PR
Q
CLK
CLR
Q̄
R14
100
VT2
8550
DS2
LED_G
K1
R15 100k
R16 10k
GND
P4
RP2 100k
R3 100k
IC4
NE555
RP3 10k
LS1
Speaker
VT1
8050
C9 0.33 μF
C4 0.33 μF
R17 220k
S1
SW-SPST
VD1
D1N4001
IC1
LM317BT
in
out
ADJ
P1
C1 330 μF
C2 0.33 μF
R1 220
RP1 10k
C3 100 μF
R2 91k
DS1
LED_R

使继电器 K1、蜂鸣器 LS1、指示灯 DS1、指示灯 DS2 能够正常工作，从而达到水位自动控制的目的。

电路分析

本水位控制器具有水位检测、报警、自动上水和排水功能。水位控制电路的正常工作情况如下：

（1）给水位控制电路接入 15 V 直流电，调节电位器，使电源指示灯 DS1 亮红灯，IC1 芯片 LM317 的②脚输出电压 U_{CC}（+5 V）正常。

（2）调节各电位器，使得控制电路工作正常。

1）缺水（用导线将 P2、P3 内部接通）时，继电器工作（抽水电动机工作），DS2 指示灯亮绿灯，蜂鸣器响。

2）当水位超过低水位线时（P2 内部断开），继电器工作（抽水电动机工作），DS2 指示灯继续亮绿灯，蜂鸣器停止。

3）当水位超过高水位线时（P3 内部断开），继电器停止工作（抽水电动机不工作），DS2 指示灯熄灭。

4）当水位下降到高水位线以下时（P3 内部接通），保持工作。

5）当水位下降到低水位线以下时（P2、P3 内部接通），重复上述 1）~4）工作。

水位控制电路工作原理分析如下：

（1）电源供电。合上开关 S1，可调节正电压稳压器 LM317BT 工作，通过调节电位器 RP1，使 LM317BT 的②脚输出电压为 +5 V 正常，电源指示灯 DS1 亮（红灯）。

（2）缺水工作过程。当用导线将 P2、P3 内部接通时（表示低水位和高水位传感器工作），TLC2274 的⑨脚电位便高于⑩脚的电位，⑧脚输出低电平，②脚的电位高于③脚的电位，①脚输出低电平至 SN7474N 的②脚，SN7474N 的⑤脚输出低电平，VT2 导通，继电器工作（抽水电动机工作），DS2 指示灯亮绿灯。

同理，TLC2274 的⑦脚输出低电平至 SN7474N 的③脚，无触发信号产生。

同时，TLC2274 的①脚输出低电平至 VT1 的基极，VT1 导通，NE555 工作，形成振荡电路，蜂鸣器持续响。

（3）水位高于低水位线或低于高水位线时的工作过程。当水位高于低水位线时（P2 内部断开），TLC2274 的⑨脚电位便低于⑩脚的电位，⑧脚输出高电平，②脚的电位低于③脚的电位，①脚输出高电平至 SN7474N 的②脚，SN7474N 的⑤脚仍输出低电平，VT2 导通，继电器工作（抽水电动机工作），DS2 指示灯亮绿灯。

同时，TLC2274 的①脚输出高电平至 VT1 的基极，VT1 截止，NE555 无振荡信号输出，蜂鸣器停止工作。

（4）水位高于高水位线时的工作过程。当水位高于高水位线时（P3 内部断开），TLC2274 的⑬脚电位便低于⑫脚的电位，⑭脚输出高电平，⑥脚的电位低于⑤脚的电位，⑦脚输出高电平至 SN7474N 的③脚，产生一个高电平的脉冲信号，SN7474N 的⑤脚输出高电平，VT2 截止，继电器停止工作（抽水电动机不工作），DS2 指示灯熄灭。

相关知识

一、D 触发器 SN7474N 概述

1. D 触发器工作原理

D 触发器的逻辑图和逻辑符号如图 4—1—3 所示。$\overline{S_D}$和$\overline{R_D}$接至基本 RS 触发器的输入端，它们分别是预置端和清零端，低电平有效。当$\overline{S_D}=1$ 且$\overline{R_D}=0$ 时，不论输入端 D 为何种状态，都会使 Q=0，Q=1，即触发器置 0；当$\overline{S_D}=0$ 且$\overline{R_D}=1$ 时，Q=1，$\overline{Q}=0$，触发器置 1，$\overline{S_D}$和$\overline{R_D}$通常又称为直接置 1 端和置 0 端。下面设它们均已加入了高电平，不影响电路的工作。其工作过程如下：

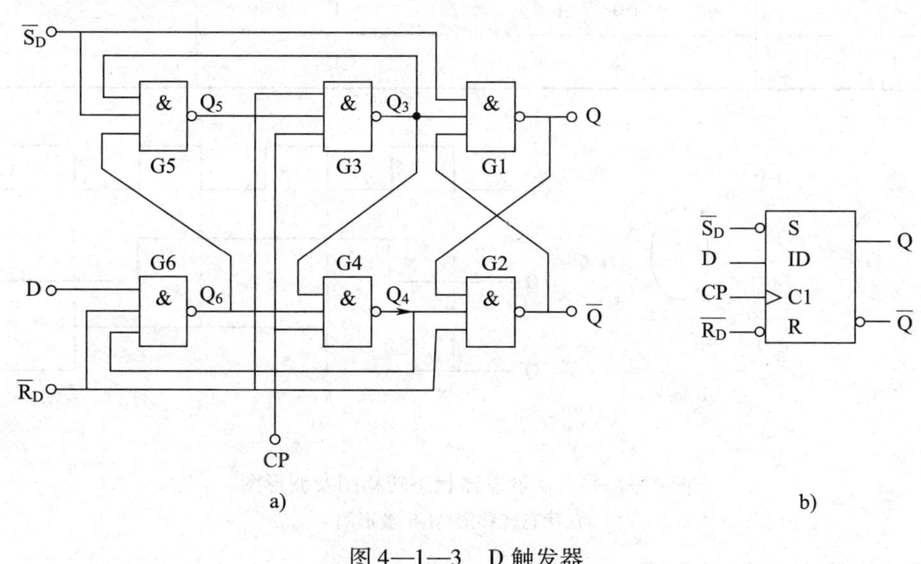

图 4—1—3　D 触发器

a）逻辑图　b）逻辑符号

（1）CP=0 时，与非门 G3 和 G4 封锁，其输出 $Q_3=Q_4=1$，触发器的状态不变。同时，由于 Q_3至 Q_5和 Q_4至 Q_6的反馈信号将这两个门打开，因此可接收输入信号 D，$Q_5=\overline{D}$，$Q_6=\overline{Q_5}=D$。

（2）当 CP 由 0 变 1 时，触发器翻转。这时，G3 和 G4 打开，它们的输入 Q_3和 Q_4的状态由 G5 和 G6 的输出状态决定。$Q_3=Q_5=\overline{D}$，$Q_4=Q_6=D$。由基本 RS 触发器的逻辑功能可知，Q=D。

（3）触发器翻转后，在 CP=1 时输入信号被封锁。这是因为 G3 和 G4 打开后，它们的输出 Q_3和 Q_4的状态是互补的，即必定有一个是 0。若 Q_3为 0，则经 G3 输出至 G5 输入的反馈线将 G5 封锁，即封锁了 D 通往基本 RS 触发器的路径；该反馈线起到了使触发器维持在 0 状态和阻止触发器变为 1 状态的作用，故该反馈线称为置 0 维持线，置 1 阻塞线。当 Q_4为 0 时，将 G3 和 G6 封锁，D 端通往基本 RS 触发器的路径也被封锁。G4 输出端至 G6 输入的反馈线起到使触发器维持在 1 状态的作用，称为置 1 维持线；G4 输出至 G3 输入的反馈线起到

阻止触发器置 0 的作用，称为置 0 阻塞线。因此，该触发器常称为维持—阻塞触发器。总之，该触发器是在 CP 正跳沿前接收输入信号，正跳沿时触发翻转，正跳沿后输入即被封锁，3 步都是在正跳沿后完成，所以有边沿触发器之称。与主从触发器相比，同工艺的边沿触发器具有更强的抗干扰能力和更高的工作速度。

D 触发器的状态转移真值表见表 4—1—1，其状态转移图及波形如图 4—1—4 所示。

表 4—1—1　　D 触发器的状态转移真值表

D	Q'	Q'^{+1}	说明
0	0	0	输出状态与 D 端状态相同
0	1	0	
1	0	1	
1	1	1	

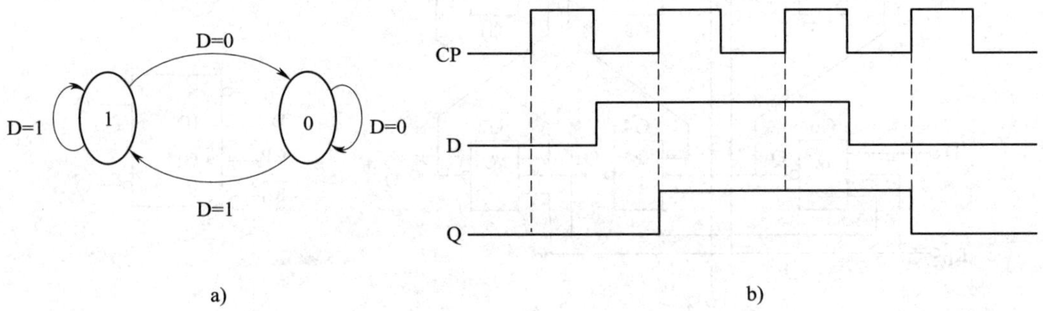

a)　　b)

图 4—1—4　D 触发器状态转移图及波形图

a）状态转移图　b）波形图

2. 集成电路 SN7474N 概述

集成电路 SN7474N 是双 D 型正沿触发器（带预置端和清除端）。其实物、管脚如图 4—1—5所示，其状态转移真值表见表 4—1—2。

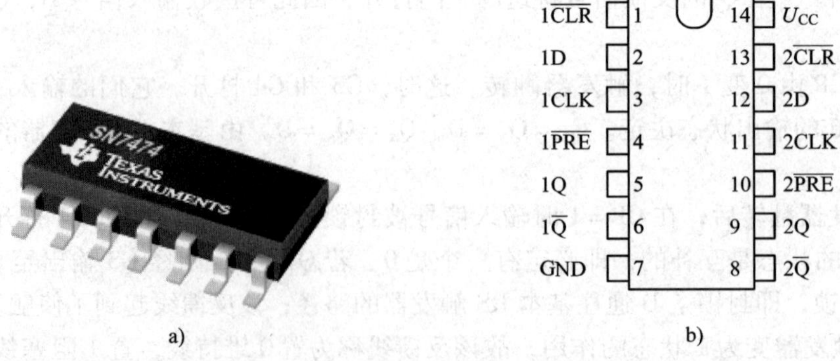

a)　b)

图 4—1—5　SN7474N

a）实物图　b）管脚图

表 4—1—2　　SN7474N 状态转移真值表

输入				输出	
$\overline{PRE}$	$\overline{CLR}$	CLK	D	Q	$\overline{Q}$
L	H	X	X	H	L
H	L	X	X	L	H
L	L	X	X	H↑	H↑
H	H	↑	H	H	L
H	H	↑	L	L	H
H	H	L	X	Q_0	$\overline{Q_0}$

二、集成电路 TLC2274 概述

TLC2274 是采用先进的 LinCMOS 工艺制造的满电源输出幅度四运算放大器，它具有较现存 CMOS 运放更好的噪声、输入失调电压和功耗性能。另外，其共模输入电压范围宽于典型的标准 CMOS 运放。

呈现高输入阻抗和低噪声的 TLC2274，对于像压电传感器之类的小信号条件高阻抗源是极其优良的。另外，单电源或分离电源的满电源输出特性使这些器件对于单极或双极工作方式的 ADC 输入都极其合适。这些特性连同其温度性能一起，使 TLC2274 系列对于声纳、压力传感器、温度控制、有源 VR 传感器、加速度表及许多其他应用都是理想器件。

TLC2274 的封装形式有塑封 14 引线双列直插式和贴片式两种，如图 4—1—6 所示。

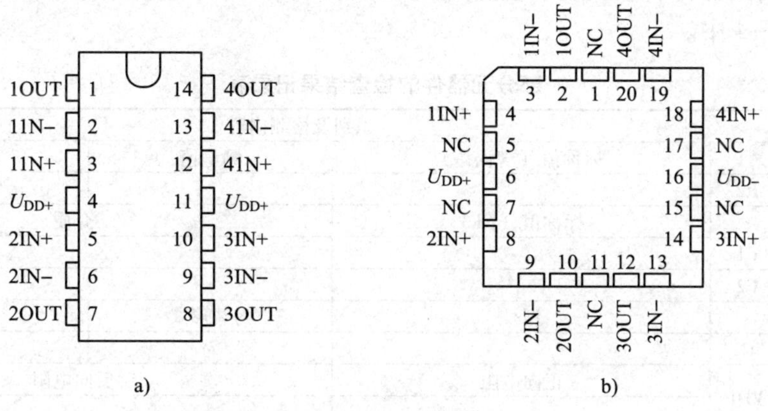

图 4—1—6　TLC2274 的封装形式

a）双列直插式　b）贴片式

任务实施

一、工具、器材的准备

1. 工具及仪器

电子焊接工具一套；万用表一块；示波器一台。

2. 元器件明细表

本任务电路的元器件明细表见表 4—1—3。

表 4—1—3　　　　元器件明细表

代号	名称	规格	代号	名称	规格
C1	电解电容器	330 μF/50 V	R3	电阻	100 kΩ
C2	电解电容器	0.33 μF	R4	电阻	47 kΩ
C3	电解电容器	100 μF/50 V	R5 ~ R7	电阻	10 kΩ
C4	电解电容器	0.33 μF	R8 ~ R9	电阻	47 kΩ
C7 ~ C9	电解电容器	0.33 μF	R10 ~ R12	电阻	10 kΩ
VD1	二极管	D1N4001	R13	电阻	47 kΩ
DS1	发光二极管	LED_R	R14 ~ R15	电阻	100 Ω
DS2	发光二极管	LED_G	R16	电阻	10 Ω
K1	继电器	SPDT - 5 V	R17	电阻	220 Ω
LS1	蜂鸣器	Speaker	RP1、RP3、RP4、RP6	电位器	10 kΩ
P1	接线端子	U_{CC}	RP2、RP5、RP7	电位器	100 kΩ
P2	接线端子	L	S1	开关	SW - SPST
P3	接线端子	H	IC1	三端集成稳压器	LM317BT
P4	接线端子	M	IC2	运算放大器	TLC2274
VT1	三极管	8 050	IC3	D 触发器	SN7474N
VT2	三极管	8 550	配 IC3	IC 插座	DIP14
R1	电阻	220 Ω	IC4	时基集成电路	NE555
R2	电阻	91 Ω	配 IC4	IC 插座	DIP8

3. 元器件检测

根据给出的元器件明细表逐一检查测试元器件的参数与好坏，并将部分元器件的检测结果填入表 4—1—4 中。

表 4—1—4　　　　部分元器件的检查结果记录表

元器件		识别及检测内容		
电阻器		标称值（含误差）	测量值	测量挡位
	R2			
电容器		标称值（μF）	介质	
	C1			
	C2			
集成电路		型号	封装形式	引脚图
	IC2			
二极管	VD1	正向电阻	反向电阻	
可变电阻		测量值（最大值）	测量值（最小值）	
	RP1			

二、电路装配

1. 印制电路板的安装

（1）元件成型与安装。本课题电路因元件较多，元件应按电阻、二极管、微调电位器、电解电容器、三端集成稳压电路、集成电路的顺序进行安装。

（2）印制电路板装配工艺要求

1）电阻、二极管均采用水平式安装，要求贴近电路板，电阻的色环方向应一致，二极管的标志方向应正确。

2）三端集成稳压电路采用直立式安装，管底面离电路板（6±2）mm。电容器采用直立式安装，管底面离电路板不大于4 mm。

3）装配微调电位器时，应将引脚插到底，不能倾斜，三只引脚均要焊牢。

4）所有插入焊盘孔的元器件引线及导线均采用直脚焊形式，剪脚留头在焊面以上0.5～1 mm。

5）LM317BT应先用螺钉固定在散热片上，再焊接在印制板上。

2. 贴片元件焊接方法

（1）在焊接之前先在焊盘上涂抹助焊剂，用烙铁赴理一遍，以使焊盘镀锡良好。

（2）焊接贴片阻容元件时，可以先在一个焊点上镀上锡，然后用镊子拾取元件放上元件的一头，镊子夹持元件的同时，焊接上镀锡的这一头，再看看是否放正了。如放置到位正确，最后再焊接另一端；若不正，重新进行焊接。

（3）焊接IC芯片时，用镊子小心地将芯片放到PCB上，使其与焊盘对齐，且要保证芯片的放置方向正确。用工具按住芯片，烙铁头蘸上少量的焊锡，焊接两个对角位置上的引脚，使芯片固定而不能移动。然后重新检查芯片的位置是否正确良好，如有问题，可进行调整或拆除并重新对准再次焊接。

（4）在位置正确的情况下，再焊接另外两个对角，最后依次焊接其余引脚。在焊接这些引脚前，应先涂助焊剂，再焊接。焊接时要保持烙铁尖与被焊引脚并行，防止因焊锡过量发生搭接。

（5）焊接完所有引脚后，用助焊剂浸润所有引脚以便清洗焊锡。最后检查是否有漏焊、虚焊及搭锡现象，并对应地进行补焊处理。

3. 自检

在未通电情况下，用万用表在路电阻测量法对装配好的电路板进行检测。

三、电路调试与测试

1. 元件安装完毕后，要进行检查，确认无误方可通电调试。

2. 测试电路的波形。

用示波器测量NE555第②、第⑥脚和第③脚波形数据，并将其记录在表4—1—5中。

表4—1—5　　　　波形图

“②”或“⑥”脚波形		“③”脚波形	
频率		频率	
幅度		幅度	

3．测试电路的功能

（1）缺水（用导线将 P2、P3 内部接通）时，继电器工作（抽水电动机工作），DS2 指示灯亮绿灯，蜂鸣器响。

（2）当水位超过低水位线时（P2 内部断开），继电器工作（抽水电动机工作），DS2 指示灯继续亮绿灯，蜂鸣器停止。

（3）当水位超过高水位线时（P3 内部断开），继电器停止工作（抽水电动机不工作），DS2 指示灯熄灭。

（4）当水位下降到高水位线以下时（P3 内部接通），保持工作。

（5）当水位下降到低水位线以下时（P2、P3 内部接通），重复上述（1）~（4）工作。

四、装配工艺过程卡片编制

根据装配工艺过程卡片指定的元器件，完成表 4—1—6 所示装配工艺过程卡片的编制。

1．请把表 4—1—6 中的“序号”列出的各元器件，在“以上各元器件”插装顺序是：一栏中编制插装顺序（可归类处理）。

2．根据表 4—1—6 中的“图样”，在“工艺要求”一列中的空格里填写工艺要求。

表 4—1—6　　装配工艺过程卡片

装配工艺过程卡片					工序名称	产品图号
序号	代号	装入件及插装材料 代号、名称、规格		数量	工艺要求	工装名称
		名称	规格			
1	C1	电解电容器	330 μF/50 V	1		
2	C3	电解电容器	100 μF/50 V	1		
3	R1、R17	贴片电阻器	220	2		
4	R2	贴片电阻器	91	1		
5	R3	贴片电阻器	100 kΩ	1		
6	R4、R8、R9、R13	贴片电阻器	47 kΩ	4		
7	R5、R6、R7、R10、R11、R12	贴片电阻器	10 kΩ	6		镊子、剪刀、电烙铁等常用装配工具
8	R14、R15	贴片电阻器	100	2		
9	R16	贴片电阻器	10	1		
10	IC1	三端集成稳压器	LM317BT	1		
11	IC2	集成运放器	TLC2274	1		
12	IC3	双 D 触发器	SN7474N	1		
13	IC4	555 定时器	NE555	1		
14	以上各元器件插装顺序是：					

续表

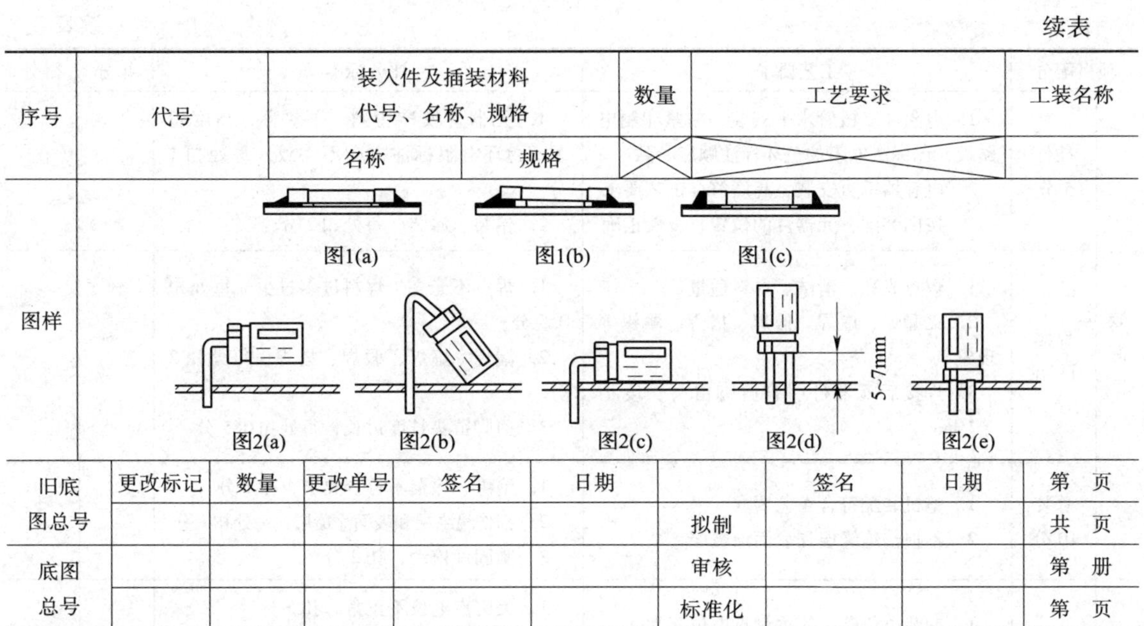

序号	代号	装入件及插装材料代号、名称、规格		数量	工艺要求	工装名称
		名称	规格			
图样	图1(a) 图1(b) 图1(c) 5~7mm 图2(a) 图2(b) 图2(c) 图2(d) 图2(e)					

旧底图总号	更改标记	数量	更改单号	签名	日期		签名	日期	第 页
						拟制			共 页
底图总号						审核			第 册
						标准化			第 页

在水位控制电路的装配与调试过程中，可能会遇到如下问题。

问题：当水位下降到低水位线以下时，蜂鸣器不工作。

解决方案：故障可能在运算放大电路、触发电路等。

查 TLC2274 的 8 脚电位 —高电平→ 检查 TLC2274 的好坏或 P2 内部是否接通

↓低电平

查 TLC2274 的 1 脚电位 —高电平→ 检查 TLC2274 的好坏

↓低电平

查 NE555 触发电路

任务测评

对任务实施的完成情况进行检查，并将结果填入表 4—1—7 中。

表 4—1—7　　评分标准

项目配分		工艺要求	评分标准	扣分	得分
元器件筛选与测试	筛选与测试 15 分	1. 准确清点和检查全套装配材料数量和质量 2. 元器件的识别和筛选 3. 检测元器件，填写检测数据	1. 电阻 R2、电位器 RP1 检测错误，每处扣 1 分 2. 电容器 C1 检测错误，每处扣 1 分 3. 集成电路 IC2 检测错误，每处扣 1 分 4. 二极管 VD1 检测错误，每处扣 1 分 5. 元器件识别、筛选错误，每处扣 1 分		

续表

项目配分		工艺要求	评分标准	扣分	得分
装配	插件 5分	1. 电阻、二极管水平安装，贴紧印制电路板，色标法电阻的色环标注顺序一致 2. 电容器垂直安装，高度符合工艺要求 3. 按图装配，元器件的位置、极性正确	1. 元器件安装歪斜、不对称、高度超差、色环电阻标注方向不一致，每处扣1分 2. 错装、漏装，每处扣2分		
	焊接 15分	1. 焊点光亮、清洁、焊料适量 2. 无漏焊、虚焊、假焊、搭焊、溅锡等现象 3. 焊接后元器件引脚剪脚留头长度小于1 mm	1. 焊点不光亮、焊料过多过少，每处扣0.5分 2. 漏焊、虚焊、假焊、搭焊，每处扣2分 3. 剪脚留头长度过长，每处扣0.5分		
	总装 10分	1. 整机装配符合工艺要求 2. 不损伤绝缘层和表面涂覆层	1. 绝缘、涂覆不符合要求，扣1分 2. 损伤绝缘层和表面涂覆层，每处扣1分 3. 紧固件松动，扣2分		
调试	调试 40分	1. 调节电位器，使关键点电位正常 2. 继电器K1、蜂鸣器LS1、指示灯DS1、指示灯DS2在水位处于各种状态下能正常工作 3. 用示波器观察规定点的波形正常、计算数据准确	1. 关键点电位不正常，扣5分 2. 继电器K1工作不正常，扣5分 3. 蜂鸣器LS1工作不正常，扣5分 4. 指示灯DS1、DS2工作不正常，每处扣5分 5. NE555第2或6脚、3脚波形图错误，每处扣2分，频率和幅值错误每处扣1分		
故障排除	故障判断 5分	1. 能够正确观察出故障现象 2. 能够正确分析故障原因，判断故障范围	1. 故障现象观察错误，每次扣3分 2. 故障原因分析错误，每次扣5分 3. 故障范围判断过大或过小，每次扣2分		
	故障检修 10分	1. 检修思路清晰，方法运用得当 2. 检修结果正确 3. 正确使用仪表	1. 检修思路不清，扣5分 2. 检修方法不当，每次扣3分 3. 检修结果错误，扣10分 4. 仪表使用错误，每次扣3分		
安全文明生产		1. 安全用电，无人为损坏元器件、加工件和设备 2. 保持环境整洁，秩序井然，操作习惯良好	1. 发生安全事故，扣10分 2. 违反文明生产要求，视情况，扣5~10分		
合计					

知识拓展

LC－SW1型水位传感器由全密封隔离膜充油传感器和内置高性能微处理器构成，可对传感器的非线性、温度漂移等进行全范围内的数字化修正处理，并有HART通信协议输出和模拟输出。具有精度高、稳定性极好等特点，可实现现场诊断过程双向通信，可应用于城市供电、水利水电、冶金、石化等方面。LC－SW1 型水位传感器实物如图 4—1—7 所示。

图 4—1—7　LC－SW1 型水位传感器实物图

容器内的水位传感器，将感受到的水位信号传送到控制器，控制器内的计算机将实测的水位信号与设定信号进行比较，得出偏差，然后根据偏差的性质，向给水电动阀发出“开”“关”的指令，保证容器达到设定水位。当进水程序完成后，温控部分的计算机向供给热媒的电动阀发出“开”的指令，于是系统开始对容器内的水进行加热。到设定温度时，控制器才发出关阀的命令、切断热源，系统进入保温状态。在程序编制过程中，应确保系统在没有达到安全水位的情况下，控制热源的电动调节阀不开阀，从而避免热量的损失与事故的发生。

水位传感器主要技术参数见表 4—1—8。

表 4—1—8　　水位传感器主要技术参数

量程范围	0～1、2、5、10、30～200 m
测量精度	±0.075%F.S、±0.1%F.S、±0.2%F.S
过载压力	两倍满量程
测量介质	与 304 不锈钢兼容的气体、液体
输出信号	模拟量：4～20 mA　0～10 mA 二线制 模拟量：1～5 VDC　0～5 VDC 三线制 数字量：采用 HART 通信协议，实现数字信号传送及双向通信
稳定性	≤±0.2%F.S/年
响应时间	≤1 ms
负载电阻	$R=(U-12.5)/0.02-R_D$ 其中：U 为电源电压，R_D 为电缆内阻
膜片材料	316L 不锈钢
壳体材料	304
压力接口	投入式
供电电压	12～36 VDC（标定值为 24 VDC）
补偿温度	－10～＋70℃
介质温度	－20～＋85℃
储存温度	－40～＋125℃
使用寿命	＞1×108 压力循环（25℃）

续表

电气连接	电缆出线、接线端子
防爆等级	ExiaIICT6
防护等级	IP67
电缆长度	标准 10 m

思考与练习

一、填空题（请将正确答案填在横线空白处）

1. LM317BT 工作时的输出电压在____________之间可调。

2. 当 D 触发器的 $S_D=1$ 且 $R_D=0$ 时，不论输入端 D 为何种状态，都会使 Q = ________，$\overline{Q}$ = ________，即触发器置____________。

二、思考题

1. 当水位高于低水位线，低于高水位线时，画出 NE555 的 3 脚输出的波形。

2. 试分析当水位高于低水位线，低于高水位线时的电路工作原理。

任务 2　物体流量计数器

学习目标

知识目标：

1. 掌握红外发射/接收电路的工作原理。
2. 理解计数显示电路的工作过程。

能力目标：

1. 会分析红外发射/接收电路的工作过程。
2. 能测量电路中关键点的波形。
3. 能正确安装与调试物体流量计数器电路。

任务提出

某生产车间产量不断扩大，在生产过程中遇到一个问题，正常情况下一个大袋里要装入 10 小包物料，但因为人为疏忽有时导致物料出现漏装或多装现象，为了解决这个问题，技术人员设计出了一个物料自动打包系统，它由物流计数器和机械打包设备组成。

本任务要求装配与调试物体流量计数器电路，其电路原理如图 4—2—1 所示，实现系统检测、计数、显示、启动封箱等功能，从而达到物体流量自动检测的目的，以避免人为的漏装或多装现象。

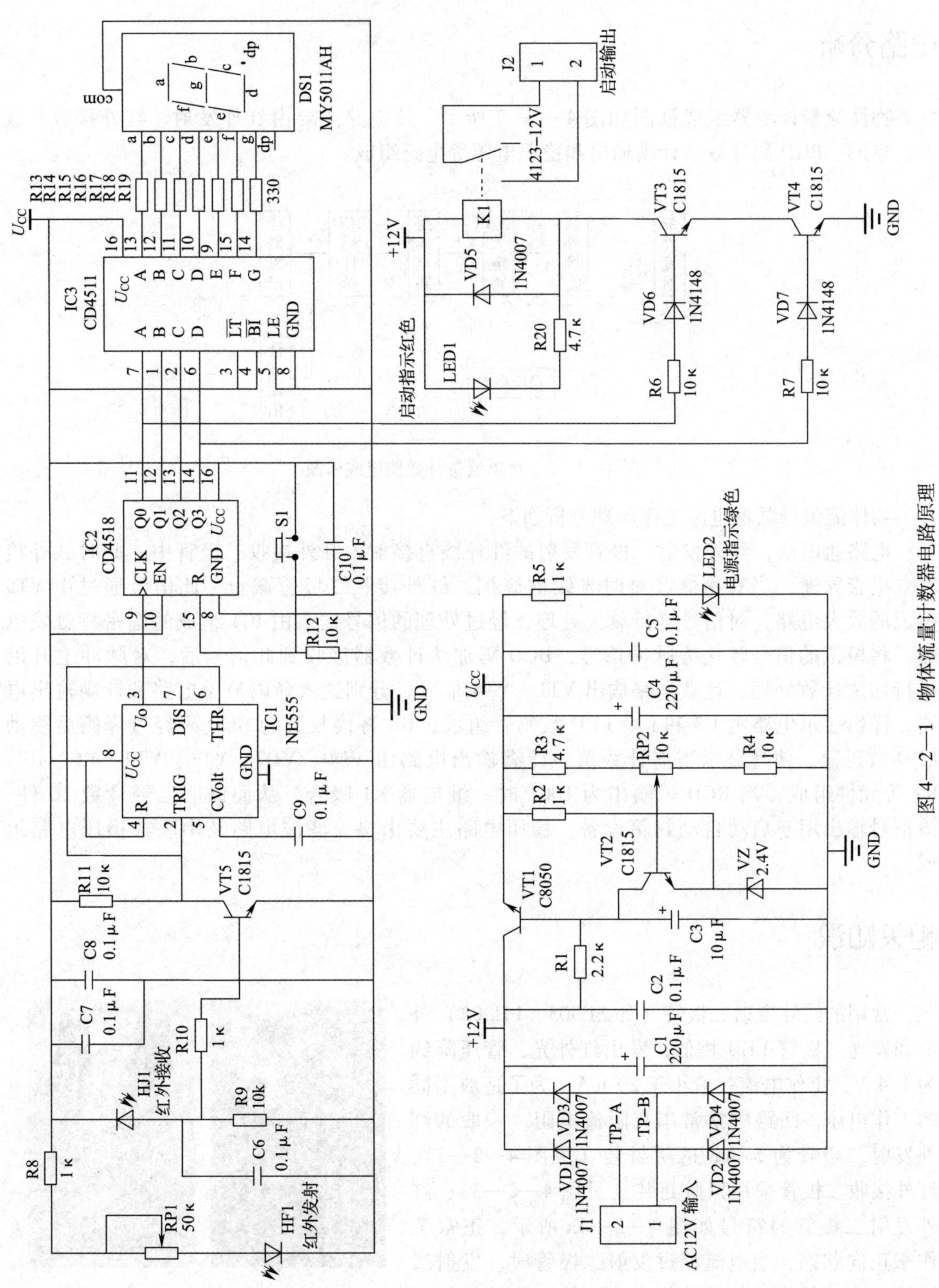

图4—2—1 物体流量计数器电路原理

电路分析

物体流量计数器组成框图如图4—2—2所示，该电路主要由红外发射、红外接收、放大、整形、BCD码计数、计满输出和稳压电源等电路组成。

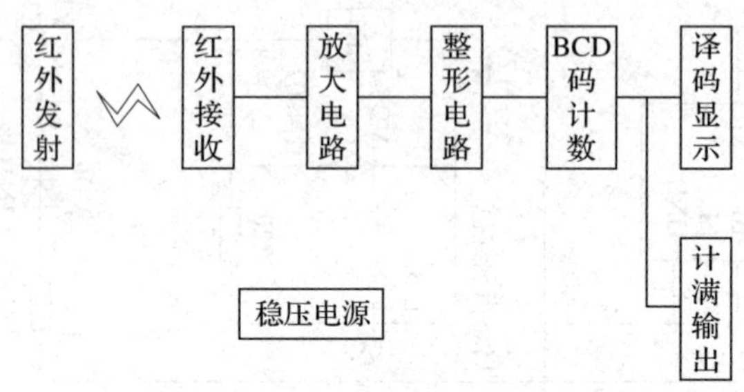

图4—2—2　物体流量计数器组成框图

物体流量计数器电路工作原理分析如下：

电路通电后，红外发射二极管发射的红外线直接射入红外接收二极管中，此时红外接收二极管导通，当有物体经过时光线被遮挡，红外接收二极管截止，此信号通过由VT5组成的放大电路，对信号进行放大处理，经过处理的信号送入由IC1组成的施密特触发电路，将模拟的信号转化为脉冲信号，BCD码加法计数器接收到此信号后，对脉冲上升沿进行加法计数处理，计数电路输出VT1～VT4信号，分别送入译码显示电路和计满输出电路，译码显示电路由U3和t段LED数码管组成，U3将接收到的BCD码经过译码后驱动LED数码管，使其显示当前计数值。计满输出电路由VD6、VD7、VT3、VT4、R6、R7、K1等元件组成，当BCD码输出为1001时，继电器K1吸合，从而证明已经计数10件，该信号输出用于启动自动封箱设备。稳压电路主要由整流滤波电路及串联式稳压电路组成。

相关知识

常用的红外发射二极管（如SE303、PH303）外形和发光二极管LED相似，发出红外光，管压降约为1.4 V，工作电流一般小于20 mA。为了适应不同的工作电压，回路中常常串有限流电阻。一般的红外发射二极管为5 mm透明封装（见图4—2—3），红外接收二极管采用黑胶封装（见图4—2—3），红外发射二极管的符号如图4—2—4a所示，正常工作于正向状态，当电流流过发射二极管时，发射二极管发出红外线；红外接收二极管的电路符号如图

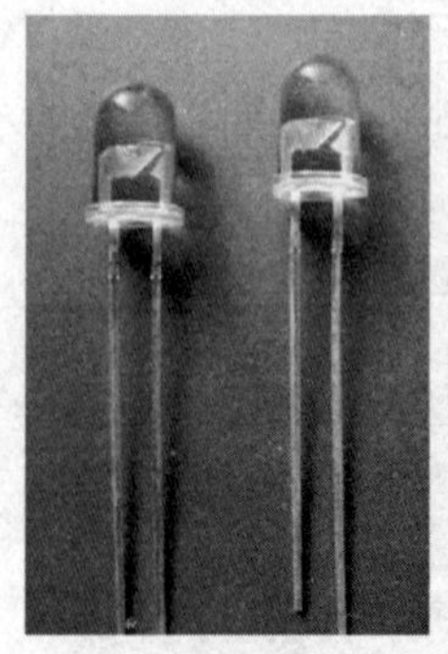
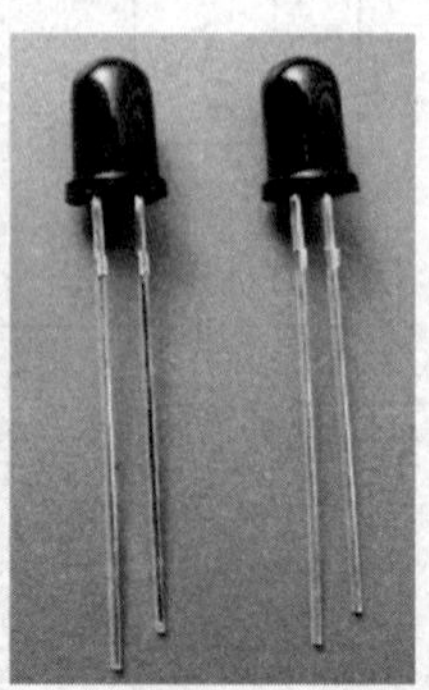

图4—2—3　红外发射/接收二极管实物图

4—2—4b 所示，工作于反向状态，当未接收到红外信号时，接收二极管呈高阻状态；当接收到红外信号时，接收二极管的电阻减小。

a)　　b)

图 4—2—4　红外发射/接收二极管图形符号
a）红外发射　b）红外接收

任务实施

一、工具、器材的准备

1. 工具及仪器

电子焊接工具一套；万用表一块；示波器一台。

2. 元器件明细表

本任务电路的元器件明细表见表 4—2—3。

表 4—2—1　　元器件明细表

代号	名称	规格	代号	名称	规格
C1、C4	电解电容	220 μF/10 V	R2、R5、R8、R10	直插电阻	1 kΩ
C2、C5、C6、C10	贴片电容	0. 1 μF	R3	直插电阻	4. 7 kΩ
C3	电解电容	10 μF/50 V	R4、R6、R7、R9、R11、R12	直插电阻	10 kΩ
C7、C8、C9	瓷片电容	0. 1 μF	R13、R14、R15、R16、R17、R18、R19	贴片电阻	300 ~ 470 kΩ
VD1、VD2、VD3、VD4、VD5	二极管	1N4007	R20	贴片电阻	4. 7 kΩ
VD6、VD7	二极管	1N4148	RP1	蓝白可调电阻	50 kΩ
DS1	共阴数码管	MY5011AH	RP2	蓝白可调电阻	10 kΩ
HF1	红外发射二极管	5 mm	S1	微动开关	SW2
HJ1	红外接收二极管	5 mm	TP－A、TP－B	单排针	TP
J1、J2	接线端子	AC12V	IC1	集成电路	NE555
K1	继电器	DC12V	IC2	集成电路	CD4518
LED1	发光二极管	红色	IC3	集成电路	CD4511
LED2	发光二极管	绿色	配 IC2、IC3	16P IC 座	DIP16
VT1	三极管	C8050	配 IC1	8P IC 座	DIP8
VT2、VT3、VT4、VT5	三极管	C1815	VZ	稳压二极管	2. 4 V
R1	直插电阻	2. 2 kΩ			

3. 元器件检测

根据给出的元器件明细表逐一检查测试元器件的参数与好坏，并将部分元器件的检测结果填入表 4—2—2 中。

表 4—2—2　　　　　　　　　　部分元器件检查结果记录

<table>
<tr><td colspan="2">元器件</td><td colspan="4">识别及检测内容</td></tr>
<tr><td rowspan="2">电阻器</td><td rowspan="2">R9</td><td colspan="2">标称值（含误差）</td><td>测量值</td><td>测量挡位</td></tr>
<tr><td colspan="2"></td><td></td><td></td></tr>
<tr><td rowspan="2">电容器</td><td rowspan="2">C1</td><td colspan="2">标称值（含误差）</td><td>介质</td><td>质量判定</td></tr>
<tr><td colspan="2"></td><td></td><td></td></tr>
<tr><td rowspan="2">二极管</td><td rowspan="2">VD2</td><td>正向电阻</td><td>反向电阻</td><td>测量挡位</td><td>质量判定</td></tr>
<tr><td></td><td></td><td></td><td></td></tr>
<tr><td rowspan="2">三极管</td><td rowspan="2">VT3</td><td colspan="2">画外形示意图并标出管脚名称</td><td>电路符号</td><td>质量判定</td></tr>
<tr><td colspan="2"></td><td></td><td></td></tr>
<tr><td rowspan="2">可调电阻</td><td rowspan="2">RP1</td><td colspan="2">画外形示意图并标出管脚名称</td><td>电路符号</td><td>质量判定</td></tr>
<tr><td colspan="2"></td><td></td><td></td></tr>
<tr><td rowspan="2">继电器</td><td rowspan="2">K1</td><td colspan="2">画外形示意图并标出管脚名称</td><td>电路符号</td><td>质量判定</td></tr>
<tr><td colspan="2"></td><td></td><td></td></tr>
<tr><td rowspan="2">数码管</td><td rowspan="2">DS1</td><td colspan="2">画外形示意图并标出管脚名称</td><td>电路符号</td><td>质量判定</td></tr>
<tr><td colspan="2"></td><td></td><td></td></tr>
</table>

二、电路装配

1. 印制电路板的安装

（1）元件成型与安装。本课题电路因元件较多，元件应按电阻、二极管、三极管、微调电位器、瓷片电容、电解电容器、集成电路、数码管的顺序进行安装。

（2）印制电路板装配工艺要求

1）电阻、二极管均采用水平式安装，要求贴近电路板，电阻的色环方向应一致，二极管的标志方向应正确。贴片电阻应使用尖头铬铁，用镊子夹住放在指定的焊盘上焊接，切勿连焊。

2）电容器采用直立式安装，管底面离电路板不大于 4 mm。

3）在装配微调电位器时，应将引脚插到底，不能倾斜，且三只引脚均要焊牢。

4）所有插入焊盘孔的元器件引线及导线均应采用直脚焊形式，剪脚留头在焊面以上 0. 5 ~ 1 mm。

5）红外发射管和接收管采用卧式安装，管头相对，间距 5 mm。

2. 自检

在未通电情况下，用万用表在路电阻测量法对装配好的电路板进行检测。

三、电路调试与测试

1. 元件安装完毕后，要进行检查，确认无误方可通电调试。

2. 测试电路的波形。

用示波器测量 NE555 第②、第⑥脚和第③脚波形数据，并将其记录在表 4—2—3 中。

表 4—2—3　　波形图

“②”或“⑥”脚波形		“③”脚波形	
频率		频率	
幅度		幅度	

3. 测试电路的功能

检查无误后用万用表测量电源输入端是否有短路，若是一切正常方可根据下面的程序进行调试。

调试步骤如下：电源电路→红外发射/接收电路→计数显示电路→计满输出电路。

（1）电源电路。电源主要由整流滤波电路、串联式稳压电路组成，电路输入的 AC 12 V 交流电经过整流滤波后得到一个约 15 V DC 的直流电压，串联式稳压电路主要由 VT1、VT2、VZ、R1、R2、R3、R4、RP2 和 C3 组成。R2 和 VZ 构成一个基准电压，R3、R4 和 RP2 组成取样电路，两路信号送入由 VT2 组成的误差放大电路，然后再将误差信号送入由 VT1 和 R1 组成的电压调整电路，C3 与电压调整电路组成有源滤波电路，能有效地抑制电路中的纹波电压。将电源输入端接入 AC 12 V 的电源，调节 RP2 使电容 C4 两端电压为 DC 5 V，DC 5 V 正常后电源电路调试完成。

（2）红外发射/接收电路。将发射二极管的管头对准接收二极管的管头，管头与管头的间距应不低于 5 mm，发射和接收二极管均须卧式安装，但不能将发射/接收二极管贴着 PCB 安装，且间距应不小于 5 mm。调节 RPl 使流过发射二极管的电流为 1 mA，此时若接收二极管接收到红外线，VT5 集电极电压下降，用万用表的电压挡监测 VT5 的集电极电压，然后用纸或其他障碍物挡住发射二极管，测试 VT5 的集电极电压是否有明显变化，若有明显的电压变化，则表明红外发射/接收电路调试完成。

（3）计数显示电路。计数显示电路由施密特触发电路、二/十进制计数电路、译码驱动电路和数码管显示电路组成。VT5 集电极输出的电压信号送入由 NE555 组成的施密特触发电路，经过施密特输出电路后，VT5 集电极输出的电压信号被转化为数字信号。当发射二极管未被挡住时，NE555 的 OUT 引脚输出为 1；反之，输出为 0。NE555 输出的信号送入由 CD4518 组成的二/十进制计数电路，S1 为归零按键，由 C10 和 R12 组成复位电路，确保电路通电时计数器归零；计数器每收到一个脉冲上升沿计数器加 1，当计数器已为 9 时（1001），再收到一个脉冲上升沿后计数器归零。由 CD4511 和数码管 DS1 组成译码显示电路，CD4518 输出的 BCD 码送入 CD4511，CD4511 将 BCD 码译码后，直接驱动数码管 DS1 显示数字。

（4）计满输出电路。当 CD4518 计数值为 9 时（1001），三极管 VT3、VT4 同时导通，继电器 K1 吸合，发光二极管 LED2 点亮。

经过以上调试步骤，整机调试完成。使用一个障碍物挡住发射与接收二极管的光路，当障碍物移开时，数码管上显示加 1，当数码管上显示为 9 时，继电器 K1 吸合 LEDl 点亮，按下 S1 按钮数码管上显示的数字归零。

四、装配工艺过程卡片编制

根据装配工艺过程卡片指定的元器件，完成表 4—2—4 所示装配工艺过程卡片的编制。

1. 请把表 4—2—4 中的“序号”列出的各元器件，在“以上各元器件插装顺序是:”一栏中编制插装顺序（可归类处理）。

2. 根据表 4—2—4 中的“图样”，在“工艺要求”一列中的空格里填写工艺要求。

表 4—2—4　　装配工艺过程卡片

<table>
<tr><td colspan="4" rowspan="2">装配工艺过程卡片</td><td colspan="2">工序名称</td><td>产品图号</td></tr>
<tr><td colspan="2"></td><td></td></tr>
<tr><td rowspan="2">序号</td><td rowspan="2">代号</td><td colspan="2">装入件及插装材料
代号、名称、规格</td><td>数量</td><td>工艺要求</td><td>工装名称</td></tr>
<tr><td>名称</td><td>规格</td><td></td><td></td><td></td></tr>
<tr><td>1</td><td>R1</td><td>直插电阻</td><td>2.2 kΩ</td><td>1</td><td rowspan="15"></td><td rowspan="15">镊子、剪刀、电烙铁等常用装配工具</td></tr>
<tr><td>2</td><td>R2、R5、R8、R10</td><td>直插电阻</td><td>1 kΩ</td><td>4</td></tr>
<tr><td>3</td><td>R3</td><td>直插电阻</td><td>4.7 kΩ</td><td>1</td></tr>
<tr><td>4</td><td>R4、R6、R7、R9、R11、R12</td><td>直插电阻</td><td>10 kΩ</td><td>6</td></tr>
<tr><td>5</td><td>R13、R14、R15、R16、R17、R18、R19</td><td>贴片电阻</td><td>300 ~ 470 kΩ</td><td>7</td></tr>
<tr><td>6</td><td>R20</td><td>贴片电阻</td><td>4.7 kΩ</td><td>1</td></tr>
<tr><td>7</td><td>RP1</td><td>蓝白可调电阻</td><td>50 kΩ</td><td>1</td></tr>
<tr><td>8</td><td>RP2</td><td>蓝白可调电阻</td><td>10 kΩ</td><td>1</td></tr>
<tr><td>9</td><td>C1、C4</td><td>电解电容</td><td>220 μF/10 V</td><td>2</td></tr>
<tr><td>10</td><td>C2、C5、C6、C10</td><td>贴片电容</td><td>0.1 μF</td><td>4</td></tr>
<tr><td>11</td><td>C3</td><td>电解电容</td><td>10 μF/50 V</td><td>1</td></tr>
<tr><td>12</td><td>C7、C8、C9</td><td>瓷片电容</td><td>0.1 μF</td><td>3</td></tr>
<tr><td>13</td><td>VD1、VD2、VD3、VD4、VD5</td><td>二极管</td><td>1N4007</td><td>5</td></tr>
<tr><td>14</td><td>VD6、VD7</td><td>二极管</td><td>1N4148</td><td>2</td></tr>
<tr><td>15</td><td>DS1</td><td>0.5 寸共阴数码管</td><td>MY5011AH</td><td>1</td></tr>
</table>

续表

序号	代号	装入件及插装材料代号、名称、规格		数量	工艺要求	工装名称
		名称	规格			
16	HF1	5 mm 红外发射二极管	红外发射	1		镊子、剪刀、电烙铁等常用装配工具
17	HJ1	5 mm 红外接收二极管	红外接收	1		
18	J1、J2	接线端子	AC12 V、OUT	2		
19	K1	继电器 12 V	12 V	1		
20	LED1	红色发光二极管	R	1		
21	LED2	绿色发光二极管	G	1		
22	VT1	三极管	C8050	1		
23	VT2、VT3、VT4、VT5	三极管	C1815	4		
24	S1	微动开关	SW2	1		
25	TP－A、TP－B	单排针	TP	2		
26	IC1	集成电路	NE555	1		
27	IC2	集成电路	CD4518	1		
28	IC3	集成电路	CD4511	1		
29	配 IC2、IC3	16P IC 座	DIP16	2		
30	配 IC1	8P IC 座	DIP8	1		
31	VZ	稳压二极管	2.4 V	1		
32	以上各元器件插装顺序是：					
图样	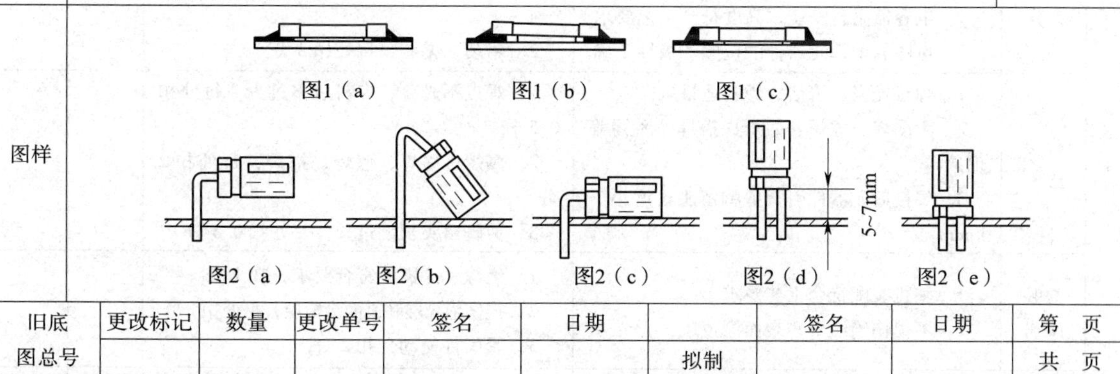图1（a） 图1（b） 图1（c） 图2（a） 图2（b） 图2（c） 图2（d） 图2（e）					

旧底图总号	更改标记	数量	更改单号	签名	日期		签名	日期	第 页
						拟制			共 页
底图总号						审核			第 册
						标准化			第 页

操作提示

在物体流量计数器电路的装配与调试过程中，可能会遇到如下问题。

问题：数码管不能显示检测物体的件数，但数码管能正常显示。

解决方案：数码管能正常显示，则说明电源电路工作正常，故障可能在检测电路、放大整形电路、译码电路等 。

当有物体时，测量 NE555 的 2 脚电位 —电位不变→ 红处发射/接收电路

↓电位下降

查 NE555 的 3 脚波形 —不正常→ 检查 NE555 施密特触发电路

↓波形正常

查 CD4518 计数电路和译码驱动电路

任务测评

对任务实施的完成情况进行检查，并将结果填入表 4—2—5 中。

表 4—2—5　　评分标准

项目配分		工艺要求	评分标准	扣分	得分
元器件筛选与测试	筛选与测试 15 分	1. 准确清点和检查全套装配材料数量和质量 2. 元器件的识别和筛选 3. 检测元器件，填写检测数据	1. 电阻 R9、电容器 C1、二极管 VD2 检测错误，每处扣 1 分 2. 三极管 VT3、可调电阻 RP1 检测错误，每处扣 1 分；符号绘制错误，每处扣 1 分 3. 继电器 K1、数码管 DS1 检测错误，每处扣 1 分；符号绘制错误，每处扣 1 分 4. 元器件识别、筛选错误，每处扣 1 分		
装配	插件 5 分	1. 电阻、二极管水平安装，贴紧印制电路板，色标法电阻的色环标注顺序一致 2. 电容器垂直安装，高度符合工艺要求 3. 按图装配，元器件的位置、极性正确	1. 元器件安装歪斜、不对称、高度超差、色环电阻标注方向不一致，每处扣 1 分 2. 错装、漏装，每处扣 2 分		
	焊接 15 分	1. 焊点光亮、清洁、焊料适量。 2. 无漏焊、虚焊、假焊、搭焊、溅锡等现象 3. 焊接后元器件引脚剪脚留头长度小于 1 mm	1. 焊点不光亮、焊料过多过少，每处扣 0.5 分 2. 漏焊、虚焊、假焊、搭焊，每处扣 2 分 3. 剪脚留头长度过长，每处扣 0.5 分		
	总装 10 分	1. 整机装配符合工艺要求 2. 不损伤绝缘层和表面涂覆层	1. 绝缘、涂覆不符合要求，扣 1 分 2. 损伤绝缘层和表面涂覆层，每处扣 1 分 3. 紧固件松动，扣 2 分		
调试	调试 40 分	1. 调节电位器，使关键点电位正常 2. 红外发射/接收二极管、继电器 K1、电源指示灯 LED2、红色指示灯 LED1、数管码 DS1 能正常工作 3. 用示波器观察规定点的波形正常、计算数据准确	1. 电源指示灯不亮，扣 2 分，电路无电压输出，扣 5 分 2. 红外发射/接收电路不工作，扣 5 分 3. 计数显示电路不工作，扣 5 分 4. 继电器 K1 不工作，扣 5 分 5. NE555 第②或⑥脚、③脚波形图错误，每处扣 2 分，频率和幅值错误每处扣 1 分		
故障排除	故障判断 5 分	1. 能够正确观察出故障现象 2. 能够正确分析故障原因，判断故障范围	1. 故障现象观察错误，每次扣 3 分 2. 故障原因分析错误，每次扣 5 分 3. 故障范围判断过大或过小，每次扣 2 分		

续表

项目配分		工艺要求	评分标准	扣分	得分
故障排除	故障检修10分	1. 检修思路清晰，方法运用得当 2. 检修结果正确 3. 正确使用仪表	1. 检修思路不清，扣5分 2. 检修方法不当，每次扣3分 3. 检修结果错误，扣10分 4. 仪表使用错误，每次扣3分		
安全文明生产		1. 安全用电，无人为损坏元器件、加工件和设备 2. 保持环境整洁，秩序井然，操作习惯良好	1. 发生安全事故，扣10分 2. 违反文明生产要求，视情况，扣5～10分		
合计					

思考与练习

一、填空题（请将正确答案填在横线空白处）

1. 使用毫伏表测量VT2基极电压为________V（小数点后两位）。
2. 使用万用表测量C1两端电压为________V。
3. 当K1未闭合时，测量整机工作电流为________mA。
4. 测量继电器Kl的吸合电流为________mA。
5. 电解电容器C4的作用是____。
6. 二极管VD5的作用是________________________。
7. 电路正常工作时，LED2端电压为________V，R5的作用是________。
8. 三极管VT3、VT4的输出与输出的逻辑关系为________（与、或、非、异或）。

二、思考题

1. 在电路中，VT1的作用是什么？分析VT1的工作过程。
2. 目前的物料计数电路是物料经过后（障碍物移开后）计数器加1，试分析电路怎样改进后，使物料进入（障碍物刚进入）时加1？

任务3　LED数字电子钟

学习目标

知识目标：

1. 掌握CD4040的工作原理。
2. 掌握LED数字电子钟电路的工作原理。

能力目标：

1. 能测量电路中关键点的波形。
2. 能正确安装与调试LED数字电子钟电路。

任务提出

本任务要求装配与调试LED数字电子钟电路，LED数字电子钟电路原理图如图4—3—1

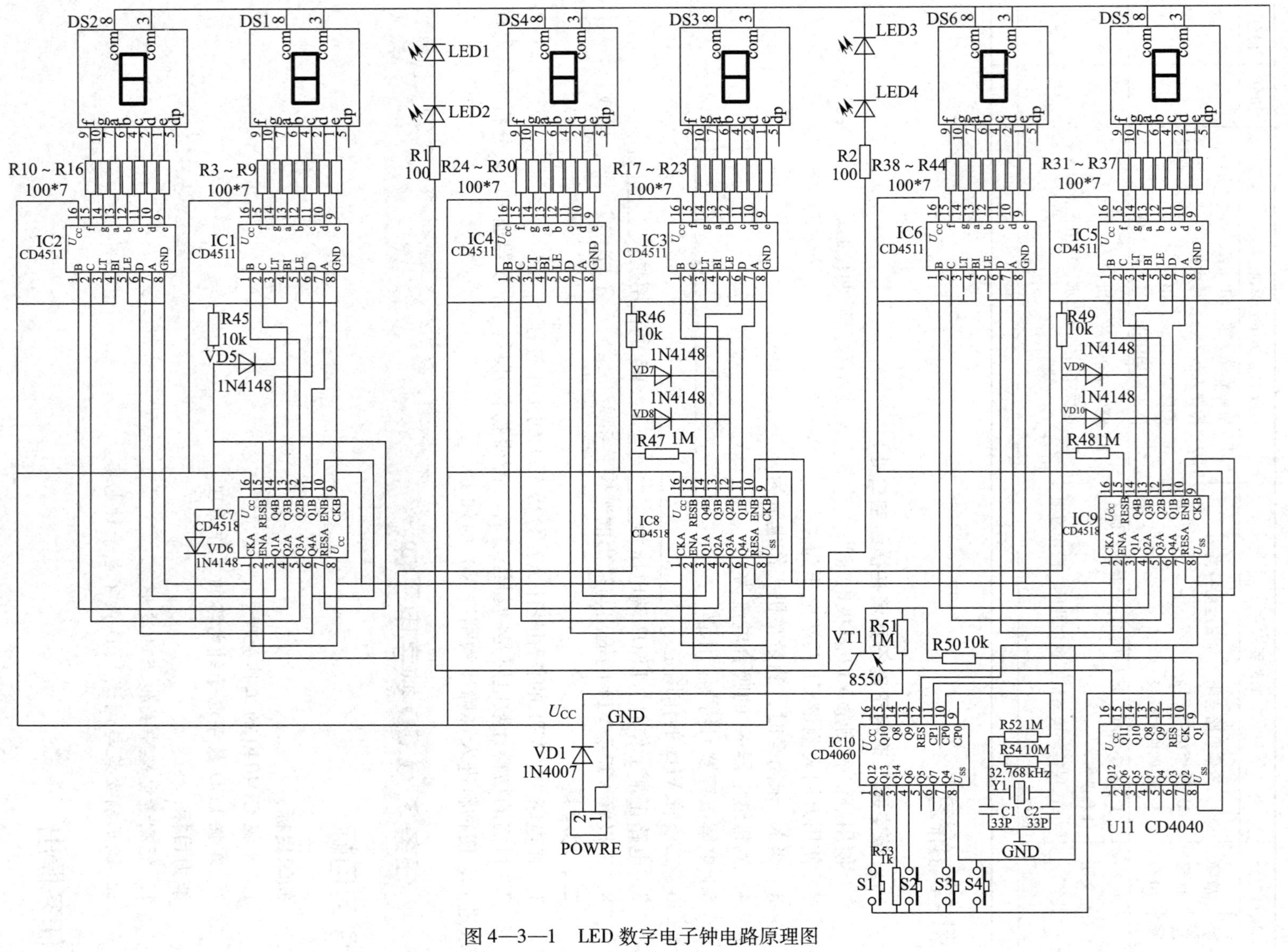

图 4—3—1　LED 数字电子钟电路原理图

所示，电路正常工作时从左至右依次显示小时、分钟和秒钟。

电路分析

LED 数字电子钟是由计时基准信号发生电路、秒信号产生电路、十进制计数电路、译码驱动电路、数码管显示电路、秒闪指示灯电路及调时开关等组成的。

电路计时振荡频率采用了 32.768 kHz 的晶体振荡器 Y1，通过 14 位二进制串行计数器 IC10（CD4060）进行 14 级分频后，在其第③脚（内部 Q14）上得到 2 Hz（$32\ 768/2^{14}$）的计时基准信号，送至 12 位二进制串行计数器 IC11（CD4040）进行二分频后，在其第⑨脚（内部 Q1）上得到 1 Hz 的秒基准信号，该信号输出分两路：一路通过 R50 送至 VT1，放大后作为 VD1 ~ VD4 秒闪指示灯驱动信号；另一路送至双 BCD 码同步加法计数器 IC9（CD4518），经过其加法计数后得到相应的两路二进制 BCD 码，分别送至译码显示驱动电路 IC5、IC6（CD4511），从而使得数码管 DS5、DS6 正常显示秒时钟数字。分时钟数字显示和小时时钟数字显示工作原理与秒时钟显示工作原理相同，其中二极管 VD5 和 VD6、VD7 和 VD8、VD9 和 VD10 构成与门电路，充分保证小时的显示是逢 24 进位并清零，分钟和秒钟的显示是逢 60 进位并清零。

相关知识

计数器 CD4040 的管脚图如图 4—3—2 所示。

计数器 CD4040 管脚说明如下：

CK（10 脚）：时钟输入端。

RESET（11 脚）：清除端。

Q1 ~ Q12（① ~ ⑦脚，⑨脚，⑫ ~ ⑮脚）：计数器、脉冲输入端。

U_{CC}（⑯脚）：正电源。

U_{SS}（⑧脚）：地。

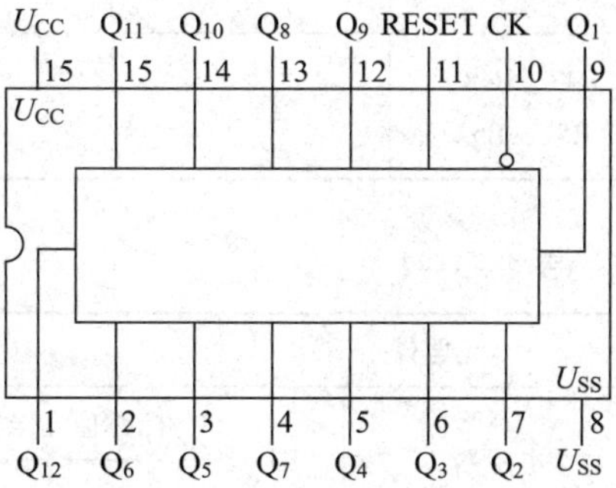

图 4—3—2　CD4040 管脚图

任务实施

一、工具、器材的准备

1. 工具及仪器

电子焊接工具一套；万用表一块；示波器一台。

2. 元器件明细表

本任务电路的元器件明细表见表 4—3—1。

3. 元件检测

根据给出的元器件明细表逐一检查测试元器件的参数与好坏，并将部分元器件的检测结果填入表 4—3—2 中。

表 4—3—1　　元器件明细表

代号	名称	规格	代号	名称	规格
S1、S2、S3、S4	微动开关	SW2	DS1、DS2、DS3、DS4、DS5、DS6	共阴数码管	MY5011AH
C1、C2	瓷片电容器	33 pF	IC1、IC2、IC3、IC4、IC5、IC6	集成电路	CD4511
Y1	晶振器	32.768 kHz	IC7、IC8、IC9	集成电路	CD4518
VT1	三极管	8550	IC10	集成电路	CD4060
VD5、VD6、VD7、VD8、VD9、VD10	二极管	1N4148	IC11	集成电路	CD4040
VD11	二极管	1N4007	配 IC1 ~ IC11	16P IC 座	DIP16
LED1、LED2、LED3、LED4	发光二极管	LED_ G	POWER	接线端子	AC 12V
R1 ~ R44	电阻器	100 Ω	R53	电阻器	1 kΩ
R45、R46、R49、R50	电阻器	10 kΩ	R54	电阻器	10 MΩ
R47、R48、R51、R52	电阻器	1 MΩ			

表 4—3—2　　部分元器件检查结果记录

<table>
<tr><td colspan="2">元器件</td><td colspan="4">识别及检测内容</td></tr>
<tr><td rowspan="2">电阻器</td><td rowspan="2">R1</td><td colspan="2">标称值（含误差）</td><td>测量值</td><td>测量挡位</td></tr>
<tr><td colspan="2"></td><td></td><td></td></tr>
<tr><td rowspan="2">发光二极管</td><td rowspan="2">LED2</td><td>正向电阻</td><td>反向电阻</td><td rowspan="2">测量挡位</td><td rowspan="2">质量判定</td></tr>
<tr><td></td><td></td></tr>
<tr><td rowspan="2">三极管</td><td rowspan="2">VT1</td><td colspan="2">画外形示意图并标出管脚名称</td><td>电路符号</td><td>质量判定</td></tr>
<tr><td colspan="2"></td><td></td><td></td></tr>
<tr><td rowspan="2">数码管</td><td rowspan="2">DS1</td><td colspan="2">画外形示意图并标出管脚名称</td><td>电路符号</td><td>质量判定</td></tr>
<tr><td colspan="2"></td><td></td><td></td></tr>
</table>

二、电路装配

1. 印制电路板的安装

（1）元件成型与安装。本课题电路因元件较多，元件应按电阻、二极管、三极管、微动开关、电容器、集成电路、数码管的顺序进行安装。

（2）印制电路板装配工艺要求

1）电阻、二极管均采用水平式安装，要求贴近电路板，电阻的色环方向应一致，二极管的标志方向应正确。

2）三极管采用垂直安装方式，高度要求为管底部离印制电路板（6 ±2）mm。

3）集成电路插座、数码管应紧贴印制电路板安装，注意数码管不要装反。

4）所有插入焊盘孔的元器件引线及导线均应采用直脚焊形式，剪脚留头在焊面以上0.5 ~1 mm。

2. 自检

在未通电情况下，用万用表在路电阻测量法对装配好的电路板进行检测。

三、电路调试与测试

1. 元件安装完毕后，要进行检查，确认无误方可通电调试。

2. 测试电路的波形。

用示波器测量 LED 数字电子钟电路 IC10（CD4060）的“⑦”脚波形数据，并将其记录在表 4—3—3 中。

表 4—3—3　　“⑦”脚波形图

“⑦”脚波形	频率	幅度

3. 测试电路的功能

（1）LED 数字电子钟接入 5 V 直流电，计时基准信号发生电路 CD4060 工作正常；第⑭脚输出 2 Hz 的信号。

（2）秒基准信号产生电路 CD4040 工作正常，第 9 脚输出 1 Hz 的信号。

（3）十进制加法电路 CD4518 工作正常，数码管正常显示满 10 后自动清零并向高位进一。

（4）译码显示电路及调时开关工作正常，六位数码管分别显示小时、分钟和秒钟；秒闪指示灯 LED1 ~ LED4 工作正常；调时开关 S1 ~ S4 工作正常。

四、装配工艺过程卡片编制

根据装配工艺过程卡片指定的元器件，完成表 4—3—4 所示装配工艺过程卡片的编制。

1. 请把表 4—3—4 中的“序号”列出的各元器件，在“以上各元器件”插装顺序是：一栏中编制插装顺序（可归类处理）。

2. 根据《装配工艺过程卡片》中的“图样”，在“工艺要求”一列中的空格里填写工艺要求。

表 4—3—4　　　　装配工艺过程卡片

装配工艺过程卡片				工序名称		产品图号
序号	代号	装入件及插装材料 代号、名称、规格		数量	工艺要求	工装名称
		名称	规格			
1	S1、S2、S3、S4	微动开关	SW2	4		镊子、剪刀、电烙铁等常用装配工具
2	C1、C2	瓷片电容	33 P	2		
3	Y1	晶振器	32.768 kHz	1		
4	VT	三极管	8550	1		
5	VD5、VD6、VD7、VD8、VD9、VD10	二极管	1N4148	6		镊子、剪刀、电烙铁等常用装配工具
6	VD11	二极管	1N4007	1		
7	LED1、LED2、LED3、LED4	发光二极管	LED_ G	4		
8	R1 ~ R44	电阻器	100 Ω	44		
9	R45、R46、R49、R50	电阻器	10 kΩ	4		
10	R47、R48、R51、R52	电阻器	1 MΩ	4		
11	R53	电阻器	1 kΩ	1		
12	R54	电阻器	10 MΩ	1		
13	DS1、DS2、DS3、DS4、DS5、DS6	共阴数码管	MY5011AH	6		
14	IC1、IC2、IC3、IC4、IC5、IC6	集成电路 DIP	CD4511	6		
15	IC7、IC8、IC9	集成电路 DIP	CD4518	3		
16	IC10	集成电路 DIP	CD4060	1		
17	IC11	集成电路 DIP	CD4040	1		
18	配 IC1 ~ IC11	16P IC 座	DIP16	11		
19	1	接线端子	AC 12V			
20	以上各元器件插装顺序是：					

续表

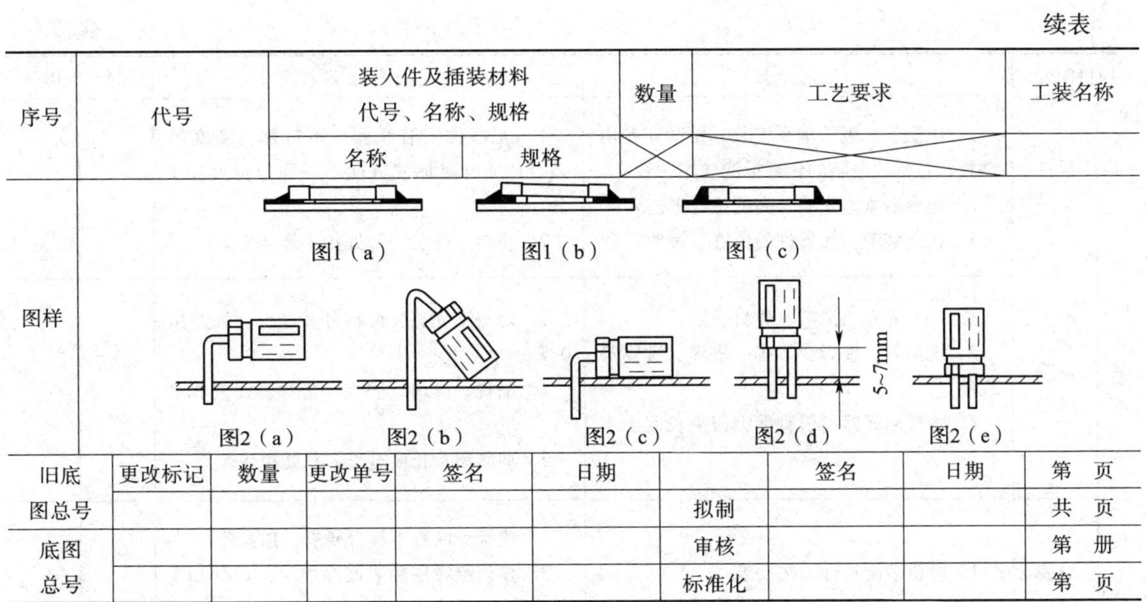

序号	代号	装入件及插装材料 代号、名称、规格		数量	工艺要求	工装名称
		名称	规格			
图样	图1（a） 图1（b） 图1（c） 图2（a） 图2（b） 图2（c） 图2（d） 图2（e）					

旧底 图总号	更改标记	数量	更改单号	签名	日期		签名	日期	第　页
						拟制			共　页
底图 总号						审核			第　册
						标准化			第　页

在 LED 数字电子钟电路的装配与调试过程中，可能会遇到如下问题。

问题：数码管显示缺笔画。

解决方案：故障可能在译码电路、耦合电路和数码管 。

查 CD4511 对应笔画的输出端 —低电平→ 查 CD4511

↓高电平

查对应笔画耦合电阻

↓正常

查数码管

任务测评

对任务实施的完成情况进行检查，并将结果填入表 4—3—5 中。

表 4—3—5　　评分标准

项目配分		工艺要求	评分标准	扣分	得分
元器件筛选与测试	筛选与测试 15 分	1．准确清点和检查全套装配材料数量和质量 2．元器件的识别和筛选 3．检测元器件，填写检测数据	1．电阻 R1、二极管 VD2 检测错误，每处扣 1 分 2．三极管 VT1 检测错误，扣 1 分；符号绘制错误，扣 1 分 3．数码管 DS1 检测错误，扣 1 分；符号绘制错误，扣 1 分 4．元器件识别、筛选错误，每处扣 1 分		

续表

项目配分		工艺要求	评分标准	扣分	得分
装配	插件 5 分	1. 电阻、二极管水平安装，贴紧印制电路板，色标法电阻的色环标注顺序一致 2. 电容器垂直安装，高度符合工艺要求 3. 按图装配，元器件的位置、极性正确	1. 元器件安装歪斜、不对称、高度超差、色环电阻标注方向不一致，每处扣 1 分 2. 错装、漏装，每处扣 2 分		
	焊接 15 分	1. 焊点光亮、清洁、焊料适量 2. 无漏焊、虚焊、假焊、搭焊、溅锡等现象 3. 焊接后元器件引脚剪脚留头长度小于 1 mm	1. 焊点不光亮、焊料过多过少，每处扣 0.5 分 2. 漏焊、虚焊、假焊、搭焊，每处扣 2 分 3. 剪脚留头长度过长，每处扣 0.5 分		
	总装 10 分	1. 整机装配符合工艺要求 2. 不损伤绝缘层和表面涂覆层	1. 绝缘、涂覆不符合要求，扣 1 分 2. 损伤绝缘层和表面涂覆层，每处扣 1 分 3. 紧固件松动，扣 2 分		
调试	调试 40 分	1. 电路接入直流电，计时基本信号发生电路 CD4060 能正常工作，能输出 2 Hz 的信号 2. 秒基准信号产生电路 CD4040 能正常工作，能输出 1Hz 的信号 3. 十进制加法电路 CD4518、译码显示电路能正常工作	1. CD4060 不能正常工作，扣 3 分 2. CD4040 不能正常工作，扣 3 分 3. CD4518 不能正常工作，每处扣 2 分 4. 数码管显示不正确，每处扣 2 分 5. CD4060 的⑦脚波形图错误，扣 2 分，频率和幅值错误每处扣 1 分		
故障排除	故障判断 5 分	1. 能够正确观察出故障现象 2. 能够正确分析故障原因，判断故障范围	1. 故障现象观察错误，每次扣 3 分 2. 故障原因分析错误，每次扣 5 分 3. 故障范围判断过大或过小，每次扣 2 分		
	故障检修 10 分	1. 检修思路清晰，方法运用得当 2. 检修结果正确 3. 正确使用仪表	1. 检修思路不清，扣 5 分 2. 检修方法不当，每次扣 3 分 3. 检修结果错误，扣 10 分 4. 仪表使用错误，每次扣 3 分		
安全文明生产		1. 安全用电，无人为损坏元器件、加工件和设备 2. 保持环境整洁，秩序井然，操作习惯良好	1. 发生安全事故，扣 10 分 2. 违反文明生产要求，视情况，扣 5 ~ 10 分		
合计					

思考与练习

一、填空题（请将正确答案填在横线空白处）

1. LED 数字电子钟是由计时基准信号发生电路、________、________、译码驱动电路、________、________及调时开关等组成的。

2. 电路计时振荡频率采用了________kHz 的晶体振荡器 Y1，通过 14 位二进制串行计数器（CD4060）进行________级分频后，在其第③脚（内部 Q14）上得到 2 Hz（32768/2^{14}）的计时基准信号。

二、思考题

1. 简述秒时钟数字显示的工作原理。
2. 简述 LED 数字电子钟的工作原理。

任务 4　数字频率计

学习目标

知识目标：

1. 掌握分频电路的基本工作原理。
2. 了解 CD40110 等集成芯片的基础知识和应用。
3. 理解数字频率计电路的组成。

能力目标：

1. 能对数字频率计电路进行原理分析。
2. 能完成数字频率计电路的装配与调试。

任务提出

数字频率计是计算机、通信设备、音频视频等科研生产领域不可缺少的测量仪器。它是一种用十进制数字显示被测信号频率的数字测量仪器。在进行模拟、数字电路的设计、安装、调试过程中，由于其使用十进制数显示，测量迅速、精确度高，且显示直观，经常要用到频率计。

本任务要求装配与调试数字频率计电路，其电路原理图如图 4—4—1 所示。通过调节电位器 RP1，能使直流稳压电路输出正确的电压，合上拨码开关 S1 ~ S3 中任意一个，可显示 0 ~ 9 900 Hz 范围内的交流输入信号频率。

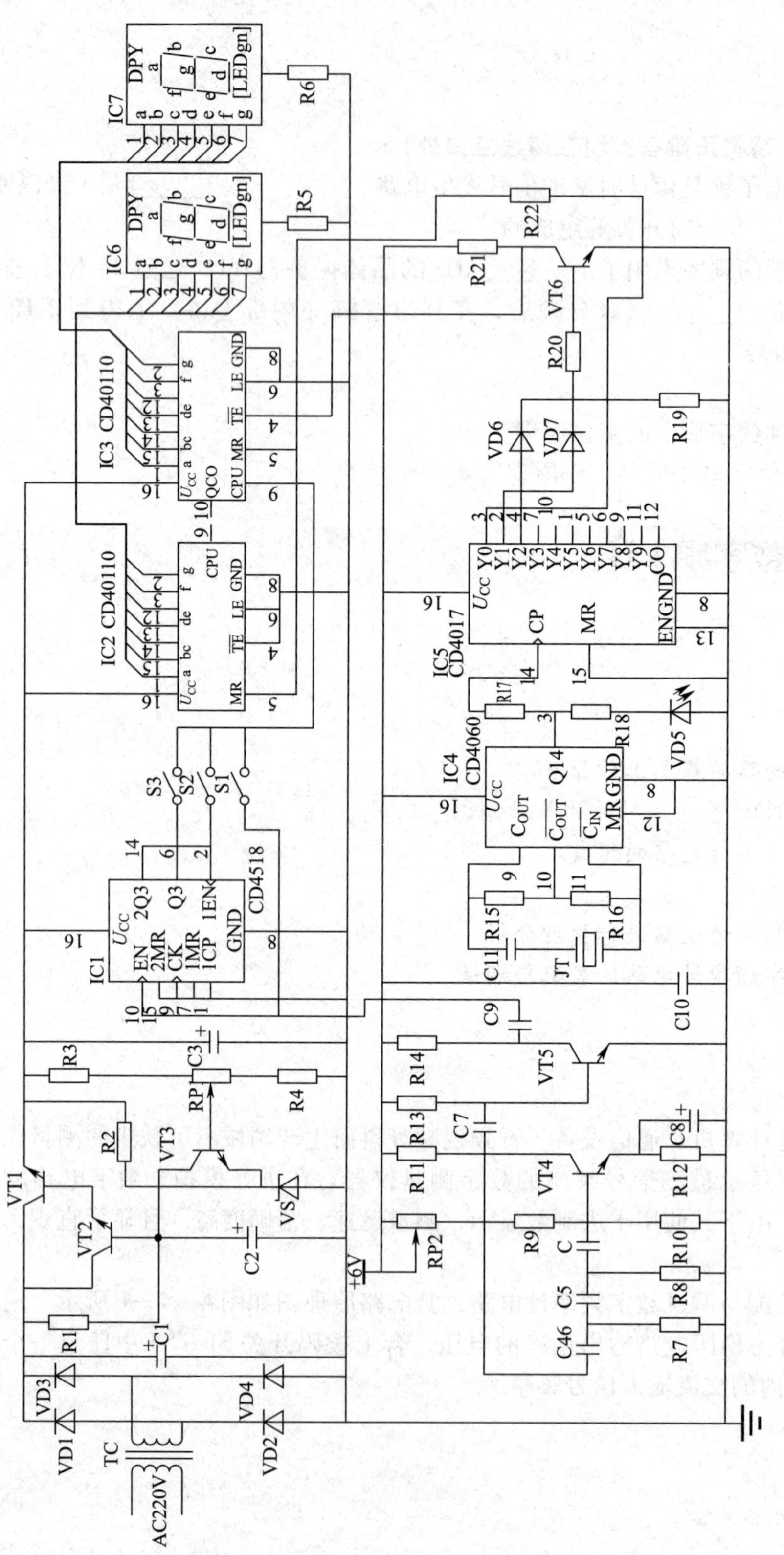

图4—4—1　数字频率计电路原理图

电路分析

频率计的基本原理是用一个频率稳定度高的频率源作为基准时钟，对比测量其他信号的频率。对频率的测量，就是要对外部信号进行计数，到规定时间后，将计数所得的数值送到显示器上。数字频率计是用数字显示被测信号频率的仪器，被测信号可以是正弦波、方波或其他周期性变化的信号。

数字频率计电路主要由直流串联稳压电源、RC 振荡电路、10 分频电路、时钟电路、闸门信号控制电路、计数显示电路等电路组成。其电路组成框图如图 4—4—2 所示。

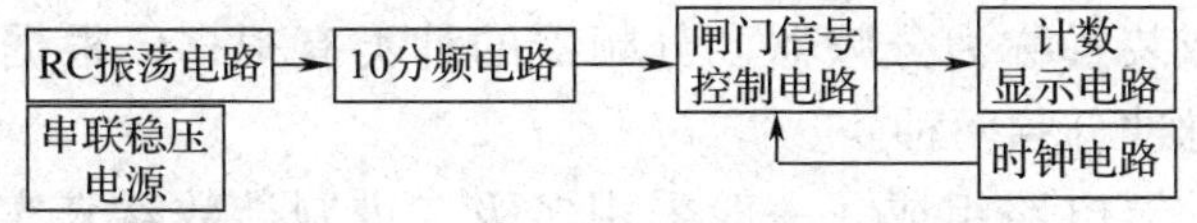

图 4—4—2　数字频率计电路组成框图

直流串联稳压电源为典型电路，它为整个电路提供 6 V 直流稳压电源。

RC 振荡电路由 VT4 及 C4、C5、C6、R7、R8 等周围元件组成，产生正弦波信号，作为被测信号，经过 VT5 对正弦波信号进行限幅放大，同时兼有整形作用。

IC1（CD4518）为双 10 分频器，可对被测信号进行 10、100 分频，以扩展测量范围。测量范围可通过 S1、S2、S3 调整：当合上 S1 时，电路未经分频电路，测量范围为 0 ~ 99 Hz；当合上 S2 时，电路为 10 分频，测量范围为 0 ~ 990 Hz；当合上 S3 时，电路为 100 分频，测量范围为 0 ~ 9 900 Hz（注：不能同时合上 S1、S2、S3）。

时钟电路由晶体振荡器和 IC4（CD4060）组成，晶体振荡器 JT 的振荡频率为 32 768 Hz。该元件专为数字时钟电路而设计，其频率较低，有利于减少分频器级数。CD4060 在数字集成电路中可实现的分频次数最高，而且 CD4060 还包含振荡电路所需的非门，因此使用更为方便。CD4060 为 14 级二进制计数器，可以将 32 768 Hz 的信号分频为 2 Hz，CD4060 的两个时钟输出端直接和 CD4060 内部的非门串接，可以直接实现振荡和分频的功能。VD5 为发光二极管，可以直接显示是否有时钟脉冲信号输出。

时钟电路产生的 2 Hz 时钟信号，作为 IC5（CD4017——十进计数器）时钟输入信号，用来产生 1 s 宽的闸门信号，并在每一个测量周期内产生一个计数器清零信号。1 s 宽的闸门信号用来控制 CD40110 接收计数脉冲的周期，CD40110 在 1 s 内接收了多少个计数脉冲，将直接由译码显示出计数脉冲数，因为闸门控制时间为 1 s，因此数码管显示的就是频率。

相关知识

一、正弦波振荡电路基础知识

正弦波振荡器是在没有输入信号的情况下，依靠电路自激振荡产生正弦波输出电压的电路，它广泛应用于测量、遥控、通信、自动控制等设备中，也可以作为模拟电路的测试信号。

1. 产生正弦波振荡信号的条件

（1）相位平衡条件。电路中必须引入正反馈，而且要有选频网络，用以确定振荡频率。

（2）幅度平衡条件。电路中必须包含放大电路，满足幅度条件。

2. 正弦波振荡器的组成

正弦波振荡器主要由放大电路、选频网络、正反馈网络、稳幅环节 4 部分组成。

3. 正弦波振荡器的种类和特点

以选频网络所用元器件命名，可分为 RC 正弦波振荡器、LC 正弦波振荡器、石英晶体正弦波振荡器等。

（1）RC 正弦波振荡器的振荡频率较低，一般在 1 MHz 以下。

（2）LC 正弦波振荡器的振荡频率较高，一般在 1 MHz 以上。

（3）石英晶体正弦波振荡器可以等效为 LC 正弦波振荡器，其优点是振荡频率非常稳定。

二、分频器电路

实现分频的电路或装置称为分频器。分频器的种类有很多，根据其分频信号的波形不同，有正弦波分频和脉冲分频两种。

通常分频器由计数器电路组成，一般采用多级二进制计数器来实现。例如，将 32 768 Hz 的振荡信号分频为 1 Hz 的分频倍数为 215，即实现该分频功能的计数器相当于 15 级二进制计数器。常用的二进制计数器集成电路有 74LS393、CD4518 等。

三、集成电路 CD40110 概述

集成电路 CD40110 是可逆计数译码显示电路。CD40110 引脚图如图 4—4—3 所示。CD40110 是集计数、译码、锁存、驱动功能为一体的四合一电路，它既可作加法计数，又可作减法计数。在电路中，U_{CC}、GND 为电源端；a ~ g 为数码笔段输出端；CPU 为加计数脉冲输入端；CPD 为减计数脉冲输入端；MR 为清零端，当其为高电平时计数器清零；QCO 为进位脉冲输出端，作加法计数时，每当计数满 10 后输出一个进位脉冲；QBO 为借位脉冲输出端，作减法计数时，每计数满 10 后输出一个借位脉冲；$\overline{TE}$ 为触发器控制端，当 $\overline{TE}=0$ 时计数器工作，当 $\overline{TE}=1$ 时计数器处于禁止状态，不计数；LE 为锁存控制端，当 LE = 0 时正常显示，当 LE = 1 时显示数被锁定。

四、集成电路 CD4017 概述

CD4017 是 5 位 Johnson 计数器，其具有 10 个译码输出端，CP、CR、EN 为输入端，时钟输入端的施密特触发器具有脉冲整形功能，对输入时钟脉冲上升和下降时间无限制。CD4017 引脚图如图 4—4—4 所示。当 EN 为低电平时，计数器在时钟上升沿计数；反之，计数功能无效。当 MR 为高电平时，计数器清零。Johnson 计数器，提供了快速操作，双输入译码选通和无毛刺译码输出。防锁选通，保证了正确的计数顺序。译码输出一般为低电平，只有在对应时钟周期内保持高电平。每 10 个时钟输入周期 CO 信号完成一次进位，并用作多级计数链的下级脉动时钟。CD4017 真值表见表 4—4—1。

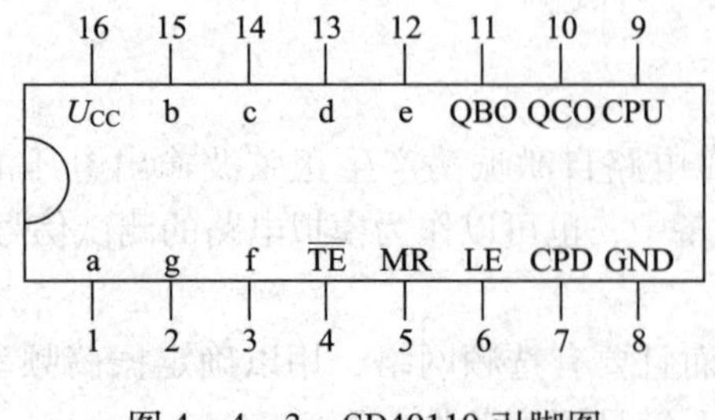

图 4—4—3　CD40110 引脚图

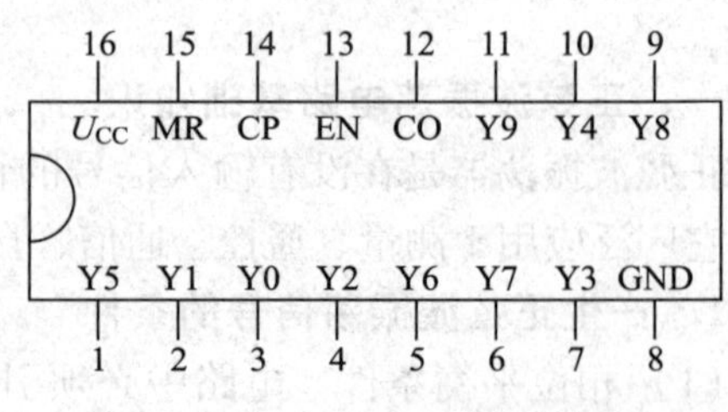

图 4—4—4　CD4017 引脚图

表 4—4—1　　CD4017 真值表

<table>
<tr><th colspan="3">输入</th><th colspan="2">输出</th></tr>
<tr><th>CP</th><th>EN</th><th>MR</th><th>Y0 ~ Y9</th><th>CO</th></tr>
<tr><td>×</td><td>×</td><td>H</td><td>Y0</td><td rowspan="7">计数脉冲为 Y0 ~ Y4 时，CO = H
计数脉冲为 Y5 ~ Y9 时：CO = L</td></tr>
<tr><td>↑</td><td>L</td><td>L</td><td>计数</td></tr>
<tr><td>H</td><td>↓</td><td>L</td><td rowspan="5">保持</td></tr>
<tr><td>L</td><td>×</td><td>L</td></tr>
<tr><td>×</td><td>H</td><td>L</td></tr>
<tr><td>↓</td><td>×</td><td>L</td></tr>
<tr><td>×</td><td>↑</td><td>L</td></tr>
</table>

任务实施

一、工具、器材的准备

1. 工具及仪器

常用电子组装工具一套；万用表一块；双通道示波器一台。

2. 元器件明细表

本任务电路的元器件明细表见表 4—4—2。

表 4—4—2　　元器件明细表

代号	名称	规格	代号	名称	规格
R1	电阻器	2 kΩ	C8	电解电容器	47 μF/25 V
R2、R5、R6	电阻器	560 Ω	C11	瓷片电容器	22 pF
R3、R17	电阻器	100 Ω	VD1 ~ VD4	二极管	1N4001
R4	电阻器	220 Ω	VD5	稳压二极管	3 V
R7、R8	电阻器	15 kΩ	VD6	发光二极管	LED 红
R9、R19	电阻器	10 kΩ	VD7、VD8	二极管	1N4148
R10	电阻器	5 kΩ	VT1	三极管	2N9013
R11	电阻器	2. 2 kΩ	VT2 ~ VT6	三极管	2N9014
R12、R18、R20	电阻器	1 kΩ	JT	石英晶体	32 768 Hz
R13	电阻器	220 kΩ	IC1	集成电路	CD4518
R14、R21	电阻器	5. 6 kΩ	IC2，IC3	集成电路	CD40110
R15	电阻器	2 MΩ	IC4	集成电路	CD4060
R16	电阻器	120 kΩ	IC5	集成电路	MC14017
R22	电阻器	3. 3 kΩ	IC6、IC7	数码管	ELS－505HWB
RP1	电位器	680 Ω	S1 ~ S3	拨码开关	DIP
RP2	电位器	47 kΩ	TC	变压器	220/7. 5 V
C1	电解电容器	470 μF/25 V		印制电路板	
C2	电解电容器	1 μF/25 V		电源线及插头	
C3	电解电容器	220 μF/25 V		紧固件	M4 × 15
C4、C5、C6	瓷片电容器	0. 033 μF		单芯连接导线	
C7、C9、C10	涤纶电容器	0. 47 μF			

3. 元器件检测

根据给出的元器件明细表逐一检查测试元器件的参数与好坏，并将部分器件的检测结果填入表 4—4—3 中。

表 4—4—3　　　　　　　　　部分元器件检查结果记录

元器件	识别及检测内容			
电阻器		标称值（含误差）	测量值	测量挡位
	R1			
电容器		标称值（μF）	介质	
	C1			
	C2			
集成电路		型号	封装形式	引脚图
	CD40110			
二极管	1N4001	正向电阻	反向电阻	
可变电阻器		测量值（最大值）	测量值（最小值）	
	RP1			

二、电路装配要求和方法

工艺流程：准备→熟悉工艺要求→核对元器件数量、规格、型号→元器件检测→印制电路板检查→元器件预加工→印制电路板装配、焊接→总装加工→自检。

1. 印制电路板装配工艺要求

（1）电阻器、二极管（发光二极管除外）均采用水平安装方式，并贴紧印制电路板，色标法电阻器的色环标志顺序方向应一致。

（2）电容器采用垂直安装方式，高度要求为电解电容器的底部离印制电路板小于 4 mm，其他电容器的底部离印制电路板（6 ±2）mm。

（3）三极管采用垂直安装方式，高度要求为管底部离印制电路板（6 ±2）mm。

（4）微调电位器、集成电路插座、数码管应紧贴印制电路板安装，注意数码管不要装反。

（5）所有焊点均采用直脚焊，焊接完成后剪去多余引脚，留头在焊面以上 0.5 ~1 mm，且不能损伤焊接面。

2. 总装加工工艺要求

电源变压器用螺钉紧固在印制电路板的元件面，一次绕组的引出线向外，二次绕组的引出线向内；紧固件的螺母均安装在焊接面上。变压器一次侧电源线从印制电路板焊接面穿过孔后，在元件面打结，再与变压器一次绕组引出线焊接并完成绝缘恢复，变压器二次绕组引出线插入安装孔后焊接。

三、电路调试与测试

1. 主要性能指标

（1）稳压电源输出电压（6 ±0.2）V。

（2）RC 正弦波振荡器正常工作时，IC1（CD4518）的①脚能测到方波输入信号。

（3）时钟电路正常工作时，通过 IC3（CD40110）产生正确的控制信号。

2. 调试方法

（1）接通电源，调节 RP1 使直流稳压电源输出电压为（6±0.2）V，同时测量各集成电路的电源插脚的电源电压是否正常。

（2）接通电源，检查 RC 正弦波振荡器是否工作正常，如果电路正常工作，则应在 VT5 的集电极输出接近方波信号。可以用万用表交流电压挡在 C9 右端测量，或用示波器在 IC1（CD4518）的⑥脚能测到方波信号。

（3）断电后插上集成电路，再接通电源。如果时钟电路正常，则发光二极管 VD5 将以 2 Hz 的频率闪烁，VT6 的集电极将产生 1 s 宽的低电平闸门信号（用示波器观察）。

（4）合上拨码开关 S1～S3 中的任意一个（注意：不能同时合上两个或 3 个）计数器将以 1 s 为周期重复测量并显示被测信号的频率（S 置不同位时，显示结果不同），将测量结果记录在表 4—4—4 中。

表 4—4—4　　频率测量记录　　单位：Hz

拨码开关位置	S1	S2	S3
测量频率			

（5）调整 RP2，并选择合适的量程，即选择 S 位置，使显示结果在 0～99 之间，并根据开关位置，读出测量的频率。

四、装配工艺过程卡片编制

根据装配工艺过程卡片指定的元器件，完成表 4—4—5 所示装配工艺过程卡片的编制。

1. 请把表 4—4—5 中的“序号”列出的各元器件，在“以上各元器件插装顺序是：”一栏中编制插装顺序（可归类处理）。

2. 根据表 4—4—5 中的“图样”，在“工艺要求”一列中的空格里填写工艺要求。

表 4—4—5　　装配工艺过程卡片

装配工艺过程卡片				工序名称		产品图号
序号	代号	装入件及插装材料 代号、名称、规格		数量	工艺要求	工装名称
		名称	规格			
1	R1	电阻器	2 kΩ	1		镊子、剪刀、电烙铁等常用装配工具
2	R2、R5、R6	电阻器	560 Ω	3		
3	R3、R17	电阻器	100 Ω	2		
4	R4	电阻器	220 Ω	1		
5	R7、R8	电阻器	15 kΩ	2		
6	R9、R19	电阻器	10 kΩ	2		
7	R10	电阻器	5 kΩ	1		
8	R11	电阻器	2.2 kΩ	1		
9	R12、R18、R20	电阻器	1 kΩ	3		

续表

序号	代号	装入件及插装材料代号、名称、规格		数量	工艺要求	工装名称
		名称	规格			
10	R13	电阻器	220 kΩ	1		镊子、剪刀、电烙铁等常用装配工具
11	R14、R21	电阻器	5.6 kΩ	2		
12	R15	电阻器	2 MΩ	1		
13	R16	电阻器	120 kΩ	1		
14	R22	电阻器	3.3 kΩ	1		
15	RPl	电位器	680 Ω	1		
16	RP2	电位器	47 KΩ	1		
17	C1	电解电容器	470 μF/25 V	1		
18	C2	电解电容器	1 μF/25 V	1		
19	C3	电解电容器	220 μF/25 V	1		
20	C4、C5、C6	瓷片电容器	0.033 μF	3		
21	C7、C9、C10	涤纶电容器	0.47 μF	3		
22	C8	电解电容器	47 μF/25 V	1		
23	C11	瓷片电容器	22 pF	1		
24	VD1～VD4	二极管	1N4001	4		
25	VD5	稳压二极管	3 V	1		
26	VD6	发光二极管	LED 红	1		
27	VD7、VD8	二极管	1N4148	2		
28	VT1	三极管	2N9013	1		
29	VT2～VT6	三极管	2N9014	5		
30	JT	石英晶体	32 768 Hz	1		
31	IC1	集成电路	CD4518	1		
32	IC2、IC3	集成电路	CD40110	2		
33	IC4	集成电路	CD4060	1		
34	IC5	集成电路	MC14017	1		
35	IC6、IC7	数码管	ELS－505 HWB	2		
36	S1～S3	拨码开关	DIP	3		
37	TC	变压器	220/7.5 V	1		
38	以上各元器件插装顺序是：					

续表

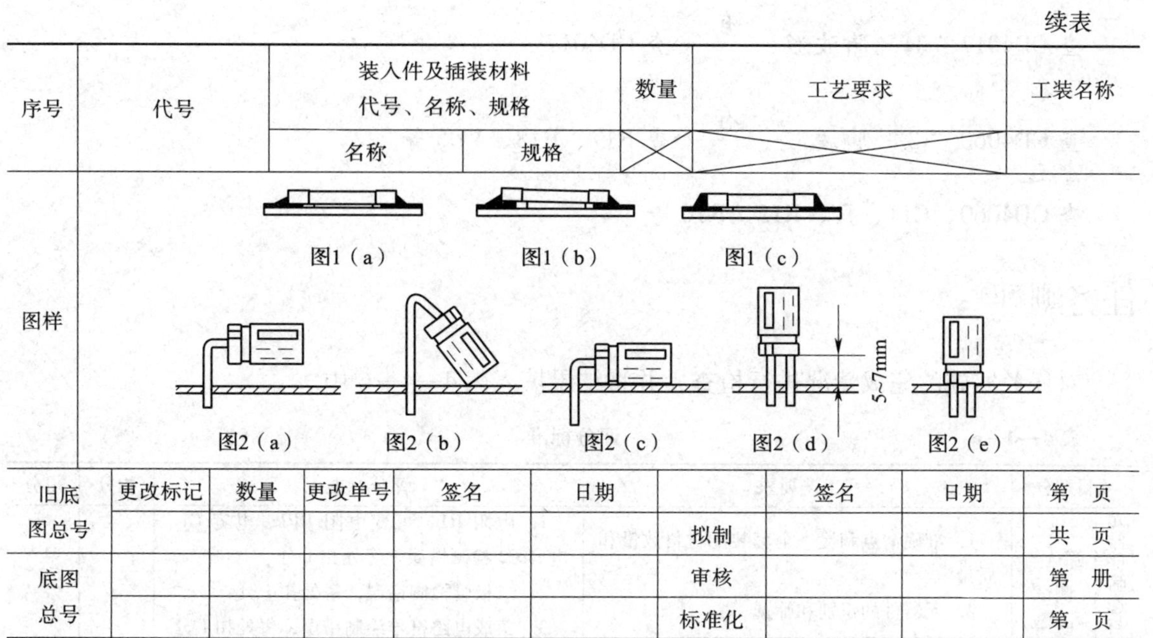

序号	代号	装入件及插装材料代号、名称、规格		数量	工艺要求	工装名称
		名称	规格			
图样	图1（a） 图1（b） 图1（c） 图2（a） 图2（b） 图2（c） 图2（d） 图2（e） 5~7mm					

旧底图总号	更改标记	数量	更改单号	签名	日期		签名	日期	第　页
						拟制			共　页
底图总号						审核			第　册
						标准化			第　页

操作提示

在数字频率计电路的装配与调试过程中，可能会遇到如下问题。

问题1：数码管不能显示测量的频率值，但数码管亮。

解决方案：数码管亮，则说明电源部分有输出，故障可能在RC振荡电路、10分频器、时钟电路、闸门信号控制电路、计数显示电路。

查CD4518“⑩”脚输入信号 —无→ 查RC振荡电路

↓有

查IC3“⑨”脚输入脉冲 —无→ 查分频电路（CD4518、S1、S2、S3）

↓有

查计数显示电路

问题2：数码管的计数值始终从0~99连续跳变。

解决方案：数码管可以显示计数值，可见电源电路、RC振荡电路、计数显示电路工作正常，因计数值是连续跳变的，则故障可能出现在闸门信号控制电路。

查IC3（CD40110）“⑥”脚波形 —有→ 查或更换集成电路IC3

↓无

查V6基极波形 —有→ 查V6、R21等

↓无

查CD4017“②”脚和“④”脚波形 —有→ 查VD6、VD7、R20、R19等

↓无

查 CD4017“⑭”脚波形 —有→ 查 CD4017
↓无
查 CD4060“③”脚波形 —有→ 查 R17、R18、VD5 等
↓无
查 CD4060、C11、JT、R15、R16 等

任务测评

对任务实施的完成情况进行检查，并将结果填入表 4—4—6 中。

表 4—4—6　　评分标准

<table>
<tr><th colspan="2">项目配分</th><th>工艺要求</th><th>评分标准</th><th>扣分</th><th>得分</th></tr>
<tr><td>元器件筛选与测试</td><td>筛选与测试
15 分</td><td>1. 准确清点和检查全套装配材料数量和质量
2. 元器件的识别和筛选
3. 检测元器件，填写检测数据</td><td>1. 电阻 R1、可变电阻 RP1、电容 C1、电容 C2 检测错误，每处扣 1 分
2. 二极管检测错误，每处扣 1 分
3. 集成电路符号绘制错误，每处扣 1 分
4. 元器件识别、筛选错误，每处扣 1 分</td><td></td><td></td></tr>
<tr><td rowspan="3">装配</td><td>插件
5 分</td><td>1. 电阻、二极管水平安装，贴紧印制电路板，色标法电阻的色环标注顺序一致
2. 电容器垂直安装，高度符合工艺要求
3. 按图装配，元器件的位置、极性正确</td><td>1. 元器件安装歪斜、不对称、高度超差、色环电阻标注方向不一致，每处扣 1 分
2. 错装、漏装，每处扣 2 分</td><td></td><td></td></tr>
<tr><td>焊接
15 分</td><td>1. 焊点光亮、清洁、焊料适量
2. 无漏焊、虚焊、假焊、搭焊、溅锡等现象
3. 焊接后元器件引脚剪脚留头长度小于 1 mm</td><td>1. 焊点不光亮、焊料过多过少，每处扣 0.5 分
2. 漏焊、虚焊、假焊、搭焊，每处扣 2 分
3. 剪脚留头长度过长，每处扣 0.5 分</td><td></td><td></td></tr>
<tr><td>总装
10 分</td><td>1. 整机装配符合工艺要求
2. 不损伤绝缘层和表面涂覆层</td><td>1. 绝缘、涂覆不符合要求，扣 1 分
2. 损伤绝缘层和表面涂覆层，每处扣 1 分
3. 紧固件松动，扣 2 分</td><td></td><td></td></tr>
<tr><td>调试</td><td>调试
40 分</td><td>1. 稳压电源正常
2. RC 振荡及分频电路正常
3. 时钟及控制信号正常
4. 计数显示电路正常</td><td>1. 稳压电源不正常，扣 5 分
2. RC 振荡及分频电路不正常，每处扣 5 分
3. 时钟及控制信号不正常，扣 5 分
4. 计数显示电路不正常，每处扣 5 分</td><td></td><td></td></tr>
<tr><td rowspan="2">故障排除</td><td>故障判断
5 分</td><td>1. 能够正确观察出故障现象
2. 能够正确分析故障原因，判断故障范围</td><td>1. 故障现象观察错误，每次扣 3 分
2. 故障原因分析错误，每次扣 5 分
3. 故障范围判断过大或过小，每次扣 2 分</td><td></td><td></td></tr>
<tr><td>故障检修
10 分</td><td>1. 检修思路清晰，方法运用得当
2. 检修结果正确
3. 正确使用仪表</td><td>1. 检修思路不清，扣 5 分
2. 检修方法不当，每次扣 3 分
3. 检修结果错误，扣 10 分
4. 仪表使用错误，每次扣 3 分</td><td></td><td></td></tr>
</table>

续表

项目配分	工艺要求	评分标准	扣分	得分
安全文明生产	1. 安全用电，无人为损坏元器件、加工件和设备 2. 保持环境整洁，秩序井然，操作习惯良好	1. 发生安全事故，扣 10 分 2. 违反文明生产要求，视情况，扣 5 ~ 10 分		
合计				

知识拓展

利用 AT89S52 单片机 T0、T1 的定时/计器功能，完成对输入的信号的频率进行测量，测量的结果通过液晶显示出来。这里要求实现对 0 ~ 200 kHz 的信号频率进行准确的测量，测量误差不超过 ±1 Hz。

频率计的功能是测出 1 s 内的输入信号的周期个数，再用数字的方式显示出来，也就是说需要完成定时 1 s，对输入的脉冲计数和数字显示的硬件电路及相应的程序。定时 1 s 可以通过单片机内部的定时器来完成，不需要额外的硬件电路。同样，对脉冲的计数也可能用单片机内部的定时/计数器来完成，也不需要另外的硬件电路，只需要将外部的计数脉冲连接到对应的引脚上，如图 4—4—5 所示，将计数脉冲连接到对应的 T0 引脚（P3. 4，第二功能）。

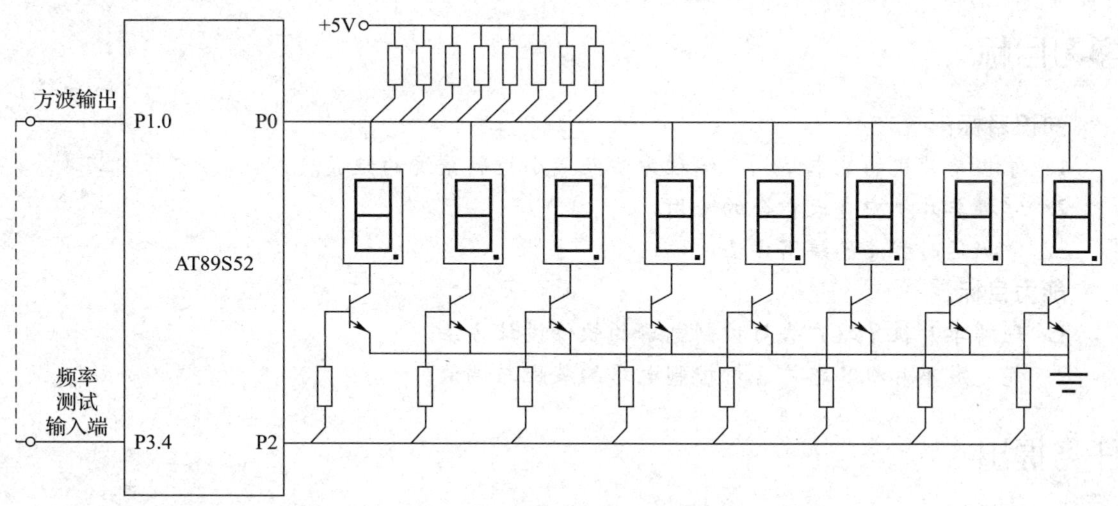

图 4—4—5　频率计的电路原理图

显示频率的数字，可以采用各种显示器件，采用动态显示电路，P0 口接 t 段显示器的段码输入端，P2 口接位码控制端。具体的电路原理图如图 4—4—5 所示，其中还增加了一个输出脉冲的 P1. 0（采用 AT89S52，定时器 2 产生脉冲）作为信号源。

通过以上分析，要求单片机完成 3 个任务，分别如下：对输入的信号周期进行计数、1 s 定时、动态显示以及频率计算及频率转换为显示数据。要同时完成 3 个任务，只有使用中断的方式进行任务分割，可以用定时器 T0、T1 及其中断服务程序和主程序来分别完成每一个任务。

思考与练习

一、填空题（请将正确答案填在横线空白处）

1. 数字频率计电路主要由直流串联稳压电源、________、________、时钟电路、________、________等电路组成。

2. 正弦波振荡器主要由放大电路、________、________、________4 部分组成。

3. RC 正弦波振荡器的振荡频率较低，一般在________以下，LC 正弦波振荡器的振荡频率较高；一般在________以上，石英晶体正弦波振荡器可以等效为________，其优点是振荡频率非常稳定。

二、思考题

1. 电容器 C4 ~ C6 中如果有一个严重漏电，电路会出现什么现象？为什么？若出现此类故障，如何用最简单的方法进行检测？

2. 电阻器 R7、R8、R10 的阻值是等值的，如果不等值电路能否起振？为什么？

3. 试分析 VD6 和 VD7 在电路中的作用，如果断开其中一个，测量结果有何变化？为什么？试验证此现象。

任务 5　单片机 8 路广告灯控制电路

学习目标

知识目标：

1. 掌握单片机的基本结构、编程方法及最小控制系统的组成。
2. 掌握单片机中查表指令的应用。
3. 掌握延时程序的编写方法。

能力目标：

1. 理解单片机 8 路广告灯控制电路的软件设计方法。
2. 能完成单片机 8 路广告灯控制电路的装配与调试。

任务提出

本任务要求根据控制要求编程，利用万能印制电路板装配与调试单片机控制的 8 路广告灯电路，利用查表的编程方法，使 MCS－51 单片机的 P1 口的 P1.0 ~ P1.7 作单一灯的变化：左移两次、右移两次、闪烁两次（延时间隔时间为 0.2 s）。

单片机硬件最小控制系统由 MCS－51 系列单片机（如 89C51，它含程序存储器）、外接时钟电路、复位电路和 5 V 直流稳压电源等组成。图 4—5—1 所示为 8 路广告灯电路原理图，本任务选用 AT89C51 作为单片机芯片，电路中由 C1、C2、晶振等组成时钟振荡电路，由 R9、C3 组成上电复位电路，通过内部程序使 P1 口的 P1.0 ~ P1.7 输出控制信号，驱动发光二极管，R1 ~ R8 为限流电阻。

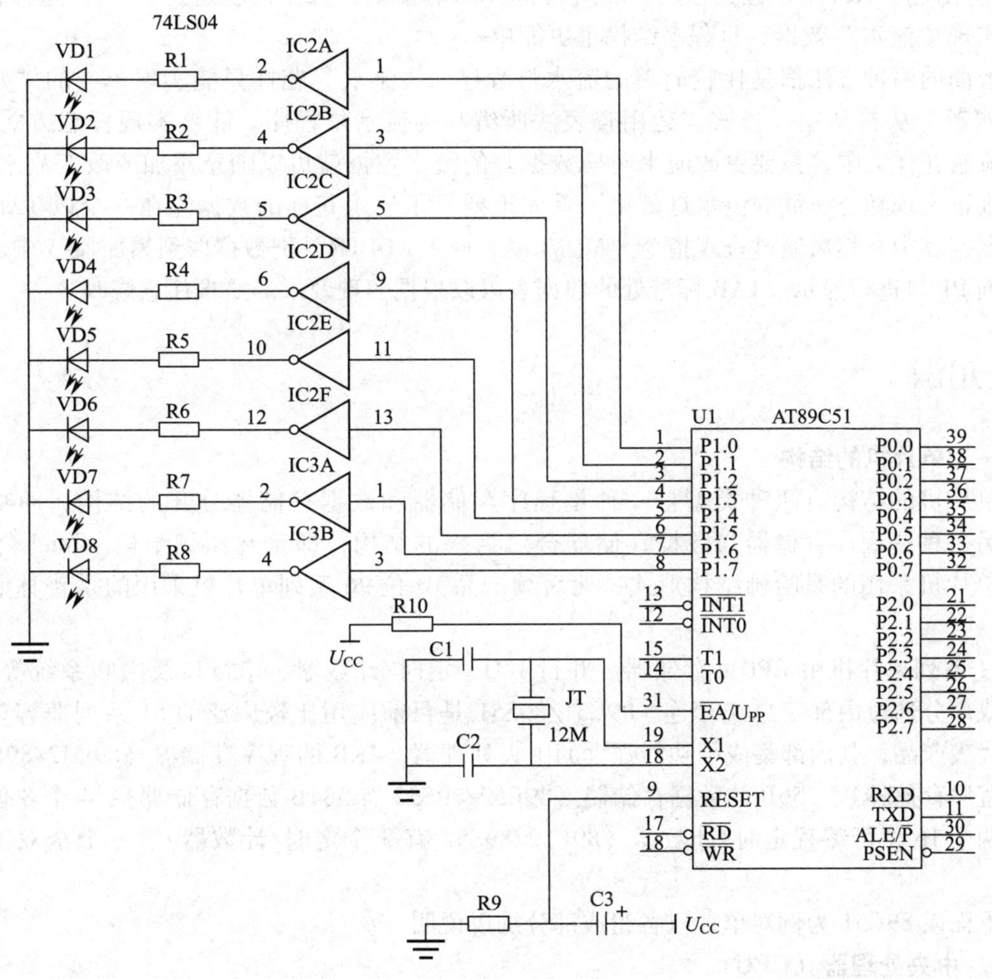

图 4—5—1 8 路广告灯电路原理图

电路分析

从原理图中可以看出，如果要让接在 P1.0 口的 VD1 亮起来，只要把 P1.0 口的电平变为低电平就可以了；相反，如果要让接在 P1.0 口的 VD1 熄灭，就要把 P1.0 口的电平变为高电平；同理，接在 P1.1 ~ P1.7 口的其他 7 个 LED 的点亮和熄灭的方法同 VD1。因此，要实现“流水”灯功能，只要将发光二极管 VD1 ~ VD8 依次点亮、熄灭，8 只 LED 灯便会一亮一暗。在此还应注意一点，由于人眼的视觉暂留效应以及单片机执行每条指令的时间很短，在控制二极管亮灭的时候应该延时一段时间，否则就看不到“流水”效果了。

为了使程序不复杂，利用循环移位指令，采用循环程序结构进行编程。在程序一开始就给 P1 口送一个数，这个数本身就让 P1.0 为低，其他位为高，然后延时一段时间，再让这个数据向高位移动，然后再输出至 P1 口，这样就实现了“流水”效果。由于 89C51 系列单片机的指令中只有对累加器 ACC 中数据左移或右移的指令，因此，实际编程中，应把须移动的数据先放到ACC中，让其移动，然后再将ACC移动后的数据再转送到P1口。这样，同样可以实现“流水”效果，且程序结构也更简单。

上面的两种方法都是比较简单的流水灯程序，“流水”花样只能实现单一的“从左到右”或者“从右到左”方式。运用查表法所编写的流水灯程序，能够实现任意方式流水，而且流水花样无限，只要更改流水花样数据表的流水数据就可以随意添加或改变流水花样，从而真正实现随心所欲的流水灯效果。首先把要显示流水花样的数据建在一个以TAB为标号的数据表中，然后通过查表指令“MOVC A，@A+DPTR”把数据取到累加器A中，然后再送到P1口进行显示。TAB标号处的数据表可以根据实现效果的要求任意修改。

相关知识

一、单片机的结构

单片机的结构有两种类型：一种是程序存储器和数据存储器分开的结构，即哈佛结构，另一种是程序存储器与数据存储器合二为一的结构，即普林斯顿结构。Intel公司51系列单片机采用的是哈佛结构形式，而后续产品16位96系列单片机采用的是普林斯顿结构。

51系列单片机由CPU、存储器、并行I/O、定时/计数器、串行口及中断系统等组成，各组成部分通过内部三总线相连。89C51/89S51是目前应用比较广泛的51系列兼容单片机中的代表产品，其内部集成了功能强大的中央处理器，4KB的程序存储器（89C52/89S52有8KB程序存储器）、256B的数据存储器（89C52/89S52有384B数据存储器）、4个8位并行口、两个16位可编程定时/计数器（89C52/89S52有3个定时/计数器）、一个全双工串行口。

下面以89C51为例对单片机各组成部分加以说明。

1. 中央处理器（CPU）

中央处理器是整个单片机的核心部件，是8位数据处理器，能处理8位二进制数据或代码。CPU负责控制、指挥和调度整个单片机系统协调工作，完成运算和控制功能等操作。

2. 数据存储器（内部RAM）

89C51/89S51内部有256 B的RAM，其中包含128 B用户数据存储单元（地址为00 H～7FH）和128 B特殊功能寄存器单元（地址为80 H～FFH）。特殊功能寄存器只能用于存放控制指令数据，而不能用于存放用户数据。所以，用户能使用的RAM只有128 B，可用于存放读写的数据和运算的中间结果等。89C52/89S52内部有384 B的RAM，其中供用户使用的RAM为256 B（地址为00 H～FFH），特殊功能寄存器RAM为128 B（地址为80 H～FFH），显然用户RAM的高128 B地址与特殊功能寄存器RAM地址重叠，但可通过不同的寻址方式加以区分。

3. 程序存储器（内部ROM）

89C51/89S51内部有4 KB的Flash存储器（89C52/89S52有8 KB），程序存储器用于存放用户程序和原始数据等。

4. 定时/计数器

89C51/89S51 有两个 16 位的可编程定时/计数器 T0 和 T1（89C52、89S52 有 3 个，除 T0、T1 以外，还有一个定时/计数器 T2），用于实现定时或计数功能。

5. 并行输入/输出（I/O）口

51 系列单片机有 4 个 8 位并行 I/O 口（P0、P1、P2 和 P3），用于单片机与外部设备之间的数据并行输入/输出。

6. 串行口

51 系列单片机内置一个全双工异步串行通信口，用于单片机与其他具有相应接口的设备之间的异步串行数据传送，该串行口既可以用作异步通信收发器，也可以用作同步移位器使用。

7. 时钟电路

51 系列单片机内置一个高增益反相放大器，用于产生整个单片机工作的时序脉冲，须外接晶振和电容。

8. 中断系统

89C51/89S51 具备较完善的中断功能，有 5 个中断源，其中两个外部中断、两个定时/计数器中断和一个串行口中断，可满足不同的中断控制要求，并具有两级中断优先级别选择。89C52/89S52 有 6 个中断源，除具有与 89C51/89S51 相同的 5 个中断源外，还增加了一个 T2 中断。

根据对以上各部分的分析可得 89C51 单片机的基本组成框图如图 4—5—2 所示。

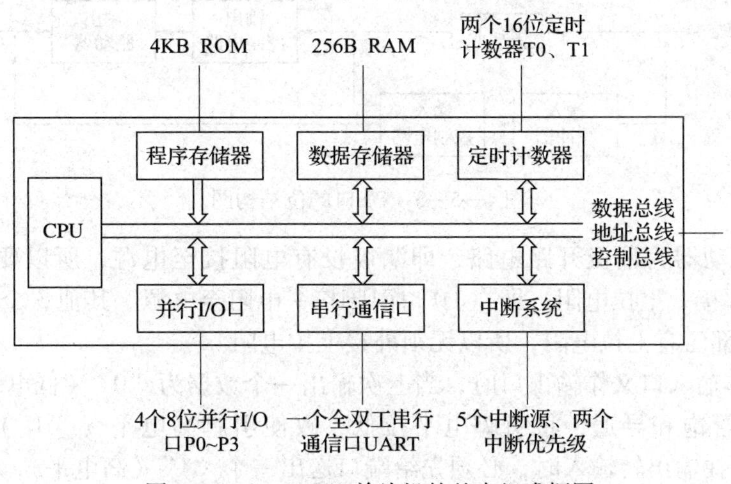

图 4—5—2 89C51 单片机的基本组成框图

二、单片机输入/输出端口结构

在 51 系列单片机中有 4 个双向并行 I/O 口 P0 ~ P3。每个端口都由锁存器、输出驱动器和输入缓冲器组成。单片机与外部设备交换信息，都是通过端口进行的。在进行写端口操作时，CPU 将内部总线的数据经锁存器和输出驱动器送到端口引脚；在进行读端口操作时，将端口锁存器或引脚数据经输入缓冲器传送至内部数据总线。4 个 I/O 端口都可作输入/输出口使用，其中 P0 口和 P2 口还可用于对外部存储器或外部扩展设备的访问。在扩展外部存储器或外部设备时，把 P0 口作为地址/数据总线口使用，分时输出外部存储器或外部设备的低 8 位地址和 8 位数据；当扩展的外部存储器或外部设备的地址为 16 位时，把 P2 口用作地址总线口，输出高 8 位地址。P3 口除作通用的 I/O 外，其各位还可作为第二功能使用。

1. P0 口

图 4—5—3 所示为 P0 口的位结构图。P0 口作通用 I/O，写端口时，在内部控制信号的作用下，输出控制电路接通锁存器输出端，数据由内部总线经锁存器、输出控制电路和输出驱动器送到引脚；读端口时，在内部控制信号的作用下，输入控制电路接通引脚或锁存器输出端，引脚或锁存器数据经输入缓冲器送到内部总线。读端口时有两种情况：一是读引脚指令，此时端口数据无须作运算修改，在内部控制信号的作用下，输入控制电路接通端口引脚，数据由引脚经输入缓冲器送到内部总线；二是读锁存器指令，此时端口数据须作运算修改，在内部控制信号的作用下，输入控制电路接通端口锁存器，数据经输入缓冲器送到内部总线，再作某一运算修改后，重新写入端口。读端口数据时，究竟数据取自于引脚还是锁存器是由单片机自动判别的，无须用户关心。在扩展外部程序存储器或外部设备时，P0 口作地址/数据总线用，此时，在内部控制信号的作用下，输出控制电路接通内部地址/数据线，地址/输出数据经输出驱动器送到引脚，其中地址（16 位地址中的低 8 位地址）和数据（8 位数据）在内部控制信号的作用下分时传送，先传地址后传数据；输入数据从引脚经输入缓冲器送入内部总线。

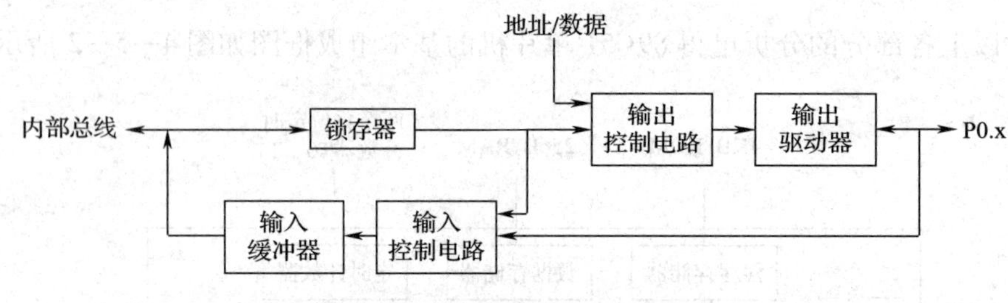

图 4—5—3　P0 口的位结构图

P0 口输出驱动器为漏极开路电路，即漏极没有电阻接至电源，所以要能输出高电平，必须在 P0 口外部接一上拉电阻，即在 P0 口引脚接一电阻至电源。其他 3 个口 P1、P2 和 P3 的输出驱动器内部已有上拉电阻，所以无须外接上拉电阻。

当 P0 口既作输入口又作输出口时，当上次输出一个数据为“0”（低电平）时，使输出驱动器的场效应管饱和导通，将引脚电平拉低，致使引脚高电平（“1”）误读为低电平（“0”）。所以，在输出转输入时，必须先给端口送出一个“1”（高电平），使输出驱动器的场效应管截止，然后再读端口数据，才能正确读出端口数据“1”（高电平）。即当 P0 口既作输入口又作输出口时，在输出转输入时要先写“1”再读。当 P0 口只作输入口时，读数时无须进行先写“1”的操作。对其他 3 个口 P1、P2 和 P3 也同样要遵守该规则。

2. P1 口

图 4—5—4 所示为 P1 口的位结构图。与 P0 口相比，它少一个输出控制电路，其余组成相同。P1 口只作通用 I/O 口使用，其数据输入、输出过程与 P0 口作通用 I/O 口时的数据输入、输出过程相同，在此不再赘述。

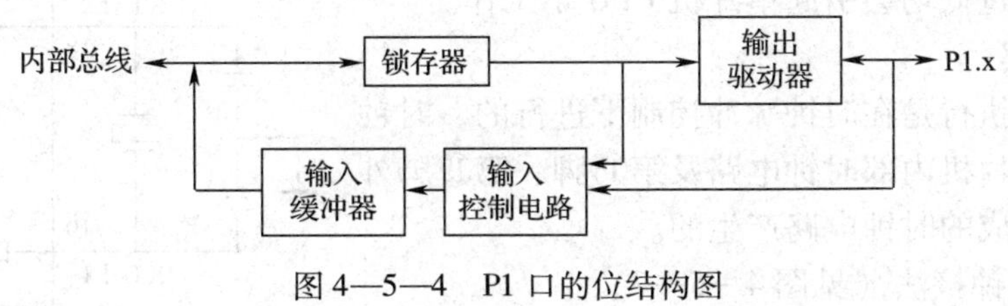

图 4—5—4　P1 口的位结构图

3. P2 口

图 4—5—5 所示为 P2 口的位结构图。与 P0 口相比，P2 口在扩展外部存储器或外部设备时只作地址总线用，其余两者相同。在作通用 I/O 口时，其数据传送与 P0 口相同。在扩展外部存储器或外部设备时，输出控制电路接通内部地址信号端，高 8 位地址经输出驱动器送到引脚。

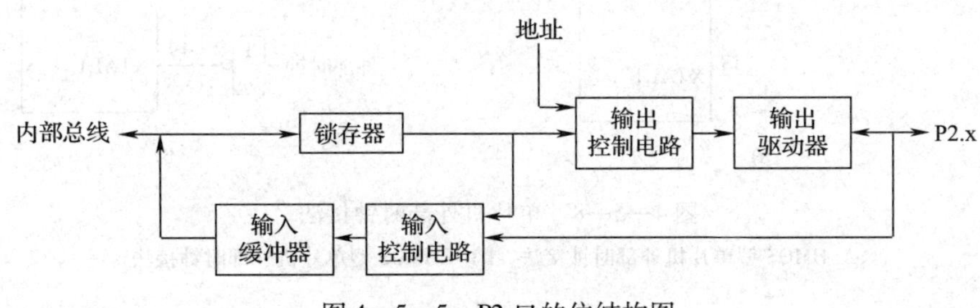

图 4—5—5　P2 口的位结构图

4. P3 口

图 4—5—6 所示为 P3 口的位结构图。与 P0 口相比，P3 口除作通用 I/O 口使用外，还有第二功能。在作通用 I/O 口时，其数据传送与 P0 口相同。在作第二功能输出时，输出控制电路接通内部第二功能输出端，第二功能信号经输出驱动器送到引脚；在作第二功能输入时，引脚第二功能信号经 H2 输入缓冲器送到第二输入功能端。

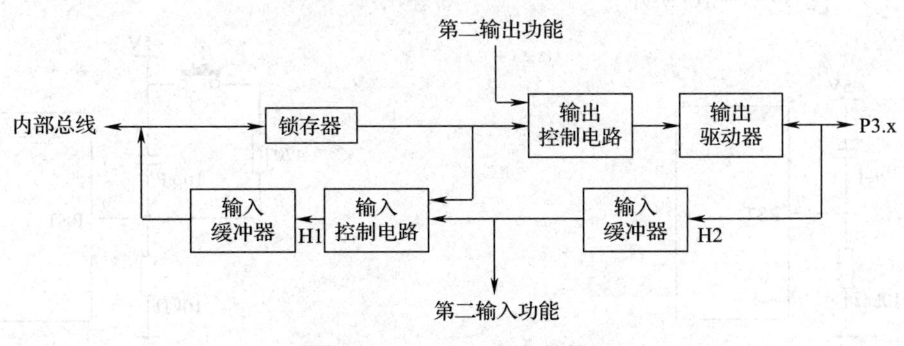

图 4—5—6　P3 口的位结构图

三、单片机工作条件

单片机正常工作最基本的条件是正确的电源、时钟和复位信号。

1. 正确的电源

51 系列单片机第 40 脚接电源 +5 V，第 20 脚接地。

电压过高或过低均会引起单片机 CPU 不工作。

2. 时钟电路

单片机指令执行是在时钟脉冲控制下进行的，时钟脉冲信号是由单片机内部时钟电路及第⑱脚、第⑲脚外接晶振和电容组成的时钟电路产生的。

（1）内部时钟接法（见图 4—5—7）

（2）外部时钟接法（见图 4—5—8）

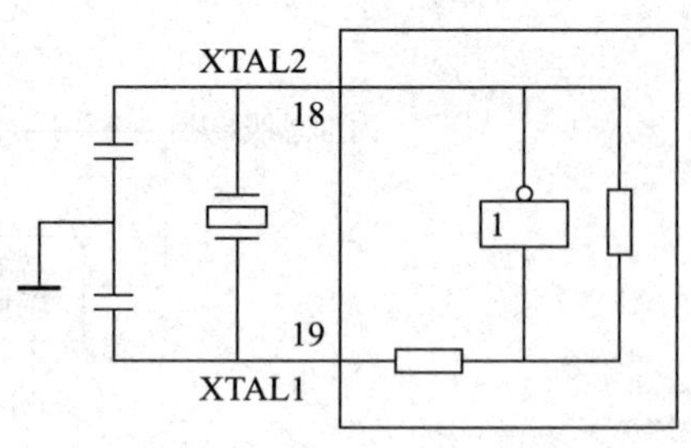

图 4—5—7 内部时钟接法

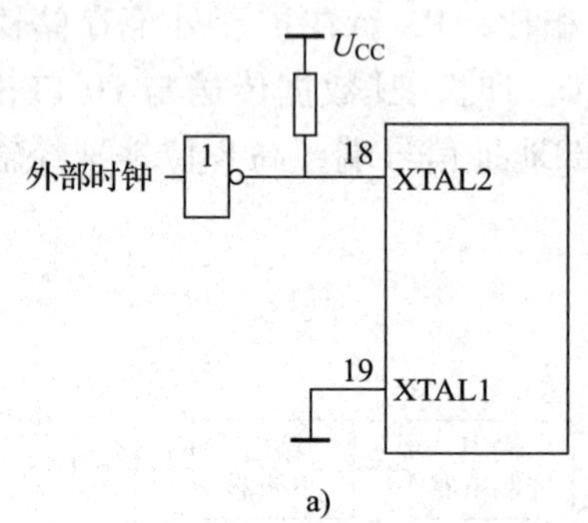

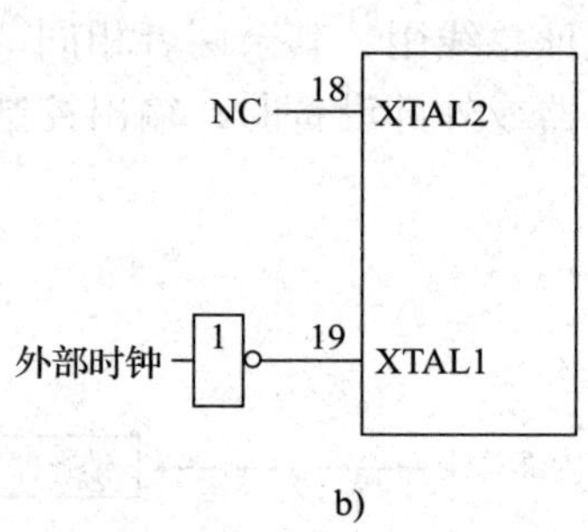

图 4—5—8 单片机外部时钟接法

a）HMOS 型单片机外部时钟接法 b）CHMOS 型单片机外部时钟接法

3. 复位电路

复位是单片机的初始化操作，单片机启动运行时，都需要先复位，其作用是使 CPU 和其他部件处于一个确定的初始状态，并从这个状态开始工作。因而复位是一个很重要的操作，但 51 系列单片机本身不能自动进行复位，必须配合相应的外部电路才能实现。

当 51 系列单片机的复位引脚 RST 出现两个机器周期以上的高电平时，单片机就执行复位操作。根据应用的要求，复位操作通常有两种基本形式，即上电复位和按键复位，其电路如图 4—5—9、图 4—5—10 所示。

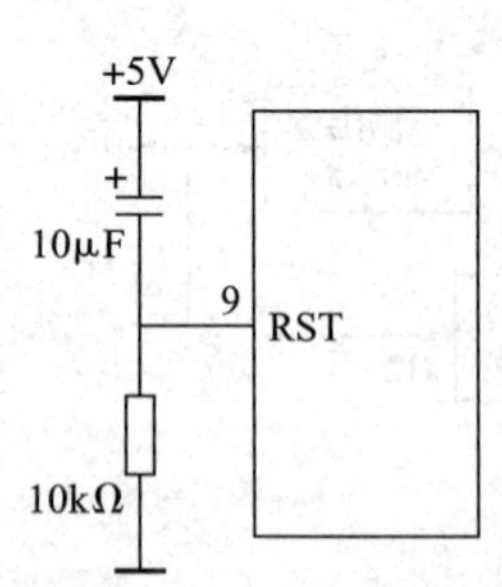

图 4—5—9 上电复位电路

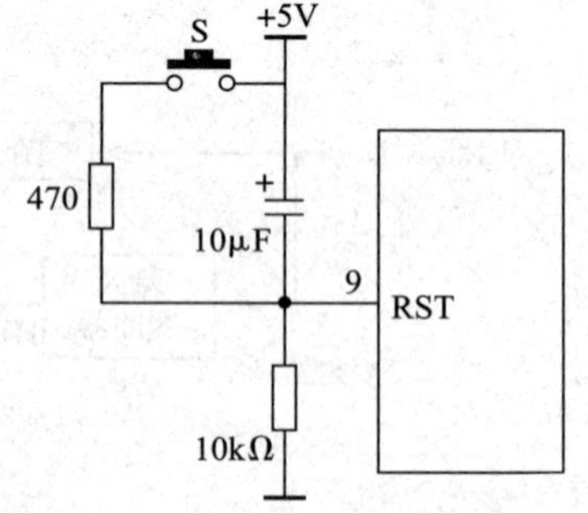

图 4—5—10 按键复位电路

四、循环移位指令

1. 循环左移：RL A

A7←···←A0

功能：将累加器 A 的内容左循环移一位。

2. 循环右移：RR　A　[A7→…→A0]

功能：将累加器 A 的内容右循环移一位。

3. 带 Cy 循环左移：RLC　A　[Cy]←[A7←…←A0]

功能：将累加器 A 的内容连同进位标志位向左循环移一位。

4. 带 Cy 循环右移：RRC　A　[Cy]→[A7→…→A0]

功能：将累加器 A 的内容连同进位标志位向右循环移一位。

五、查表指令

在许多情况下，本来通过计算才能解决的问题也可以改用查表方法解决，而且要简便得多。因此，在实际单片机应用中，常常需要编制查表程序以缩短程序长度并提高程序执行效率。

在单片机应用系统中，查表程序是一种常用的程序，它可以完成数据计算、转换、补偿等各种功能，具有程序简单、执行速度快等优点。在 MCS－51 中，数据表格是存放在程序存储器 ROM 中，而不是存放在 RAM 中。编程时，可以通过 DB 伪指令将表格的内容存入 ROM 中。用于查表的指令有如下两条：

MOVC A，@ A + DPTR

MOVC A，@ A + PC

1. MOVC A，@A + DPTR

此条指令的功能是将累加器 A 中的值与寄存器 DPTR 中的值相加，相加后的结果是程序存储器 ROM 中的某个存储单元的地址。将这个地址中的数据传送到 A 中保存起来。具体操作可以分为以下三个步骤：

第一步，将要查数据变换为其对应索引值送入 A 中。

第二步，将数据表首地址送入 DPTR 中。

第三步，执行查表指令取得所需数据。

例：下面查表程序中有一个 1～9 的平方数值表，一个数（1～9 中的任意一个）存于 R0 中，试编写程序取得其对应的平方值并存于 R1 中。

程序如下：

```
ORG   0000H
MOV   A，R0
MOV   DPTR，#TAB
MOVC   A，@ A + DPTR
MOV   R1，A
SJMP   $
TAB：DB  0，1，4，9，16，25，36，49，64，81
END
```

2. MOVC A，@A + PC

第一步，将要查数据变换为其对应的索引值送入 A 中。

第二步，将表首地址与查表指令的下一条指令地址（即 PC 当前值）之差和 A 的值相加，即对 A 的值进行修正，修正后的 A 的值就是要取得数据相对于查表指令的下一条指令的偏移量。

第三步，执行查表指令取得所需数据。

需要说明的是，应用 MOVC A，@ A + PC 查表指令，其表格首地址与 PC 值间距不能超过 256 B，且编程要事先计算好偏移量，比较麻烦。而应用 MOVC A，@ A + DPTR 指令，其表格位置可放在 64 KB 范围内，且使用方便。因此，一般情况下用 DPTR 作基址寄存器。

任务实施

一、工具、器材的准备

1. 工具及仪器

常用电子组装工具一套；万用表一块；0 ~ 30 V 稳压电源；MCS – 51 单片机编程器等。

2. 元器件明细表

本任务电路的元器件明细表见表 4—5—1。

表 4—5—1　　元器件明细表

代号	名称	规格	代号	名称	规格
R1	电阻器	470 Ω	VD2	发光二极管	ϕ3 红色
R2	电阻器	470 Ω	VD3	发光二极管	ϕ3 红色
R3	电阻器	470 Ω	VD4	发光二极管	ϕ3 红色
R4	电阻器	470 Ω	VD5	发光二极管	ϕ3 红色
R5	电阻器	470 Ω	VD6	发光二极管	ϕ3 红色
R6	电阻器	470 Ω	VD7	发光二极管	ϕ3 红色
R7	电阻器	470 Ω	VD8	发光二极管	ϕ3 红色
R8	电阻器	470 Ω	JT	晶振器	12 MHz
R9	电阻器	10 kΩ	IC1	微处理器	AT89C51
R10	电阻器	2 kΩ	IC2	集成电路	74LS07
C1	瓷片电容器	30 pF	IC3	集成电路	74LS07
C2	瓷片电容器	30 pF		万能印制电路板	
C3	电解电容器	10 μF/25 V		连接导线	
VD1	发光二极管	ϕ3 红色		焊料、助焊剂	

3. 元件检测

根据给出的元器件明细表逐一检查测试元器件的参数与好坏，并将部分元器件的检测结果填入表 4—5—2 中。

表 4—5—2　　　　部分元器件检查结果记录

元器件	识别及检测内容			
电阻器		标称值（含误差）	测量值	测量挡位
	R1			
电容器		标称值（μF）	介质	
	C3			
单片机芯片		型号	封装形式	引脚图
	AT89C51			
发光二极管	VD1	正向电阻	反向电阻	

二、电路装配要求和方法

工艺流程：准备→熟悉控制要求→核对元器件数量、规格、型号→元器件检测→元器件预加工→万能印制电路板装配、焊接→编写程序→程序烧录→自检调试→印制电路板设计制作→印制电路板装配与调试。

1. 电阻器、二极管（发光二极管除外）均采用水平安装方式，并贴紧印制电路板，色标法电阻器的色环标志顺序方向应一致。

2. 电容器采用垂直安装方式，高度要求为电解电容器的底部离印制电路板小于 4 mm，其他电容器的底部离印制电路板（6 ±2） mm。

3. 三极管采用垂直安装方式，高度要求为管底部离印制电路板（6 ±2） mm。

4. 所有焊点均采用直脚焊，焊接完成后剪去多余引脚，留头在焊面以上 0.5 ~1 mm，且不能损伤焊接面。

三、电路调试

1. 程序流程图

图 4—5—11 所示为系统程序流程图。

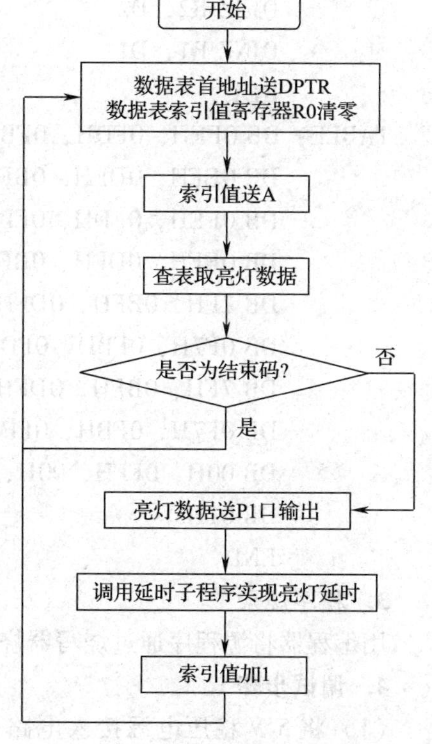

图 4—5—11　系统程序流程图

2. 源程序如下：

```
        ORG 0000H
START:
        MOV DPTR，#TABLE              ；置表格首地址
        MOV R0，#0                    ；将数据表索引值寄存器清零
```

```
LOOP:
        MOV A, R0                       ; 索引值送 A
        MOVC A, @A + DPTR               ; 利用查表指令取出亮灯数据
        CJNE A, #01H, LOOP1             ; 判断查表是否结束
        SJMP START                      ; 返回重新开始
LOOP1:
        MOV P1, A                       ; 将亮灯数据通过 P1 口输出
        LCALL DELAY                     ; 调用延时子程序
        INC R0                          ; 索引值加 1
        SJMP LOOP
DELAY:  MOV R1, #2                      ; 置外循环次数
    D1: MOV R2, #200                    ; 置中循环次数
    D2: MOV R3, #250                    ; 置内循环次数
        DJNZ R3, $
        DJNZ R2, D2
        DJNZ R1, D1
        RET
TABLE:  DB 0FEH, 0FDH, 0FBH, 0F7H           ; 左移
        DB 0EFH, 0DFH, 0BFH, 7FH
        DB 0FEH, 0FDH, 0FBH, 0F7H           ; 左移
        DB 0EFH, 0DFH, 0BFH, 7FH
        DB 7FH, 0BFH, 0DFH, 0EFH            ; 右移
        DB 0F7H, 0FBH, 0FDH, 0FEH
        DB 7FH, 0BFH, 0DFH, 0EFH            ; 右移
        DB 0F7H, 0FBH, 0FDH, 0FEH
        DB 00H, 0FFH, 00H, 0FFH             ; 闪烁
        DB 01H                              ; 结束码
        END
```

3. 程序烧录

用编程器将源程序通过烧写器烧录到 AT89C51 单片机芯片中。

4. 调试步骤

（1）将 5 V 稳压电源接入电路，同时测量单片机芯片的电源插脚的电源电压是否正常。

（2）接通电源，用万用表和示波器检查单片机的另外两个工作条件：复位电路和时钟电路是否正常工作。

（3）若需调整发光二极管的流动速度，只需在源程序中改变延时时间。

四、装配工艺过程卡片编制

根据装配工艺过程卡片指定元器件，完成表 4—5—3 装配工艺过程卡片的编制。

1．请把表4—5—3中的“序号”列出的各元器件，在“以上各元器件插装顺序是:”一栏中编制插装顺序（可归类处理）。

2．根据表4—5—3中的“图样”，在“工艺要求”一列中的空格里填写工艺要求。

表4—5—3　　　　装配工艺过程卡片

装配工艺过程卡片				工序名称		产品图号
序号	代号	装入件及插装材料 代号、名称、规格		数量	工艺要求	工装名称
		名称	规格			
1	R1～R8	电阻	470 Ω	8		镊子、剪刀、电烙铁等常用装配工具
2	R9	电阻	10 kΩ	1		
3	R10	电阻	2 kΩ	1		
4	C1、C2	瓷片电容器	30 pF	2		
5	C3	电解电容器	10 μF/25 V	1		
6	VD1～VD8	发光二极管	ϕ3 红色	8		
7	JT	晶振	12 MHz	1		
8	IC1	微处理器	AT89C51	1		
9	IC2、IC3	集成电路	74LS07	2		
10	以上各元器件插装顺序是:					
图样	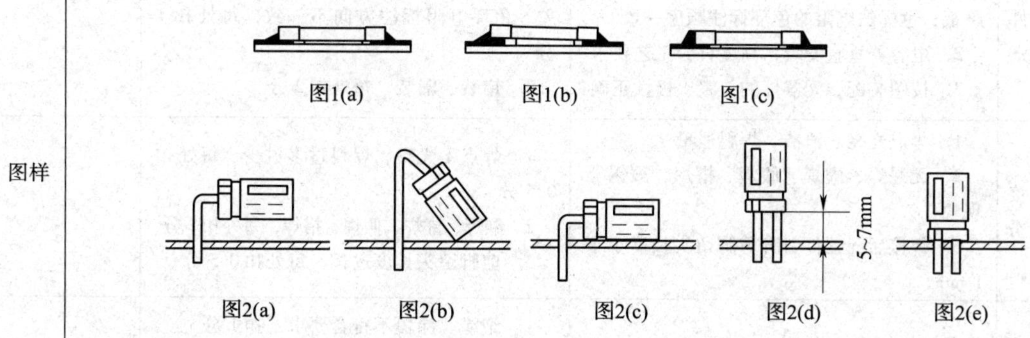图1(a)　图1(b)　图1(c)　图2(a)　图2(b)　图2(c)　图2(d)　图2(e)					

旧底图总号	更改标记	数量	更改单号	签名	日期		签名	日期	第　页
						拟制			共　页
底图总号						审核			第　册
						标准化			第　页

在单片机8路广告灯控制电路的装配与调试过程中，可能会遇到如下问题。

问题1：发光二极管不亮。

解决方案：首先用万用表检查电源部分是否有输出，如果有电压，故障可能出现在单片机的其他两个工作条件上。

问题2：刚上电时，发光二极管全亮。

解决方案：由于人的视觉具有滞留性，每个发光二极管点亮后要延时一段时间。频率不能过快，也不能过慢。

任务测评

对任务实施的完成情况进行检查，并将结果填入表4—5—4中。

表4—5—4　　评分标准

项目配分		工艺要求	评分标准	扣分	得分
元器件筛选与测试	筛选与测试15分	1. 准确清点和检查全套装配材料数量和质量 2. 元器件的识别和筛选 3. 检测元器件，填写检测数据	1. 电阻R1、电容C3检测错误，每处扣2分 2. 二极管检测错误，每处扣1分 3. 集成电路AT89C51符号绘制错误，每处扣1分 4. 元器件识别、筛选错误，每处扣1分		
装配	插件5分	1. 电阻、二极管水平安装，贴紧印制电路板，色标法电阻的色环标注顺序一致 2. 电容器垂直安装，高度符合工艺要求 3. 按图装配，元器件的位置、极性正确	1. 元器件安装歪斜、不对称、高度超差、色环电阻标注方向不一致，每处扣1分 2. 错装、漏装，每处扣2分		
	焊接15分	1. 焊点光亮、清洁、焊料适量 2. 无漏焊、虚焊、假焊、搭焊、溅锡等现象 3. 焊接后元器件引脚剪脚留头长度小于1 mm	1. 焊点不光亮、焊料过多过少，每处扣0.5分 2. 漏焊、虚焊、假焊、搭焊，每处扣2分 3. 剪脚留头长度过长，每处扣0.5分		
	总装10分	1. 整机装配符合工艺要求 2. 不损伤绝缘层和表面涂覆层	1. 绝缘、涂覆不符合要求，扣1分 2. 损伤绝缘层和表面涂覆层，每处扣1分 3. 紧固件松动，扣2分		
调试	调试40分	1. 源程序录入正确 2. 正确使用编程器烧录程序 3. 单片机晶振电路正常工作 4. 显示结果正确	1. 程序录入不正确，每处扣2分 2. 不会使用编程器，扣5分 3. 晶振电路工作不正常，扣10分 4. 显示结果不正常，每处扣5分		

续表

项目配分		工艺要求	评分标准	扣分	得分
故障排除	故障判断5分	1．能够正确观察出故障现象 2．能够正确分析故障原因，判断故障范围	1．故障现象观察错误，每次扣3分 2．故障原因分析错误，每次扣5分 3．故障范围判断过大或过小，每次扣2分		
	故障检修10分	1．检修思路清晰，方法运用得当 2．检修结果正确 3．正确使用仪表	1．检修思路不清，扣5分 2．检修方法不当，每次扣3分 3．检修结果错误，扣10分 4．仪表使用错误，每次扣3分		
安全文明生产		1．安全用电，无人为损坏元器件、加工件和设备 2．保持环境整洁，秩序井然，操作习惯良好	1．发生安全事故，扣10分 2．违反文明生产要求，视情况，扣5～10分		
合计					

知识拓展

在本任务的基础上，增加一个8255集成芯片，利用8255A的PA口作为输出口，接8只发光二极管，编写程序使发光二极管从右到左轮流循环点亮。

一、硬件设计

8255是可编程的并行输入/出接口芯片，通用性强且灵活。其具有的资源如下：3个可编程的8位并行I/O口PA口、PB口和PC口；PC口可以按位进行操作。8255A的引脚结构如图4—5—12所示。

1．8255各引脚的功能

（1）D0～D7：地址/数据线是低8位地址线和数据线的共用输入总线，常与MCS－51单片机的P0口相连，用于分时传送地址和数据。

（2）PA0～PA7、PB0～PB7：为A、B口线，用于和外设之间传递数据。

（3）PC0～PC7：为C口线，既可与外设传送数据，也可以作为A、B口的控制联络线。

（4）$\overline{CS}$：片选线，低电平有效。

（5）RESET：复位线，通常与单片机的复位端

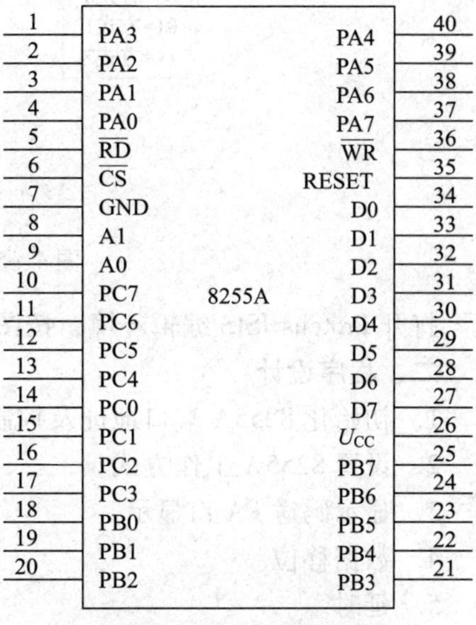

图4—5—12　8255A的引脚结构

相连。

（6）A0 和 A1：I/O 口的选择线，通过它可以选择 PA 口、PB 口、PC 口和控制寄存器。

（7）$\overline{RD}$和$\overline{WR}$：读/写线，控制 8255 的读、写操作。

（8）U_{CC}：电源端。

（9）GND：接地端。

2. 8255A 端口选择表

8255A 端口选择表见表 4—5—5。

表 4—5—5　　8255A 端口选择表

A1	A0	$\overline{RD}$	$\overline{WR}$	$\overline{CS}$	功能
0	0	0	1	0	端口 A ⇨ 数据总线
0	1	0	1	0	端口 B ⇨ 数据总线
1	0	0	1	0	端口 C ⇨ 数据总线
0	0	1	0	0	数据总线 ⇨ 端口 A
0	1	1	0	0	数据总线 ⇨ 端口 B
1	0	1	0	0	数据总线 ⇨ 端口 C
1	1	1	0	0	数据总线 ⇨ 数据字寄存器

3. 方式选择控制字

8255A 有 3 种基本的工作方式，在对 8255A 进行初始化编程时，应向控制寄存器写入方式选择控制字，以规定各端口的工作方式。方式选择控制字格式如图 4—5—13 所示。

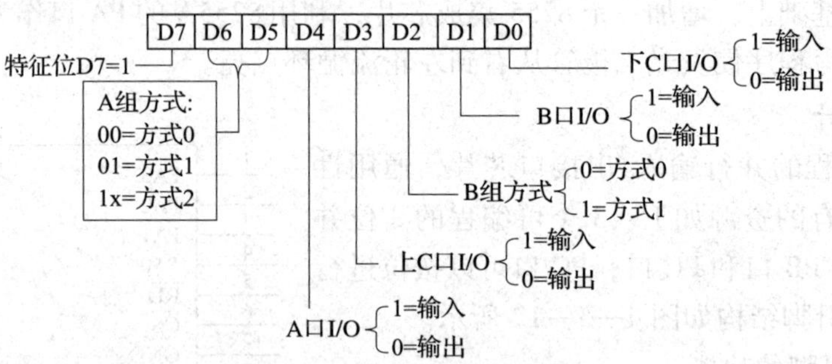

图 4—5—13　方式选择控制字格式

打开 Proteus ISIS 编辑环境，按图 4—5—14 所示的原理图连接硬件电路。

二、程序设计

1. 初始化 8255A 端口地址及控制字地址。
2. 设置 8255A 工作方式。
3. 显示码送 PA 口显示。
4. 数据移位。
5. 延时。

根据以上分析编写的程序如下：

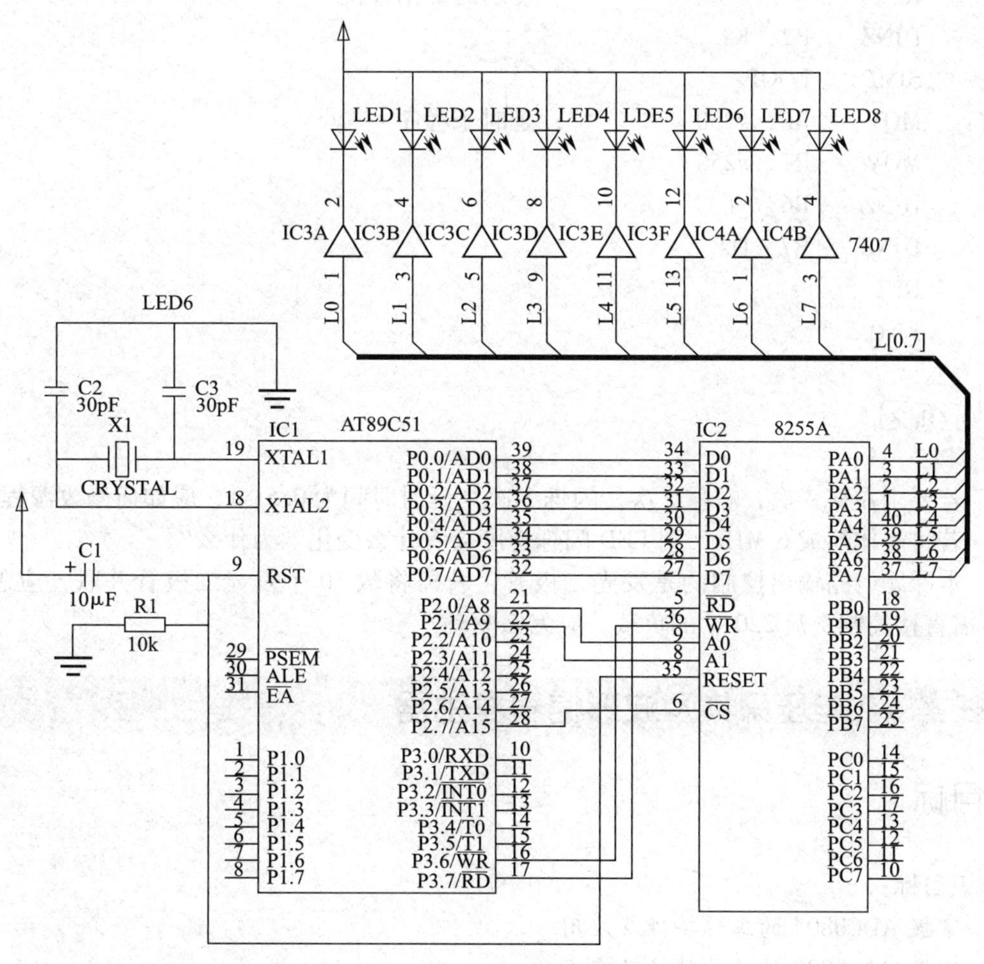

图 4—5—14 电路原理图

```
        ORG     0000H
ADDRA   EQU     7CFFH           ；8255A 口地址
ADDRB   EQU     7DFFH           ；8255B 口地址
ADDRC   EQU     7EFFH           ；8255C 口地址
CONTR   EQU     7FFFH           ；8255 控制字地址
        MOV     A，#80H         ；8255A 方式选择字：端口 A 方式 0，输出
        MOV     DPTR，#CONTR
        MOVX    @DPTR，A        ；设置 8255 工作方式
LOOP：  MOV     A，#0FEH        ；设置显示码
        MOV     R2，#8          ；设置计数值
  K1：  MOV     DPTR，#ADDRA
        MOVX    @DPTR，A        ；显示码送 PA 口显示
        LCALL   DELAY
```

```
         RL      A              ；显示码数据移位
         DJNZ    R2，K1
         SJMP    LOOP
DELAY：  MOV     R6，#250       ；延时子程序
D2：     MOV     R7，#250
D1：     DJNZ    R6，$
         DJNZ    R7，D2
         RET
         END
```

思考与练习

1. 若要求左移3次，右移3次，闪烁3次（延时时间为0.5 s），应如何修改源程序？

2. 若将晶体换成6 MHz，则LED闪烁速度会有什么变化？为什么？

3. 本课题电路输出控制的是发光二极管，若需将数10个发光二极管并联，应怎么驱动？若需直接控制交流220 V的负载，应怎么驱动？

任务6 电压采集及波形信号发生器

学习目标

知识目标：

1. 掌握ADC0804的工作特性及应用。
2. 掌握DAC0832的工作特性及应用。
3. 理解电压采集及波形信号发生器电路的工作原理。

能力目标：

1. 能测量电路中关键点的波形。
2. 能正确安装与调试电压采集及波形信号发生器电路。

任务提出

函数信号发生器是一种常用的信号源，它广泛应用于电子技术实验中，目前常用的模拟电路信号发生器，一般可靠性较差，准确度较低，难以满足科研和高精度实验的需要。现用单片机及其外设电路构成的智能函数信号发生器，采用编程的方法来实现波形，将产生波形的程序用子程序的形式编写，在需要波形时再调用相应子程序，经过D/A转换、运算放大器处理后，作为该信号源输出，其线路简捷、功能强大、性价比较高。

本任务要求是装配与调试电压采集及波形信号发生器电路，其电路原理如图4—6—1所示。通过编制单片机控制程序，使电路达到以下功能：

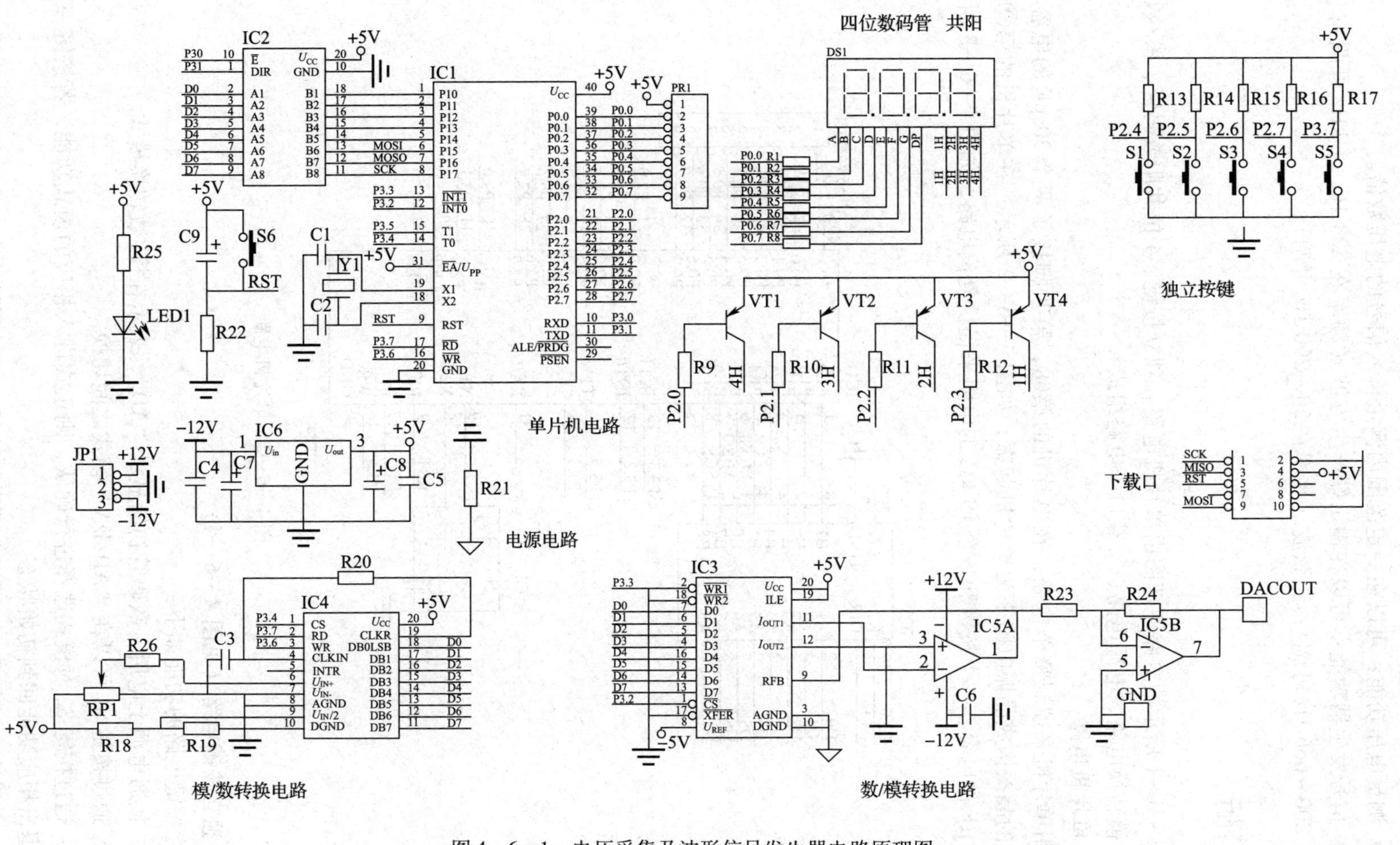

图4—6—1 电压采集及波形信号发生器电路原理图

（1）测量电压功能：可以在一定范围内测量输入信号的电压数值。

（2）信号发生器功能：可以在输出端产生方波（频率在 200 Hz ~ 1 kHz 可调）；锯齿波（频率在 200 ~ 666 Hz 可调）；正弦波（频率在 50 ~ 200 Hz 可调）。

电路分析

图 4—6—1 所示的电路原理图由单片机电路、独立按键、4 位共阳数码管、模/数转换电路、数/模转换电路、电源电路、下载口等电路组成。

1. 单片机电路

采用单片机来控制整个电路，在单片机的第⑱，第⑲脚接了两个 30 pF 的电容和一个 12 MHz 的晶振构成晶振电路来为单片机起振，如图 4—6—2 所示；在单片机的第⑨脚接了一个 10 μF 的电容，一个按键和一个 10 kΩ 的电阻来提供复位电路，如图 4—6—3 所示。

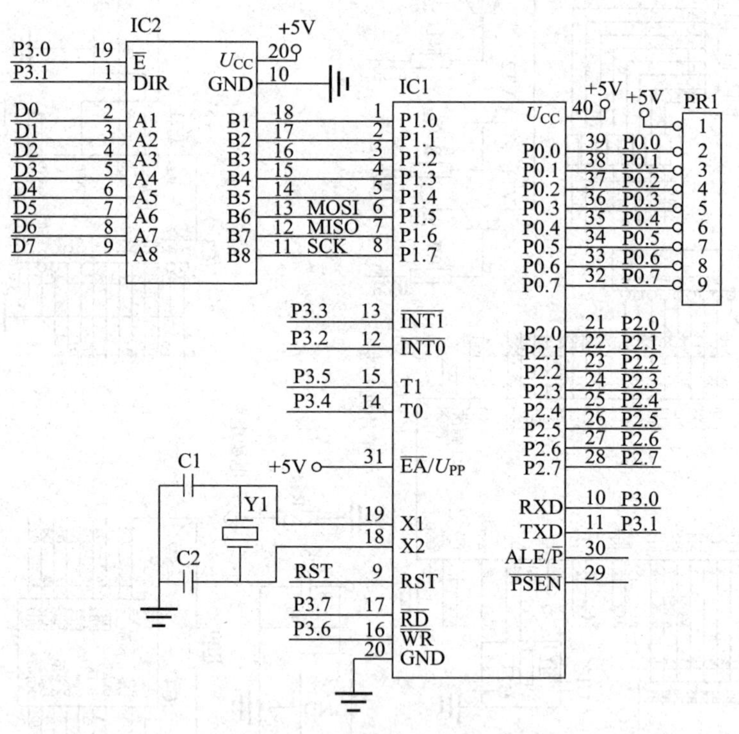

图 4—6—2　单片机电路

2. 独立按键电路（见图 4—6—4）

独立按键电路的功能如下：

（1）接通电源上电后，数码管初始显示“AD”，表示在模/数转换模式。

（2）通过按键 S1 可以在“AD/DA”模式之间切换。

（3）通过按键 S2 对模式选择进行确认，则正式进入相应的模式功能，若按键一次按键 S2，则退出相应功能回到初始状态。

（4）若进入 AD 模式，则模拟电压采集信号，可以测量输入信号灯的电压数值。

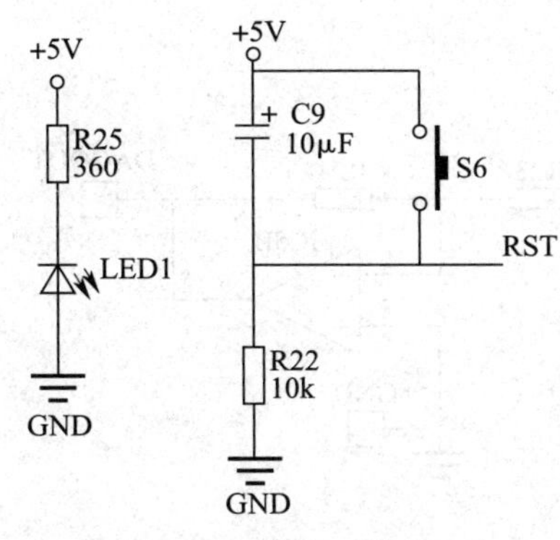

图 4—6—3　复位电路

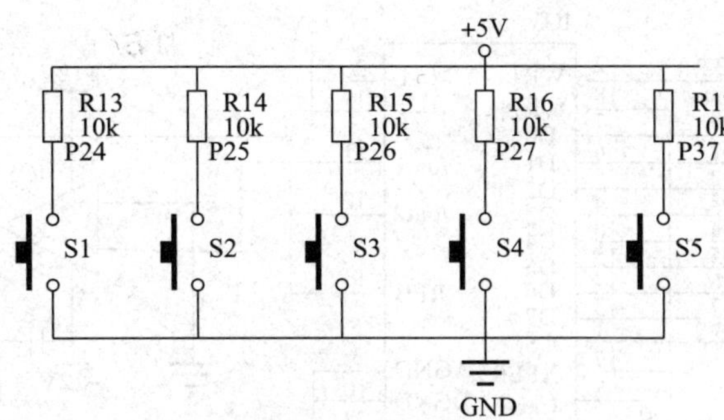

图 4—6—4　独立按键电路

（5）若进入 DA 模式，则进行波形发生功能。可以产生如下 3 种形式的波形。

1）方波（频率在 200 Hz ~ 1 kHz 可调）。

2）锯齿波（频率在 200 ~ 666 Hz 可调）。

3）正弦波（频率在 50 ~ 200 Hz 可调）。

说明：刚进入波形发生模式（即 DA 模式）时，数码管显示“DA – –”，当前无波形发生。

（6）通过按键 S3 可以对产生的波形进行切换。“DA01”为锯齿波，“DA03”为正弦波（注：方波和正弦波的初始频率为 500 Hz），如图 4—6—4 所示。

3. 模/数转换电路

将模拟电压量输入到 ADC0804，转化为数字量，如图 4—6—5 所示。

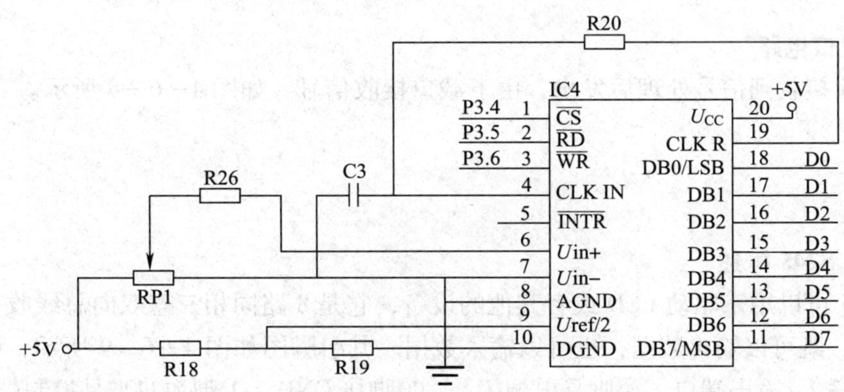

图 4—6—5　模/数转换电路

4. 数/模转化电路

将数字量输入到 DAC0832，转化为模拟量并由 LM358 运算放大器处理后，作为该信号源输，如图 4—6—6 所示。

5. 电源电路

电源电路主要由三端固定稳压源芯片 7805 组成，将 +12 V 电压转换为 +5 V 电压供单片机使用，如图 4—6—7 所示。

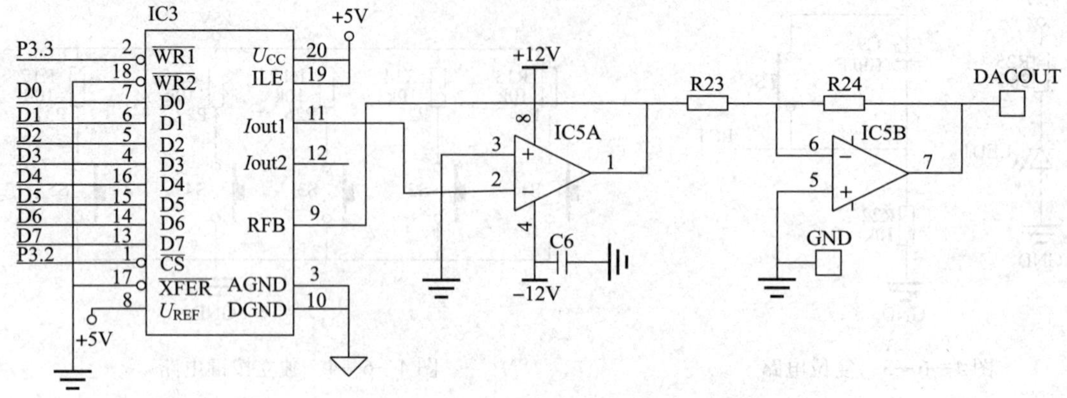

图 4—6—6　数/模转换电路

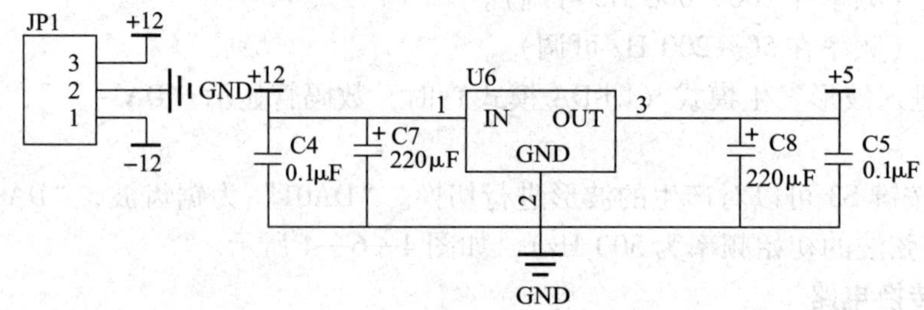

图 4—6—7　电源电路

6. 下载口电路

74LS245 接收到信号处理后发出，由下载口接收信号，如图 4—6—8 所示。

相关知识

一、74LS245 概述

74LS245 可以用来驱动 LED 或者其他的设备，它是 8 路同相三态双向总线收发器，可双向传输数据，既可以输出数据，也可以输入数据。其引脚图如图 4—6—9 所示，引脚②～⑨和⑪～⑱是输入/输出端口，⑳脚是电源 U_{CC}，⑩脚接 GND，①脚和⑲脚是控制端口。

当片选端低电平有效时，若 DIR＝0，则信号由 B 向 A 传输；若 DIR＝1，则信号由 A 向 B 传输；当为高电平时，A、B 均为高阻态。

二、DAC0832 概述

DAC0832 是采样频率为 8 位的 D/A 转换器件，芯片内有两级输入寄存器，使 DAC0832 具备双缓冲、单缓冲和直通 3 种输入方式，以便适于各种电路的需要（如要求多路 D/A 异步输入、同步转换等）。D/A 转换结果采用电流形式输出。要是需要相应的模拟信号，可通过一个高输入阻抗的线性运算放大器实现这个功能。运放的反馈电阻可通过 RFB 端引用片内固有电阻，也可以外接。该片逻辑输入满足 TTL 电压电平范围，可直接与 TTL 电路或微机电路相接，芯片 DAC0832 引脚图如图 4—6—10 所示，其内部结构电路如图 4—6—11 所示。

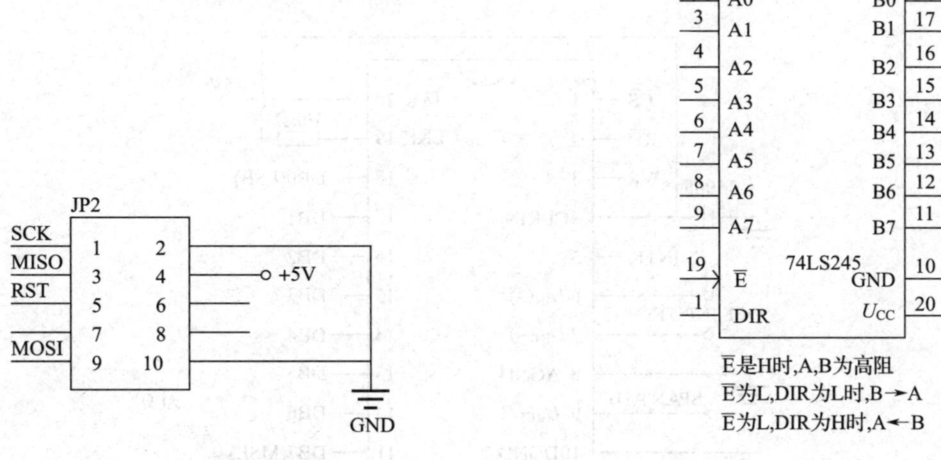

图 4—6—8　下载口电路　　　图 4—6—9　74LS245 引脚图

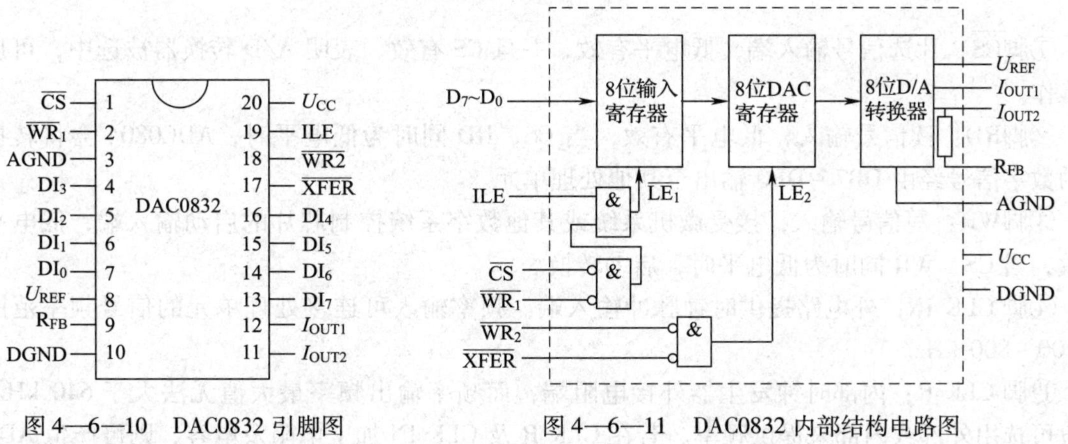

图 4—6—10　DAC0832 引脚图　　　图 4—6—11　DAC0832 内部结构电路图

DAC0832 引脚功能说明如下：

$DI_0 \sim DI_7$：数据输入线，TLL 电平；ILE：数据锁存允许控制信号输入线，高电平有效；$\overline{CS}$：片选信号输入线，低电平有效；$\overline{WR_1}$：为输入寄存器的写选通信号；$\overline{XFER}$：数据传送控制信号输入线，低电平有效；$\overline{WR_2}$：为 DAC 寄存器写选通输入线；I_{OUT1}：电流输出线。当输入全为 1 时 I_{OUT1} 最大；I_{OUT2}：电流输出线。其值与 I_{OUT1} 之和为一常数；R_{FB}：反馈信号输入线，芯片内部有反馈电阻；U_{CC}：电源输入线（+5 ~ +15 V）；U_{REF}：基准电压输入线（−10 ~ +10 V）；AGND：模拟地，摸拟信号和基准电源的参考地；DGND：数字地，两种地线在基准电源处共地比较好。

三、ADC0804 芯片简介

ADC0804 是用 CMOS 集成工艺制成的逐次比较型模/数转换芯片，有两个模拟信号输入端，用以接收单极性、双极性和差模输入信号。A/D 转换器数据输出端具有三态特性，能与微机总线相接。分辨率为 8 位，转换时间为 100 μs，输入电压范围为 0 ~ 5 V，该芯片内有输出数据锁存器，当与计算机连接时，转换电路的输出可以直接连接在 CPU 数据总线上，无须附加逻辑接口电路。ADC0804 引脚图如 4—6—12 所示。引脚名称及意义如下：

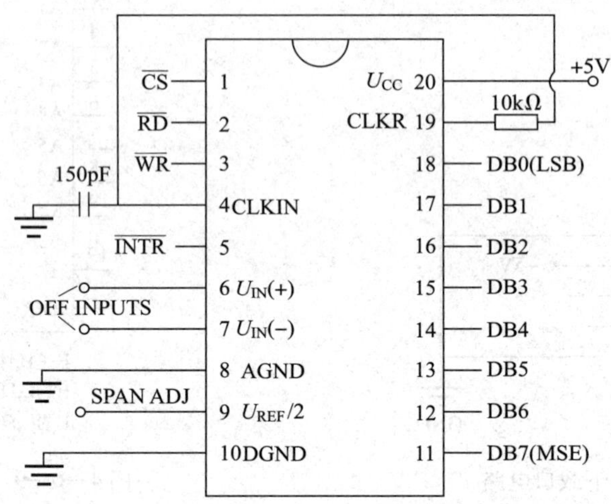

图 4—6—12　ADC0804 引脚图

①脚$\overline{CS}$：片选信号输入端，低电平有效，一旦 CS 有效，表明 A/D 转换器被选中，可启动工作。

②脚$\overline{RD}$：读信号输入，低电平有效，当 CS、RD 同时为低电平时，ADC0804 会将转换后的数字信号经由 DB7 ~ DB0 输出至其他处理单元。

③脚$\overline{WR}$：写信号输入，接受微机系统或其他数字系统控制芯片的启动输入端，低电平有效，当 CS、WR 同时为低电平时，启动转换。

④脚 CLK IN：外电路提供时钟脉冲输入端。频率输入可连接处理单元的信号频率范围为 100 ~ 800 kHz。

⑲脚 CLK R：内部时钟发生器外接电阻端，而频率输出频率最大值无法大于 640 kHz，一般可选用外部或内部来提供频率。若在 CLK R 及 CLK IN 加上电阻及电容，则可产生 ADC 工作所需的时序，其频率为 1/1. 1RC。

⑤脚 $\overline{INTR}$ ：转换结束输出信号，低电平有效。输出低电平表示本次转换已完成。该信号常作为向微机系统发出的中断请求信号，可读取数字数据。

⑥、⑦脚 PIN6、PIN7［U_{IN}（+）、U_{IN}（−）］：差动模拟信号的输入端。输入电压 U_{IN} = U_{IN}（+）－U_{IN}（−），通常使用单端输入，而将 U_{IN}（−）接地。

⑧脚 AGND：模拟信号地。

⑨脚（U_{REF}/2）：模拟参考电压输入端。U_{REF} 为模拟输入电压 U_{IN} 的上限值。若⑨脚空接，则 U_{IN} 的上限值即为 U_{CC}。

⑩脚 DGND：数字信号地。

⑪ ~ ⑱脚（DB7 ~ DB0）：转换后之数字数据输出端。

⑫脚 PIN20（U_{CC}）：驱动电压输入端。

任务实施

一、工具、器材的准备

1. 工具及仪器

电子焊接工具一套；万用表一块；示波器一台。

2. 元器件明细表

本任务电路的元器件明细表见表 4—6—1。

表 4—6—1　　元器件明细表

代号	名称	规格	代号	名称	规格
R1、R2、R3、R4、R5、R6、R7、R8	电阻器	470 Ω	RP1	电位器	10 kΩ
R9、R10、R11、R12	电阻器	1 kΩ	VT1、VT2、VT3、VT4	三极管	8 550
R13、R14、R15、R16、R17、R22	电阻器	10 kΩ	S1、S2、S3、S4、S5、S6	轻触开关	
R18、R19	电阻器	1 kΩ	DS1	4 数码位管	共阳
R20、R26	电阻器	10 kΩ	PR1	阻排	10 kΩ
R21	电阻器	0	IC1	AT89S52	DIP40
R23	电阻器	7.5 kΩ	IC2	74LS245	DIP20
R24、R27	电阻器	15 kΩ	IC3	DAC0832	DIP20
R25	电阻器	360 Ω	IC4	ADC0804	DIP20
C1、C2	电容器	30 pF	IC5	LM358	
C3	电容器	150 pF	IC6	7805	
C4、C5、C6	电容器	0.1 μF	JP1	接线端子	
C7、C8	电解电容器	220 μF	JP2	ISP 下载口	
C9	电解电容器	10 μF	Y1	晶振器	12 MHz
LED1	发光二极管	绿色			

3. 元器件检测

根据给出的元器件明细表逐一检查测试元器件的参数与好坏，并将部分元器件的检测结果填入表 4—6—2 中。

表 4—6—2　　部分元器件检查结果记录

元器件	识别及检测内容			
电阻器		标称值（含误差）	测量值	测量挡位
	R23			
电容器		标称值（μF）	介质	
	C3			
	C7			

续表

元器件		识别及检测内容		
发光二极管		正向 电阻	反向 电阻	材料
	LED1			
三极管	VT1	面对字符面，单管脚朝上， 画出管外形示意图并标出管脚名称		材料
		b－e结正向电阻		b－c结反向电阻
稳压器		面对字符面，管脚向下，画出管外形示意图并标出管脚名称		
	7 805			

二、电路装配

1. 印制电路板的安装

（1）元件成型与安装。本课题电路因元件较多，元件应按电阻、轻触开关、二极管、发光二极管、三极管、阻排、电解电容器、三端集成稳压电路、集成电路、数码管的顺序进行安装。

（2）印制电路板装配工艺要求

1）电阻、二极管均采用水平式安装，要求贴近电路板，电阻的色环方向应一致，二极管的标志方向应正确。

2）电容器采用直立式安装，管底面离电路板不大于4 mm。

3）装配微调电位器时，应将引脚插到底，不能倾斜，且三只引脚均要焊牢。

4）所有插入焊盘孔的元器件引线及导线均采用直脚焊形式，剪脚留头在焊面以上0.5～1 mm。

2. 自检

在未通电情况下，用万用表在路电阻测量法对装配好的电路板进行检测。

三、单片机控制程序

C语言参考程序如下：

```
#include <reg51.h>
#include <intrins.h>
#define uchar unsigned char
uchar code
table[] = {0xC0,0xF9,0xA4,0xB0,0x99,0x92,0x82,0xF8,0x80,0x90,0x88,0x83,0xc6,0xa1,
0x86,0x8e,0xff,0Xbf};
uchar tab[4];
```

```
bit time;
sbit k1 = P2^4;
sbit k2 = P2^5;
sbit k3 = P2^6;
sbit LE = P3^0;
sbit DIR = P3^1;
sbit cs = P3^4;
sbit adwr = P3^6;
sbit adrd = P3^7;
uchar cnt1,cnt;
uchar sin(uchar x)
{
uchar code sin_tab[] = {
125,128,131,134,138,141,144,147,150,153,156,159,162,165,168,171,
174,177,180,182,185,188,191,193,196,198,201,203,206,208,211,213,
215,217,219,221,223,225,227,229,231,232,234,235,237,238,239.241,
242,243,244,245,246,246,247,248,248,249,249,250,250,250,250,250,
250,250,250,249,249,248,248,247,246,246,245,244,243,242,241,239,
238,237,235,234,232,231,229,227,225,223,221,219,217,215,213,211,
208,206,203,201,198,196,193,191,188,185,182,180,177,174,171,168,
165,162,159,156,153,150,147,144,141,138,134,131,128,125,122,119,
116,112,109,106,103,100,97,94,91,88,85,82,79,76,73,70,68,65,62,
59,57,54,52,49,47,44,42,39,37,35,33,31,29,27,25,23,21,19,18,16,
15,13,12,11,9,8,7,6,5,4,4,3,2,2,1,1,0,0,0,0,0,0,0,0,1,1,2,2,3,4,
4,5,6,7,8,9,11,12,13,15,16,18,19,21,23,25,27,29,31,33,35,37,39,
42,44,47,49,52,54,57,59,62,65,68,70,73,76,79,82,85,88,91,94,97,
100,103,106,109,112,116,119,122};
  return sin_tab[x];
}
void del(uchar ms)
{
  uchar j;
  while(ms--)
    for(j=0;j<250;j++);
}
void disp()
{
  uchar i,j=0x01;
```

```
    for(i =0;i <4;i + + )
    {
      P2 = ~j;
      P0 =table[ tab[ i] ] ;
      del(4) ;
      P2 =0xff;
      j =j < <1;
    }
}
void DAC0832( uchar x)
{
  P1 =x;
}
void D_A( )
{
  uchar i;
  disp( ) ;
  if( time ==1)
  {
      time =0;
      if( i >249)   i =0;
      else   i + + ;
      switch( cnt)
      {
        case 1:tab[0] =1;
               tab[1] =0;
               DAC0832(0xff) ;
               del(50) ;
               DAC0832(0x00) ;
               del(50) ;
               break;
        case 2:
               if( i >125)   DAC0832(250 - i) ;
               else   DAC0832(250 - i) ;
               tab[0] =2;
               tab[1] =0;
               break;
        case 3:
```

```
                    DAC0832(sin(i));
                    tab[0] =3;
                    tab[1] =0;
                    break;
            default:   ;
            }
        }
}
void A_D()
{
    uchar a,adval;
    cs =0;
    adwr =0;
    _nop_();
    adwr =1;
    cs =1;
    del(5);
    for(a =20;a >0;a - - )
    {
      disp();
    }
     P1 =0xff;
     cs =0;
     adrd =0;
     adval = P1;
     tab[3] =0;
     tab[2] = adval/50;
     tab[2] = tab[2]&0x7f;
     adval = (adval%50) * 2;
     tab[1] = adval/10;
     tab[0] = adval%10;
     cs =1;
}
void main()
{
  TMOD =0X02;
  TH0 =216;
  EA =1;
```

```
ET0 = 1;
tab[0] = 13;
tab[1] = 10;
tab[2] = 16;
tab[3] = 16;
while(1)
{
  disp();
  if(k1 = =0)
  {
    del(20);
    if(k1 = =0)
    {
loop:
      cnt1 = (cnt1 + 1)%2;
      while(k1 = =0);
    }
  }
  if(cnt1 = =1)
  {
      if(k2 = =0)
      {
        tab[0] = 17;
        tab[1] = 17;
        tab[2] = 10;
        tab[3] = 13;
        while(1)
        {
          if(k3 = =0)
          {
            del(20);
            if(k3 = =0)
            {
              cnt + +;
              if(cnt > 3)    cnt = 1;
              while(k3 = =0);
            }
          }
```

```
            LE = 0;
            DIR = 0;
            TR0 = 1;
            D_A();
            if(k1 = = 0)
            {
              tab[0] = 13;
              tab[1] = 10;
              tab[2] = 16;
              tab[3] = 16;
              goto loop;
            }
          }
        }
      }
      else
      {
        TR0 = 0;
        if(k2 = = 0)
        {
          while(1)
          {
            LE = 0;
            DIR = 1;
            A_D();
            disp();
            if(k1 = = 0)
            {
              cnt = 0;
              tab[0] = 10;
              tab[1] = 13;
              tab[2] = 16;
              tab[3] = 16;
              disp();
              goto loop;
            }
          }
```

```
            }
        }
    }
}
void time0( ) interrupt 1
{
    time = 1;
}
```

四、电路调试与测试

1. 元件安装完毕后，要进行检查，确认无误方可通电调试。

2. 测试电路。

（1）A/D 转换电路调试。

1）在 A/D 模式下调试模/数转换电路，使数码管显示的数值尽量与图 4—6—13 相同，这时测量 U4 的 6 脚对地电压是________V。

图 4—6—13　模拟电压采集显示

2）测量在 A/D 模式下 IC4 的 4 脚信号，并将波形记录在表 4—6—3 中。

表 4—6—3　　**IC4 的 4 脚波形**

记录示波器波形	示波器
	时间挡位： 周期 幅度挡位： U_{P-P} =

（2）设置为信号发生器，输出 100 Hz 的正弦波，测量 DACOUT 的信号并将其波形记录在表 4—6—4 中。

表 4—6—4　　测量 DACOUT 信号

记录示波器波形	示波器
	时间挡位： 周期 幅度挡位： U_{P-P} =

3. 测试电路的功能

（1）接通电源上电后，数码管初始显示“AD”，表示在模/数转换模式。

（2）通过按键 S1 可以在“AD/DA”模式之间切换。

（3）通过按键 S2 对模式选择进行确认，则正式进入相应模式的功能。若再按一次按键 S2，则退出相应功能回到初始状态。

（4）若进入 AD 模式，则进行模拟电压信号采集，可以测量输入信号的电压数值。

（5）若进入 DA 模式，则进行波形发生功能。可以产生如下 3 种形式的波形。

1）方波（频率在 200 Hz ~ 1 kHz 可调）。

2）锯齿波（频率在 200 ~ 666 Hz 可调）。

3）正弦波（频率在 50 ~ 200 Hz 可调）。

说明：刚进入波形发生模式（即 DA 模式）时，数码管显示“DA - -”，当前无波形发生。

（6）通过按键 S3 可以对产生的波形进行切换。“DA01”为方波，“DA02”为锯齿波，“DA03”为正弦波，（注：方波和锯齿波的初始频率为 500 Hz）。

五、装配工艺过程卡片编制

根据装配工艺过程卡片指定的元器件，完成表 4—6—5 所示装配工艺过程卡片的编制。

1. 请把表 4—6—5 中的“序号”列出的各元器件，在“以上各元器件插装顺序是：”一栏中编制插装顺序（可归类处理）。

2. 根据表 4—6—5 中的“图样”，在“工艺要求”一列中的空格里填写工艺要求。

表 4—6—5　　装配工艺过程卡片

装配工艺过程卡片					工序名称		产品图号
序号	代号	装入件及插装材料 代号、名称、规格		数量	工艺要求		工装名称
		名称	规格				
1	R1、R2、R3、R4、R5、R6、R7、R8	电阻器	470 Ω	8			镊子、剪刀、电烙铁等常用装配工具
2	R9、R10、R11、R12	电阻器	1 kΩ	4			
3	R13、R14、R15、R16、R17、R22	电阻器	10 kΩ	6			
4	R18、R19	电阻器	1 kΩ	2			
5	R20、R26	电阻器	10 kΩ	2			
6	R21	电阻器	0	1			
7	R23	电阻器	7.5 kΩ	1			
8	R24、R27	电阻器	15 kΩ	2			
9	R25	电阻器	360 Ω	1			
10	C1、C2	电容器	30 pF	2			
11	C3	电容器	150 pF	1			
12	C4、C5、C6	电容器	0.1 μF	3			
13	C7、C8	电解电容器	220 μF	2			
14	C9	电解电容器	10 μF	1			
15	LED1	发光二极管	绿色	1			
16	RP1	电位器	10 kΩ	1			
17	VT1、VT2、VT3、VT4	三极管	8 550	4			
18	S1、S2、S3、S4、S5、S6	轻触开关		6			
19	DS1	4 数码位管	共阳	1			
20	PR1	阻排	10 kΩ	1			
21	IC1	AT89S52	DIP40	1			
22	IC2	74LS245	DIP20	1			
23	IC3	DAC0832	DIP20	1			
24	IC4	ADC0804	DIP20	1			
25	IC5	LM358		1			
26	IC6	7805		1			
27	JP1	接线端子		1			
28	JP2	ISP 下载口		1			
29	Y1	晶振器	12 MHz	1			
30	以上各元器件插件顺序是：						

续表

序号	代号	装入件及插装材料 代号、名称、规格		数量	工艺要求	工装名称
		名称	规格			
图样	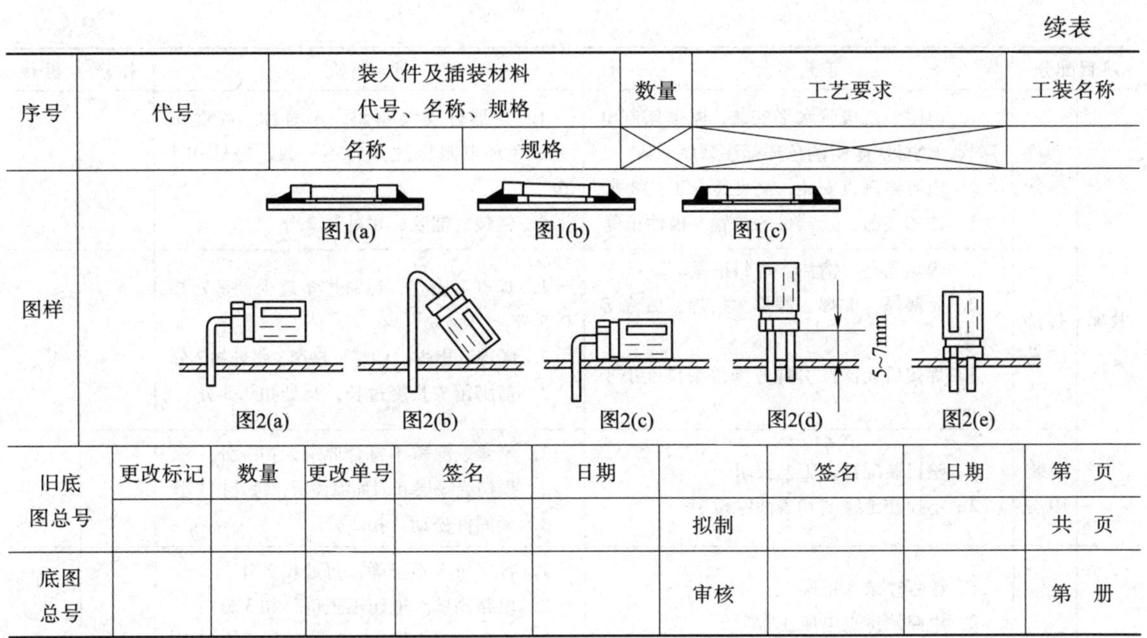 					

旧底图总号	更改标记	数量	更改单号	签名	日期		签名	日期	第 页
						拟制			共 页
底图总号						审核			第 册

操作提示

操作应符合安全操作规程：工具摆放、包装物品、导线线头等的处理；符合职业岗位6S要求；遵守实训纪律，爱惜实训室的设备和器材，保持工位的整洁。

（1）工作过程安全。

（2）仪器仪表操作规范安全。

（3）工具使用安全、规范。

（4）测试电路安全摆放。

（5）遵守纪律、保持清洁。

任务测评

对任务实施的完成情况进行检查，并将结果填入表4—6—6评分表内。

表4—6—6　　评分标准

项目配分		工艺要求	评分标准	扣分	得分
元器件筛选与测试	筛选与测试15分	1. 准确清点和检查全套装配材料数量和质量 2. 元器件的识别和筛选 3. 检测元器件，填写检测数据	1. 电阻R23、电容C3、电容C7检测错误，每处扣2分 2. 发光二极管、三极管VT1检测错误，每处扣1分 3. 稳压块7805符号绘制错误，每处扣1分 4. 元器件识别、筛选错误，每处扣1分		

续表

项目配分		工艺要求	评分标准	扣分	得分
装配	插件 5分	1. 电阻、二极管水平安装，贴紧印制电路板，色标法电阻的色环标注顺序一致 2. 电容器垂直安装，高度符合工艺要求 3. 按图装配，元器件的位置、极性正确	1. 元器件安装歪斜、不对称、高度超差、色环电阻标注方向不一致，每处扣1分 2. 错装、漏装，每处扣2分		
	焊接 15分	1. 焊点光亮、清洁、焊料适量。 2. 无漏焊、虚焊、假焊、搭焊、溅锡等现象 3. 焊接后元器件引脚剪脚留头长度小于1 mm	1. 焊点不光亮、焊料过多过少，每处扣0.5分 2. 漏焊、虚焊、假焊、搭焊，每处扣2分 3. 剪脚留头长度过长，每处扣0.5分		
	总装 10分	1. 整机装配符合工艺要求 2. 不损伤绝缘层和表面涂覆层	1. 绝缘、涂覆不符合要求，扣1分 2. 损伤绝缘层和表面涂覆层，每处扣1分 3. 紧固件松动，扣2分		
调试	调试 40分	1. 源程序录入正确 2. 电路测试点电压正常 3. A/D转换正常工作，显示电压正确 4. D/A转换正常工作，可产生方波、锯齿波、正弦波信号	1. 程序录入不正确，每处扣2分 2. 电路测试点电压不正确，扣3分 3. A/D转换不正常工作，显示电压错误，扣10分 4. D/A转换不正常工作，不能产生方波、锯齿波、正弦波信号，扣20分		
故障排除	故障判断 5分	1. 能够正确观察出故障现象 2. 能够正确分析故障原因，判断故障范围	1. 故障现象观察错误，每次扣3分 2. 故障原因分析错误，每次扣5分 3. 故障范围判断过大或过小，每次扣2分		
	故障检修 10分	1. 检修思路清晰，方法运用得当 2. 检修结果正确 3. 正确使用仪表	1. 检修思路不清，扣5分 2. 检修方法不当，每次扣3分 3. 检修结果错误，扣10分 4. 仪表使用错误，每次扣3分		
安全文明生产		1. 安全用电，无人为损坏元器件、加工件和设备 2. 保持环境整洁，秩序井然，操作习惯良好	1. 发生安全事故，扣10分 2. 违反文明生产要求，视情况，扣5～10分		
合计					

思考与练习

一、填空题（请将正确答案填在横线空白处）

1. 模拟信号与数字信号在时间与幅度坐标离散性方面最大的区别是__________，请举出一个模拟信号的例子波形__________________。

2. 运放IC5A在电路中的作用是____________；IC5B在电路中的作用是____________，放大倍数是________倍，增益 A_V = ____________ dB。

3. D/A 模式下 S4 的作用____________，是 S5 的作用是____________。

4. A/D 转换电路如果要提升精确度，可以采用的方法有________________，但是会产生的不利之处有________________。

5. 运放采用非对称正负电源有两个优点：一是________________；二是________。

二、思考题

画出电压采集及波形信号发生器的电路结构框图。

任务 7　电路测绘

学习目标

知识目标：

1. 了解印制电路板基本知识。
2. 掌握电路测绘的基本知识和方法。

能力目标：

1. 能理解电路原理图与印制板图绘制规范。
2. 能根据印制电路板图或实物，正确、规范、完整、合理地绘制出电路原理图。

任务提出

根据图 4—7—1 所示的印制电路板图，正确、规范、完整、合理地绘制出电路原理图。

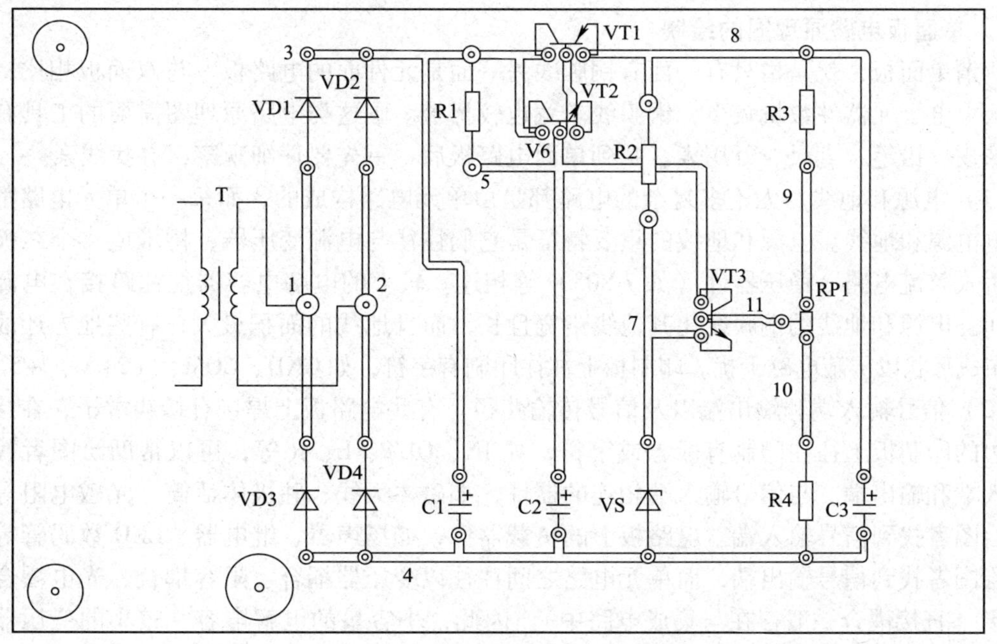

图 4—7—1　实样测绘实例印制电路板图

电路分析

要完成对未知电子备件的反设计，必须首先获知该备件的连线表，然后才能依据元器件数据库的相关知识绘制出原电路原理图，进而通过技术分析和设计形成替代方案，实现反设计。对未知电路板的测绘所使用的常用办法主要有如下两种。

用万用表的欧姆挡，对印制电路板上的各外露焊点和元器件管脚进行连接测试，即首先测量第一个焊点（或管脚）和第二、第三个焊点（或管脚）之间的电阻，直至测量完所有焊点和管脚，从而得到第一个焊点或管脚在电路板上的连接图。用同样的方法，再测第二个焊点（或管脚）与第三、第四个焊点（或管脚）之间的电阻，直至测量完所有焊点管脚，得到第二个焊点或管脚在电路板上的连接图。依次类推，可以得到电路板上各焊点和元器件管脚的连接关系（即网络图）。这种方法虽然能够得到电路板的网络图，但十分烦琐，且效率低、差错率高，因此应开发自动测绘设备。

采用固定针床的办法进行测绘，对于每种电路板设计专门的测试针床，将专用针床与被测电路板的所有接点可靠接触，在计算机测试软件的控制下，通过专门的通道控制器可在较短时间内完成测试和绘制，而且能完成对多层电路板的测绘。但这种方式要求为每种被测对象设计一个专门的针床和测试软件，投放成本高、周期长。

相关知识

一、根据 PCB 板绘制原理图的方法

一般来说，通常遇到的电路板多数是单面板或双面板。

1. 单面板电路原理图的绘制

所谓单面板，就是指只有一面有铜膜线另一面是元件面的电路板。与双面板相比，单面电路板上电子元器件数量较少，铜膜线较宽也较稀疏。画这类电路原理图需要的工具有绘图纸、橡皮、铅笔、直尺、万用表。拿到单面电路板后，首先要仔细观察，寻找线索。

（1）电源和地线。无论多复杂的电路都是由单元电路构成的，而每一个单元电路都离不开供电电源和地线。电源和地线的重要特征是它们往往与电源变压器、桥堆或 4 个二极管构成的桥式整流电路、稳压器件（如 7 805）等相连。较大的电解电容器往往跨接在电源和地线之间。电源和地线的铜膜线比其他线路宽且长，而且地线的面积最大，有些地方还故意将地线布成环状以屏蔽电磁干扰。印制板上往往印刷有字符，如 GND、COM、+24 V、+5 V 等。

（2）信号输入端和输出端以及信号传输路径。有些电路板上焊接有接线端子，在接线端子旁边的印制板上往往印制有标志或字符，如 IN、OUT、L、R 等，可以帮助绘图者找到信号输入端和输出端。与信号输入端相连的器件，如磁棒天线、驻极体话筒、光敏电阻等可以帮助绘图者找到信号输入端。电路板上的负载器件，如扬声器、继电器、LED 数码管等可以帮助绘图者找到信号输出端，而单元电路之间往往以变压器耦合、阻容耦合、光电耦合等形式连接（直接耦合一般存在与集成电路中）。因此，小容量的电解电容、较小的变压器、光耦等可以帮助绘图者找到信号传输路径。

（3）寻找单元电路核心元器件。课堂学习中的单元电路其实并不多，无非放大电路、振荡电路、功放电路、稳压电路、整流电路等，仔细研究这些电路会发现：大部分单元电路的核心器件都是三极管、场效应管。所以，单元电路的核心元器件是比较容易找到的。对于含有集成电路的电路板，其核心元器件当然非集成电路莫属。对于这些三极管、场效应管或集成电路的型号和电路符号，如果不认识，只需上网查一下就可以了。

（4）将电路板分成若干单元电路，在绘图纸上逐个绘制出单元电路。绘制单元电路的方法如下：先绘制出电源、地线、信号输入端和输出端、核心器件。以电源为上边界，地线为下边界，信号输入端为左边界，信号输出端为右边界，核心器件为中心。然后，从核心器件的任一引脚开始，仔细观察与该引脚相连的元器件的另一端与哪部分相连。一般来说，核心器件的任一引脚与电源或地线、信号输入端和输出端之间的元器件数量只是一二个，逐个引脚绘制出这些元器件就完成了单元电路的绘制。在绘制过程中，顺便把这些元器件的参数识读并记录在图样上。

把各个单元电路按电路板上连接关系“组装”到一起，就完成了电路板绘制原理图。

2．双面板电路原理图的绘制

所谓双面板，就是指电路板双面都有铜膜线，一面或双面安装元器件的电路板。相对单面板来说，双面板上安装的元器件排列密集而且数量较多，线路也更复杂，铜膜线更细密。绘制这种点电路板的电路原理图，还需要游标卡尺、丁字尺、绘图板、胶带等工具。下面以单面安装元器件的双面板为例，简述双面板电路原理图的绘制方法。

首先，用胶带把绘图纸固定在绘图板上，然后用游标卡尺精确测量出双面板的长和宽，根据绘图纸的尺寸，在绘图纸上把电路板尺寸按 1∶2 或 1∶3 的比例放大，绘出边框，再用丁字尺在边框上标出精确到毫米的坐标。

将所有元器件逐一绘制到图样上。用游标卡尺逐个测量电路板上元器件的焊盘到边界的距离，按比例标在绘图纸上，一个元器件的焊盘标注完后，把元器件符号绘制到图纸上，同时把参数标在符号旁边。

将接线端子的位置按比例标注在绘图纸上，同时将接线端子旁边的文字符号也标在绘图纸上。

将电路板上的过孔也按比例标注在绘图纸上。

按照电路板上的铜膜线条，利用万用表、直尺在绘图纸上绘出元器件之间的连接线。在这里，电源和地线可以直接标注在图样上，以简化电路图。

最后就是复查了。用万用表测量元器件之间是否有铜膜线连接，然后对按照绘制好的电路原理图，看是否有绘错、遗漏的地方。

当把上述这些做好后，就可以利用绘图软件如 Protol 99SE 在计算机上把双面板的电路原理图绘制出来了。

二、实样测绘基础知识

实样测绘就是在没有任何技术资料的情况下，根据安装好的电子设备中的印制电路板等实物，正确、规范、完整、合理地绘制出电路原理图，便于进行电路分析、设备维修等。它是电子设备维修技术人员必须掌握的一项基本技能。

1．基本要求

（1）正确性：绘制的电路原理图中元器件的数量、规格、型号及它们之间的连接关系都必须正确无误。

（2）规范性：绘制电路原理图必须使用符合国家标准的图形符号、文字符号、线条来表示各种元器件和连接线，排列整齐、横平竖直，每个元器件都应标注相应的机内序号。

（3）完整性：电路原理图必须完整地反应全部元器件及其连接关系。

（4）合理性：绘制电路原理图一般应从输入到输出的顺序；清晰地反映 3 条主线，即电源线在上方、信号线在中间、公共地线在下方；尽量减少交叉线。

2. 基本方法

（1）先确定起始元器件，一般可以将元器件序号码小的元器件或者特殊元器件（便于辨认和寻找）作为起始元器件。

（2）围绕电路原理图的 3 条主线展开，起始元器件的一个引脚所在电气连接点开始，先简后繁、先易后难依次绘制。

（3）给印制电路板的每条印刷导线编上号码（电气连接点），然后根据该印制导线所连接焊盘的数量，就可以知道该电气连接点所连接元器件的数量和极性。

（4）运用学过的电子技术知识（如单元电路的结构形式）帮助绘制电路原理图。

（5）绘制完成后，应对电路原理图按基本要求进行布局上的合理调整，并仔细核对。

三、电路原理图与印制板图绘制规范

1. 引用标准

GB 4458.1 机械制图图样画法。

GB 4458.2 机械制图装配图中零部件序号及其编排。

GB 4458.4 机械制图尺寸标注。

GB 4588.3 印制电路板设计和使用。

GB 4278 电气图用图形符号。

GB 5489 印制板制图。

2. 一般规定

（1）电路原理图、印制板图设计采用 CAD 专用软件，如 Protel 99、Orcad PCB 等。软件必须有印制板生产厂家支持。

（2）元器件标号命名规则如下：

元器件符号 + 板号 + 元器件序号

其中，板号：罗马字一位（Ⅰ、Ⅱ、Ⅲ、Ⅳ、Ⅴ、Ⅵ、Ⅶ、Ⅷ、Ⅸ、Ⅹ）与图号保持一致。

元器件序号：一般采用十进制两位，超过 99，采用十进制 3 位，一块板内连续编号。

例：R116——电阻、第一块板、第 16 个电阻

（3）元器件名称、符号应符合 GB 4728 中的规定。

（4）电路原理图、印制板图以及材料明细表中的元器件、结构件等的标号、型号应保持一致。

（5）电路原理图与印制板图中的标注的字体、字型应清晰，最好统一。

3. 电路原理图

（1）绘制电路原理图图样大小为 A4 纸，可用多张，需要时应标明续接标记。

（2）电路原理图中的元器件序号应遵循所有原理图元器件统一编号、同一类型元器件连续编号的原则。

（3）电路原理图中的元器件应按 GB 4728 规定的图形符号绘制，无规定的应简洁易懂。

4. 印制板图

（1）绘制印制板图样，按 1∶1 比例绘制。

（2）印制板制图中仅标注元器件、结构件的标号，不标注其型号、容量等。

（3）印制板制图中元器件标号应标注在元器件上；在不引起歧义、位置有富余的情况下，可标注在元器件旁，且标号应清晰明了。

（4）对于有极性的元器件，应标明极性。

（5）当印制板为单层板时，一般只画一个视图，以元器件面为视图面。

（6）当印制板为双层板时，一般应画两个视图，以元器件、结构件较多面为主视图面，另一面为背视图面。当一个视图可以表达清楚时，可只画一个视图，而将背面元器件以虚线绘制。

（7）印制板的元器件应按 GB 4728 规定的图形符号绘制，无规定的应简洁易懂。

（8）如工艺文件要求，应按要求标明元器件的管脚号。

（9）印制板上应标注印制板的产品型号、板号以及设计日期。如位置不够用，可不标注设计日期。

（10）印制板应有必要的技术要求和说明，并指出质量控制点。

四、印制电路板基础知识

1. 制作印制电路板的基本原则

印制电路板又称印刷电路板，它是目前电子制作的主要装配形式，既便电路原理图设计得正确无误，若印制电路板设计不当，也会对电子产品的可靠性产生不利的影响，乃至浪费材料，甚至产生故障。为此，在制作印制电路板时，应遵守以下基本原则。

（1）选择适宜的板面尺寸。印制电路板面积大小应适中，过大时印制线条长，阻抗增加，抗噪声能力降低，成本也高；过小时，则散热不好，并在线条间产生干扰。其原则是在保证元器件装得下的前提下选择合适的板面尺寸，尽量做到印制线短、元器件紧凑，既能降低干扰，又有利于散热，使制作材料消耗小，制作工时少，也利于外壳的设计制作。

（2）合理布置元器件。电路中元器件布置原则是应充分考虑每个单元电路彼此之间的联系，由输入端（或高频）向输出端（或低频）的顺序来设置，元器件占之地方大小应心中有数，并兼顾上下左右，以防前紧后松或前松后紧。先考虑以三极管、集成电路为中心的单元电路所在位置，之后将其外围元器件尽量安排在周围。元器件间应留有一定距离，防止相互碰靠，造成干扰、短路或影响散热。

在同一印制电路板上的元器件，要尽量按其发热量大小与耐热程度区分排列，发热量大或耐热性好的功率三极管、大规模集成电路等元器件，放在边上或周围无大的元器件处，而发热量小或耐热性差的小信号三极管、小规模集成电路等，则放在印制板中间或有碍冷却气流不畅的地方。对温度敏感的元器件应尽量布置在温度最低区域，切忌安装在发热元器件上方。空气总是向阻力小的地方流动，因此元器件在印制电路板上应尽量均匀布置，不可某处空域过大，而另一处却过于紧密。

大功率元器件在水平方向应尽量靠印制电路板边沿布置，而在垂直方向要尽量靠上方布置。接地公共端要尽量就近接地于边框，当元器件布置在印制电路板中间有公共地端时，可分别接在一条公共地线上，之后与边框形成一子边框，将单元电路围在其中，既有利于元器件的安装，又可起屏蔽作用。

此外，当电路元器件多、较复杂时，还应考虑能清楚标注元器件字符的地方。

（3）印制线路的连接。当元器件位置确定后，其外引脚的焊盘也随之定位，则焊盘间便可用印制线将其连接起来。印制线应尽量短，其线之宽细视其用途而定：对于放大、振荡等电路，印制线可粗些，一般线宽在 0.5 ~ 1 mm；对于数据信号传送的逻辑电路，印制线可细些，但不能小于0.3 mm。而地线应尽量粗些，使其能通过 3 倍的印制电路板的允许电流，一般线宽应大于 3 mm。若接地线很细，接地电位将随电流的变化而变化，会导致电子设备的定时信号电平不稳、抗噪声性能变坏。为提高抗噪声能力，接地线应尽量构成闭环路。

采用平行布线虽能减少导线电感，但会增加线间互感及分布电容，若电路的布局允许，最好采用井字形网状走线结构，它适于双面电路印制板，即印制电路板的一面走横线，另一面则走纵线，之后在交叉孔处用金属化孔相连。

为抑制印制板导线间的串扰，在走线时要尽量缩短平行走线，且平行走线间距应尽量大，信号线与地线和电源线尽可能不交叉。对一些干扰有明显敏感的信号线之间可设置一条接地印制线，以便有效地抑制串扰。

在设置高频信号走线时，为防止走线产生的辐射，应尽量减少印制导线的不连续性，导线拐角应大于 90°，禁止环状走线。

时钟信号引线易产生电磁辐射干扰，应避免长距离地与信号线平行走线。数据总线的走线应每两个信号线之间夹一根信号地线。当遇到走线非交叉不可时，可采用导线（间距大）或裸线（邻近）跳线予以跨接，也可用电阻、电容跨接。

2. 印制电路板的种类

按照在一块板上导电图形的层数，印刷电路板可分为以下 3 类。

（1）单面板。单面板是指仅一面有导电图形的电路板，也称单层板。单面板的特点是成本低，但仅适用于比较简单的电路设计，如收音机、电视机。对于比较复杂的电路，采用单面板往往比双面板或多层板要困难。

（2）双面板。双面板是指两面都有导电图形的电路板，也称双层板。其两面的导电图形之间的电气连接通过过孔来完成。由于两面均可以布线，对比较复杂的电路，其布线比单面板布线的布通率高，所以它是目前采用最广泛的电路板结构。

（3）多层板。多层板是指由交替的导电图形层及绝缘材料层叠压黏合而成的电路板。除电路板两个表面有导电图形外，内部还有一层或多层相互绝缘的导电层，各层之间通过金属化过孔实现电气连接。它主要应用于复杂的电路设计，如在计算机中，主板和内存条的 PCB 采用4 ~6 层电路板设计。

3. 印制电路板的制作

印制电路板的制作，一般分为描绘、腐蚀及钻孔 3 个步骤。

（1）描绘。选择好面积大小适宜的敷铜板，用碱水除去铜箔面油污，也可用细砂布打光。之后用复写纸将 1:1 的印制电路板图复印在铜箔面，再将复印图涂上诸如磁化漆、清漆、稀释的沥青等耐腐蚀涂料，也可用打字蜡纸改正液、指甲油、记号笔等涂覆。

（2）腐蚀。对耐腐蚀涂料涂覆的印制板经修整，待其干燥后即可进行腐蚀。腐蚀剂为三氯化铁溶液，它是三氯化铁与水按 1:3 的比例混合液，溶液温度在 30 ~ 50℃，放在非金属器皿中。将已描绘的印制电路板放入三氯化铁溶液后，应不时地搅动。温度尽量做到适宜，当温度过高时由于腐蚀速度快易使涂覆的涂料皮脱落，导致印制线断裂；温度过低时腐蚀速度过慢。直至未涂涂料的铜箔全部腐蚀掉为止。多次使用过的三氯化铁溶液呈暗绿色，应弃置不用或采用电解法再生后使用。当首次使用过的三氯化铁溶液准备再利用时，应倒入玻璃瓶内予以封装，以防在空气中长时间置放失效。

（3）钻孔。腐蚀后的电路板，经清水冲洗后再用汽油将其涂覆层涂料清洗掉，再用清水冲干净，之后用细砂布打光铜箔，打冲眼。再用手电钻或台钻在焊盘中心钻孔，孔径大小应以欲安装的元器件引脚大小而定。最后，把钻好孔的印制电路板清洗干净并涂上一层松香酒精层。

4. 印制电路板的使用

元器件应从无铜箔的正面插入，且尽可能地贴近线路板，引脚在有铜箔线的反面露出 1 ~ 2 mm，多余部分剪掉，之后用锡焊牢。元器件在电路板上安装时，依据具体情况可采用立式或卧式。由于铜箔已涂有松香助焊剂，使用时应防止污染铜箔，以免影响焊接质量。

任务实施

一、工具、器材的准备

1. 工具及仪器

常用电子组装工具一套；万用表一块。

2. 元器件明细表

本任务电路的元器件明细表见表 4—7—1。

表 4—7—1 **元器件明细表**

代号	名称	规格	代号	名称	规格
R1	碳膜电阻器	2 kΩ	VD4	二极管	1N4001
R2	碳膜电阻器	560 Ω	C1	电解电容器	470 μF/25 V
R3	碳膜电阻器	100 Ω	C2	电解电容器	470 μF/25 V
R4	碳膜电阻器	220 Ω	C3	电解电容器	470 μF/25 V
T	变压器	220/7.5 V	RPl	电位器	680 Ω
VD1	二极管	1N4001	VT1	三极管	2N9013
VD2	二极管	1N4001	VT2	三极管	2N9014
VD3	二极管	1N4001	VT3	三极管	2N9014

二、电路原理图的绘制

根据图 4—7—1 所示的印制电路板如何绘制出电路原理图，具体步骤如下：

1．确定起始元器件为 VD1，与 VD1 的正极相连的铜箔设为 1 号电气连接点，有 VD1、VD4 和 TC 3 个元器件相连，其中 VD1 是正极，VD4 是负极。

2．勾画出 3 条主线，依次画出 1 号电气连接点上的元器件，注意元器件的走向，如图 4—7—2a 所示。

3．顺着元器件走向设定 2 号、3 号……电气连接点，逐步展开，如图 4—7—2b 所示。

4．草图完成后，进行适当调整元器件布局位置，如图 4—7—2c、图 4—7—2d 所示。

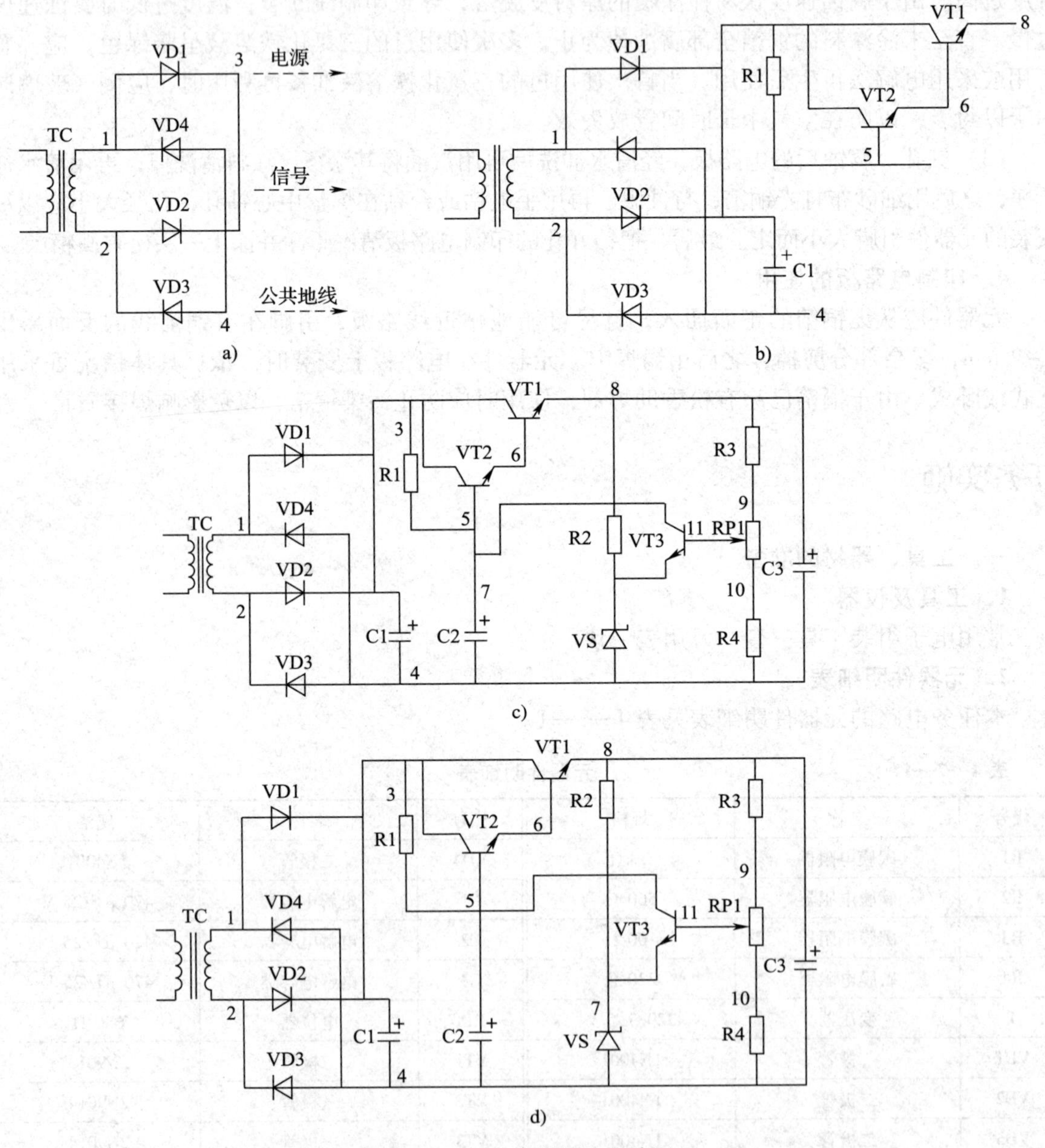

图 4—7—2　实样测绘电路图

5．按每个电气连接点所连接的元器件数量和极性进行检查核对，应做到绘制的电原理图与实样装配图的连接关系一致。

任务测评

对任务实施的完成情况进行检查，并将结果填入表4—7—2中。

表4—7—2 **评分标准**

项目配分	工艺要求	评分标准	扣分记录	得分
测绘 电路原理图 90分	1. 按印制电路图或实样正确测绘电原理图 2. 图样完整，元器件、文字代号标志正确	1. 图样不完整，扣20～30分 2. 绘图出错，每处扣10～20分		
	1. 按GB 4728《电气图用图型符号》标准绘制电原理图 2. 元器件排列、布局合理，图面清晰、线条整齐	1. 图形符号出错，每处扣10～20分 2. 元器件排列布局混乱，图面不清晰，线条较差，扣10～15分		
安全、 文明生产 10分	1. 不人为损坏被测印制电路板 2. 保持环境整洁，秩序井然，操作习惯良好	违反文明生产要求，视情况，扣5～10分		

思考与练习

根据图4—7—3～图4—7—5所示的印制板电路图，画出电路原理图。

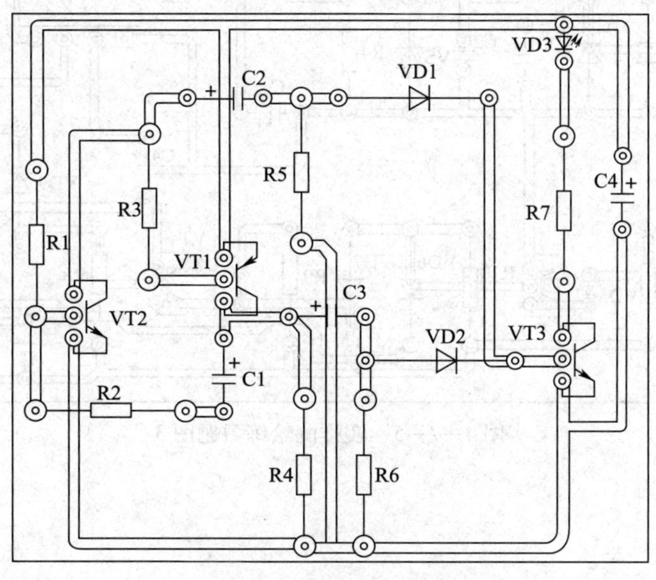

图4—7—3 实样测绘练习题图1

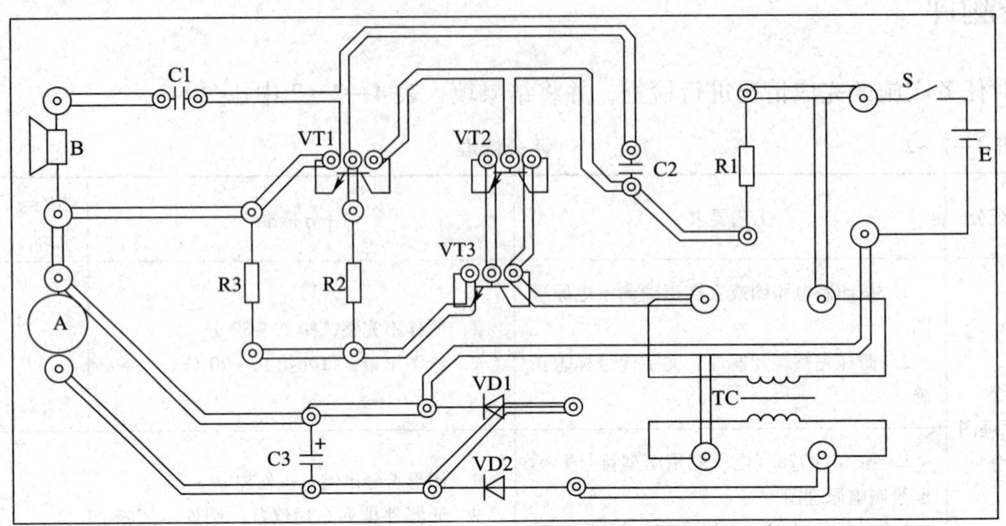

图 4—7—4　实样测绘练习题图 2

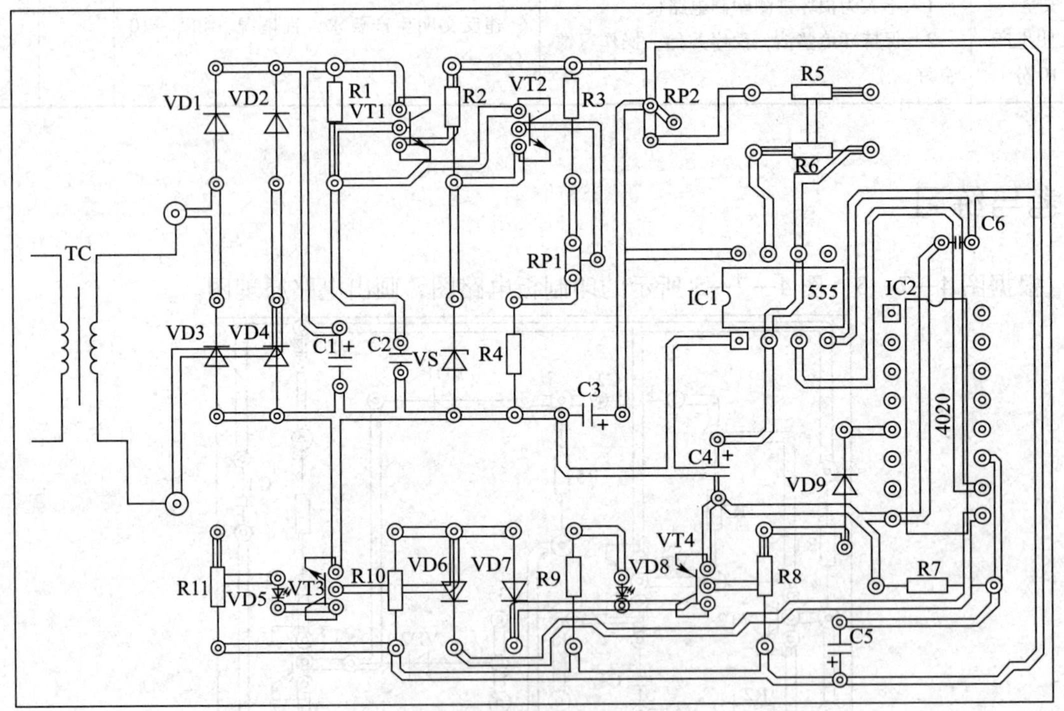

图 4—7—5　实样测绘练习题图 3

附录　相关资料汇编

附录一　半导体器件型号命名方法（国内、国外）

附表 1—1　　中国半导体分立器件型号的命名法

第一部分		第二部分		第三部分				第四部分	第五部分
用数字表示半导体器件有效电极数目		用汉语拼音字母表示半导体器件的材料和极性		用汉语拼音字母表示半导体器件的类型				用数字表示器件序号	用汉语拼音字母表示规格号
符号	意义	符号	意义	符号	意义	符号	意义		
2	二极管	A	N 型、锗材料	P	普通管	D	低频大功率管（$f_a<3$ MHz，$P_c\geqslant1$ W）		
		B	P 型、锗材料	V	微波管				
		C	N 型、硅材料	W	稳压管				
		D	P 型、硅材料	C	参量管	A	高频大功率管（$f_a\geqslant3$ MHz，$P_c\geqslant1$ W）		
3	三极管	A	PNP 型、锗材料	Z	整流管				
		B	NPN 型、锗材料	L	整流堆				
		C	PNP 型、硅材料	S	隧道管	T	半导体闸流管（可控整流器）		
		D	NPN 型、硅材料	N	阻尼管				
		E	化合物材料	U	光电器件	Y	体效应器件		
				K	开关管	B	雪崩管		
				X	低频小功率管（$f_a<3$ MHz，$P_c<1$ W）	J	阶跃恢复管		
						CS	场效应器件		
						BT	半导体特殊器件		
				G	高频小功率管（$f_a\geqslant3$ MHz，$P_c<1$ W）	FH	复合管		
						PIN	PIN 管		
						JG	激光器件		

附表 1—2　　国际电子联合会半导体分立器件型号的命名法

第一部分		第二部分				第三部分		第四部分	
用字母表示器件使用的材料		用字母表示器件的类型及主要特征				用数字或字母加数字表示登记号		用字母对同型号者分档	
符号	意义	符号	意义	符号	意义	符号	意义	符号	意义
A	锗材料	A	检波、开关和混频二极管	M	封闭磁路中的霍尔元件	三位数字	通用半导体器件的登记序号（同一类型使用同一登记号）	A B C D E ⋮	同一型号器件按某一参数进行分档的标志
		B	变容二极管	P	光敏器件				
B	硅材料	C	低频小功率三极管	Q	发光器件				
		D	低频大功率三极管	R	小功率晶闸管				
C	砷化镓	E	隧道二极管	S	小功率开关管				
		F	高频小功率三极管	T	大功率晶闸管	一个字母加二位数字	专用半导体器件的登记序号（同一类型使用同一登记号）		
D	锑化铟	G	复合器件及其他器件	U	大功率开关管				
		H	磁敏二极管	X	倍增二极管				
R	复合材料	K	开放磁路中的霍尔元件	Y	整流二极管				
		L	高频大功率三极管	Z	稳压二极管即齐纳二极管				

附表 1—3　　美国电子工业协会半导体分立器件型号的命名法

第一部分		第二部分		第三部分		第四部分		第五部分	
用符号表示器件用途的类型		用数字表示PN结的数目		美国电子工业协会（EIA）注册标志		美国电子工业协会（EIA）登记顺序号		用字母表示器件分档	
符号	意义	符号	意义	符号	意义	符号	意义	符号	意义
JAN 或 J	军用品	1	二极管	N	该器件已在美国电子工业协会注册登记	多位数字	该器件已在美国电子工业协会登记的顺序号	A B C D ⋮	同一型号的不同档别
		2	三极管						
无	非军用品	3	三个 PN 结器件						
		n	n 个 PN 结器件						

附表 1—4　　日本半导体分立器件型号的命名法

第一部分		第二部分		第三部分		第四部分		第五部分	
用数字表示类型或器件有效电极数		日本电子工业协会（JEIA）注册标志		用字母表示器件的极性及类型		用数字表示在日本电子工业协会（JEIA）登记的顺序号		用字母表示对型号的改进型产品标志	
符号	意义	符号	意义	符号	意义	符号	意义	符号	意义
0 1 2 3 ⋮ $n-1$	光电（即光敏）二极管、晶体管及其组合管 二极管 三极管、具有两个 PN 结的其他晶体管 具有四个有效电极或具有三个 PN 结的晶体管 具有 n 个有效电极或具有（$n-1$）个 PN 结的晶体管	S	表示已在日本电子工业协会（JEIA）注册登记的半导体分立器件	A B C D F G H J K M	PNP 型高频管 PNP 型低频管 NPN 型高频管 NPN 型低频管 P 控制极晶闸管 N 控制极晶闸管 N 基极单结晶体管 P 沟道场效应管 N 沟道场效应管 双向晶闸管	两位以上的整数	从 11 开始，表示在日本电子工业协会（JEIA）注册登记的顺序号；不同公司的性能相同的器件可以使用同一顺序号；其数字越大，越是近期产品	A B C D E F	用字母表示对原来型号的改进产品

附录二　半导体二极管

一、硅整流二极管

硅整流二极管除主要应用于电源电路作整流元件外，还可用作限幅、保护、嵌位等。

附表 2—1　　1N、2CZ 系列常用整流二极管的主要参数

型号	反向工作峰值电压 U_{RM}/V	额定正向整流电流 I_F/A	正向不重复浪涌峰值电流 I_{FSM}/A	正向压降 U_F/V	反向电流 I_R/μA	工作频率 f/kHz	外形
1N4000	25	1	30	≤1	<5	3	DO-41
1N4001	50						
1N4002	100						
1N4003	200						
1N4004	400						

续表

型号	反向工作峰值电压 U_{RM}/V	额定正向整流电流 I_F/A	正向不重复浪涌峰值电流 I_{FSM}/A	正向压降 U_F/V	反向电流 I_R/μA	工作频率 f/kHz	外形
1N4005	600						
1N4006	800						
1N4007	1 000						
1N5100	50						
1N5101	100						
1N5102	200						
1N5103	300						
1N5104	400	1. 5	75	≤1	<5	3	
1N5105	500						
1N5106	600						
1N5107	800						
1N5108	1 000						
1N5200	50						DO-15
1N5201	100						
1N5202	200						
1N5203	300						
1N5204	400	2	100	≤1	<10	3	
1N5205	500						
1N5206	600						
1N5207	800						
1N5208	1 000						
1N5400	50						
1N5401	100						
1N5402	200						
1N5403	300						
1N5404	400	3	150	≤0. 8	<10	3	DO-27
1N5405	500						
1N5406	600						
1N5407	800						
1N5408	1 000						
2CZ53A	25						
2CZ53B	50						
2CZ53C	100						
2CZ53D	200						
2CZ53E	300						
2CZ53F	400						
2CZ53G	500	0. 3	6	≤1	5	3	ED-2
2CZ53H	600						
2CZ53J	700						
2CZ53K	800						
2CZ53L	900						
2CZ53M	1 000						
2CZ54A	25						
2CZ54B	50						
2CZ54C	100						
2CZ54D	200	0. 5	10	≤1. 0	<10	3	EE
2CZ54E	300						
2CZ54F	400						

续表

型号	反向工作峰值电压 U_{RM}/V	额定正向整流电流 I_F/A	正向不重复浪涌峰值电流 I_{FSM}/A	正向压降 U_F/V	反向电流 I_R/μA	工作频率 f/kHz	外形
2CZ54G	500						
2CZ54H	600						
2CZ54J	700						
2CZ54K	800						
2CZ54L	900						
2CZ54M	1 000						
2CZ58C	100						
2CZ58D	200						
2CZ58F	400						
2CZ58G	500						
2CZ58H	600	10	210	≤1.3	<40	3	EG-1
2CZ58K	800						
2CZ58M	1 000						
2CZ58N	1 200						
2CZ58P	1 400						
2CZ58Q	1 600						
2CZ100-1 ~16	100 ~1 600	100	2 200	≤0.7	<200	3	D30-12
2CZ200-1 ~16	100 ~1 600	200	4 080	≤0.7	<200	3	D30-14

二、检波二极管

检波二极管的结电容小，工作频率高，正向压降小，但允许流过的最大正向电流小，内阻大。多用于小信号、高频率的电路，用作检波、鉴频、限幅。

附表 2—2　　2AP 型检波二极管的主要参数

型号	反向击穿电压 U_{BR}/V	反向电流 I_R/μA	反向工作峰值电压 U_{RM}/V	正向电流 I_F/mA	检波损耗 L_{rd}/dB	截止频率 f/MHz	势垒电容 C_B/pF	外形
2AP9	20	≤200	15	≥8	≥20	100	≤0.5	EA-3
2AP10	40	≤200	30					EA-1
测试条件	—	U_R =10 V U_R =20 V	—	U_F =1 V f=40 MHz	交流电压 0.2 ~0.5 V f=465 kHz	—	交流电压 1 ~2 V U_R =6 V f=10 kHz	

三、稳压二极管

利用稳压二极管的反向击穿特性，提供稳压电路的基准电压，在电路中起着保护、限幅、电平转换等作用。其中 2DW230 ~2DW232 稳压管内部具有温度补偿，电压温度系数低，可用于精密稳压电路。

附表 2—3　　1N 系列、2CW、2DW 型稳压二极管的主要参数

<table>
<tr><th>型号</th><th>稳定电压
U_z/V</th><th>动态电阻
R_z/Ω</th><th>温度系数
C_{TV}/(10^{-4}/℃)</th><th>工作电流
I_z/mA</th><th>最大电流
I_{ZM}/mA</th><th>额定功耗
P_z/W</th><th>外形</th></tr>
<tr><td>1N748</td><td>3.8～4.0</td><td>100</td><td></td><td rowspan="7">20</td><td rowspan="13"></td><td rowspan="13">0.5</td><td rowspan="13">DO-35E</td></tr>
<tr><td>1N752</td><td>5.2～5.7</td><td>35</td><td></td></tr>
<tr><td>1N753</td><td>5.88～6.12</td><td>8</td><td></td></tr>
<tr><td>1N754</td><td>6.3～7.3</td><td>15</td><td></td></tr>
<tr><td>1N754</td><td>6.66～7.01</td><td>15</td><td></td></tr>
<tr><td>1N755</td><td>7.07～7.25</td><td>6</td><td></td></tr>
<tr><td>1N757</td><td>8.9～9.3</td><td>20</td><td></td></tr>
<tr><td>1N962</td><td>9.5～11.9</td><td>25</td><td></td><td rowspan="5">10</td></tr>
<tr><td>1N962</td><td>10.9～11.4</td><td>12</td><td></td></tr>
<tr><td>1N963</td><td>11.9～12.4</td><td>35</td><td></td></tr>
<tr><td>1N964</td><td>13.5～14.0</td><td>35</td><td></td></tr>
<tr><td>1N964</td><td>12.4～14.1</td><td>10</td><td></td></tr>
<tr><td>1N969</td><td>20.8～23.3</td><td>35</td><td></td><td>5.5</td></tr>
<tr><td>2CW50</td><td>1.0～2.8</td><td>50</td><td>≥－9</td><td rowspan="5">10</td><td>83</td><td rowspan="22">0.25</td><td rowspan="22">ED-1
EA
DO-41</td></tr>
<tr><td>2CW51</td><td>2.5～3.5</td><td>60</td><td>≥－9</td><td>71</td></tr>
<tr><td>2CW52</td><td>3.2～4.5</td><td>70</td><td>≥－8</td><td>55</td></tr>
<tr><td>2CW53</td><td>4.0～5.8</td><td>50</td><td>－6～4</td><td>41</td></tr>
<tr><td>2CW54</td><td>5.5～6.5</td><td>30</td><td>－3～5</td><td>38</td></tr>
<tr><td>2CW55</td><td>6.2～7.5</td><td>15</td><td>≤6</td><td rowspan="6">5</td><td>33</td></tr>
<tr><td>2CW56</td><td>7.0～8.8</td><td>15</td><td>≤7</td><td>27</td></tr>
<tr><td>2CW57</td><td>8.5～9.5</td><td>20</td><td>≤8</td><td>26</td></tr>
<tr><td>2CW58</td><td>9.2～10.5</td><td>25</td><td>≤8</td><td>23</td></tr>
<tr><td>2CW59</td><td>10～11.8</td><td>30</td><td>≤9</td><td>20</td></tr>
<tr><td>2CW60</td><td>11.5～12.5</td><td>40</td><td>≤9</td><td>19</td></tr>
<tr><td>2CW61</td><td>12.4～14</td><td>50</td><td>≤9.5</td><td rowspan="11">3</td><td>16</td></tr>
<tr><td>2CW62</td><td>13.5～17</td><td>60</td><td>≤9.5</td><td>14</td></tr>
<tr><td>2CW63</td><td>16～19</td><td>70</td><td>≤9.5</td><td>13</td></tr>
<tr><td>2CW64</td><td>18～21</td><td>75</td><td>≤1.0</td><td>11</td></tr>
<tr><td>2CW65</td><td>20～24</td><td>80</td><td>≤1.0</td><td>10</td></tr>
<tr><td>2CW66</td><td>23～26</td><td>85</td><td>≤1.0</td><td>9</td></tr>
<tr><td>2CW67</td><td>25～28</td><td>90</td><td>≤1.0</td><td>9</td></tr>
<tr><td>2CW68</td><td>27～30</td><td>95</td><td>≤1.0</td><td>8</td></tr>
<tr><td>2CW69</td><td>29～33</td><td>95</td><td>≤1.0</td><td>7</td></tr>
<tr><td>2CW70</td><td>32～36</td><td>100</td><td>≤1.0</td><td>7</td></tr>
<tr><td>2CW71</td><td>35～40</td><td>100</td><td>≤1.0</td><td>6</td></tr>
<tr><td>2DW230
(2DW7A)</td><td rowspan="2">5.8～6.6</td><td>≤25</td><td rowspan="2">≤|0.05|</td><td rowspan="4">10</td><td rowspan="4">30</td><td rowspan="4">0.2</td><td rowspan="4">B4</td></tr>
<tr><td>2DW231
(2DW7B)</td><td>≤15</td></tr>
<tr><td>2DW232
(2DW7C)</td><td>6.0～6.5</td><td>≤10</td><td>≤|0.05|</td></tr>
<tr><td>测试条件</td><td>$I=I_z$</td><td>$I=I_z$</td><td></td></tr>
</table>

四、光敏二极管

利用光敏二极管在光的照射下反向电流与光照成正比的特性，应用于光电转换及光控、测光等自动控制电路中。

附表 2—4　　2CU 型硅光敏二极管的主要参数

<table>
<tr><th>型号</th><th>最高反向工作电压
U_{RM}/V</th><th>暗电流
I_D/μA</th><th>光电流
I_L/μA</th><th>峰值波长
λ_p/A</th><th>响应时间
t_r/ns</th><th>外形</th></tr>
<tr><td>2CU1A</td><td>10</td><td rowspan="5">≤0.2</td><td rowspan="5">≥80</td><td rowspan="10">8 800</td><td rowspan="10">≤5</td><td rowspan="5">ET</td></tr>
<tr><td>2CU1B</td><td>20</td></tr>
<tr><td>2CU1C</td><td>30</td></tr>
<tr><td>2CU1D</td><td>40</td></tr>
<tr><td>2CU1E</td><td>50</td></tr>
<tr><td>2CU2A</td><td>10</td><td rowspan="5">≤0.1</td><td rowspan="5">≥30</td><td rowspan="6"></td></tr>
<tr><td>2CU2B</td><td>20</td></tr>
<tr><td>2CU2C</td><td>30</td></tr>
<tr><td>2CU2D</td><td>40</td></tr>
<tr><td>2CU2E</td><td>50</td></tr>
<tr><td>测试条件</td><td>$I_R = I_D$</td><td>无光照
$U = U_{RM}$</td><td>照度 $H =$
1 000 lx
$U = U_{RM}$</td><td></td><td>$R_L = 50\ \Omega$
$U = 10$ V
$f = 300$ Hz</td></tr>
</table>

五、变容二极管

变容二极管的结电容可以随外加偏压的不同而变化，主要应用于 LC 调谐、自动频率控制、稳频等场合。

附表 2—5　　2CC 系列变容二极管的主要参数

<table>
<tr><th>型号</th><th>反向工作峰值电压
U_{RM}/V</th><th>最大结电容
C_{max}/pF</th><th>最小结电容
C_{min}/pF</th><th>反向电流
I_R/μA</th></tr>
<tr><td>2CC12A</td><td rowspan="3">10</td><td>10</td><td>2.5</td><td rowspan="6">≤20</td></tr>
<tr><td>2CC12B</td><td>20 +6</td><td>3</td></tr>
<tr><td>2CC12C</td><td>30 ±6</td><td>3.5</td></tr>
<tr><td>2CC12D</td><td>12</td><td>40 ±6</td><td>4</td></tr>
<tr><td>2CC12E</td><td>15</td><td rowspan="2">45</td><td>5</td></tr>
<tr><td>2CC12F</td><td>10</td><td>15</td></tr>
<tr><td>测试条件</td><td>$I_R = 0.5$ μA</td><td>$U_R = 0$</td><td>$U_R = U_{RM}$</td><td>$U_R = U_{RM}$</td></tr>
</table>

附表 2—6　　**1N 系列变容二极管的主要参数**

型号	反向工作峰值电压 U_{RM}/V	最大结电容 C/pF	最小结电容 C_{max}/C_{min}	反向电流 I_R/μA
1N5439	≥30	3.3	2.3～3.1	≤20
1N5443		10.0	2.6～3.1	
1N5447		20.0	2.6～3.1	
1N5443		56.0	2.3～3.3	
1N5456		100.0	2.6～3.3	
测试条件	—	4 V 1 MHz	2～30 V	$U_R = U_{RM}$

六、发光二极管

发光二极管能把电能直接快速地转换成光能，在电子仪器、仪表中用作显示器件、状态信息指示、光电开关和光辐射源等。

附表 2—7　　**2EF 系列发光二极管的主要参数**

型号	工作电流 I_F/mA	正向电压 U_F/V	发光强度 I_0/mcd	最大工作电流 I_{FM}/mA	反向耐压 U_{BR}/V	发光颜色	外形
2EF401 2EF402	10	1.7	0.6	50	≥7	红	ϕ5.0
2EF411 2EF412	10	1.7	0.5 0.8	30	≥7	红	ϕ3.0
2EF441	10	1.7	0.2	40	≥7	红	5×1.9
2EF501 2EF502	10	1.7	0.2	40	≥7	红	ϕ5.0
2EF551	10	2	1.0	50	≥7	黄绿	ϕ5.0
2EF601 2EF602	10	2	0.2	40	≥7	黄绿	5×1.9
2EF641	10	2	1.5	50	≥7	红	ϕ5.0
2EF811 2EF812	10	2	0.4	40	≥7	红	5×1.9
2EF841	10	2	0.8	30	≥7	黄	ϕ3.0

注：我国用汉语拼音 FG 为型号前缀的是部标型号，用 BT、LED 为型号前缀的分别是北京光电器件厂、佛山光电器件厂、苏州半导体厂和上海半导体器件六厂厂标。

七、肖特基二极管

肖特基二极管具有反向恢复时间很短、正向压降较低的特性，可用于高频整流、检波、高速脉冲钳位等。

附表 2—8　　1N、MBR 系列肖特基二极管的主要参数

型号	反向峰值电压 U_{RM}/V	额定正向整流电流 I_F/A	正向不重复浪涌峰值电流 I_{FSM}/A	最大正向压降 U_{FM}/V	反向恢复时间 t_{rr}/ns	外形
1N5817	20	1.0	25	0.45	10	DO-41
1N5818	30			0.55		
1N5819	40			0.60		
1N5820	20	3.0	80	0.475		
1N5821	30			0.500		
1N5822	40			0.525		
1N5823	20	5.0	500	0.38		
1N5824	30					
1N5825	40					
MBR030	30	0.05	5	0.65		
MBR040	40					
MBR1100	100					
MBR150	50	1.0	25	0.60		
MBR160	60					
MBR180	80					
MBR3100	100					
MBR350	50	3.0	80	0.525		
MBR360	60					
MBR380	80					
MBR735	35	7.5	150	0.57		
MBR745	45					
MBR1035	35	10.0	150	0.72		
MBR1045	45					
MBR1060	60					
MBR1080	80					
MBR10100	100					

八、快速恢复二极管

快速恢复二极管的正向压降与普通硅整流二极管相似，但反向恢复时间小，耐压比肖特基二极管高得多，用作中频整流元件。

附表 2—9　　1N、MIR 系列快速恢复二极管的主要参数

型号	反向峰值电压 U_{RRM}/V	额定正向整流电流 I_F/A	正向不重复浪涌电流 I_{FSM}/A	反向恢复时间 t_{rr}/μs
1N4933	50	1.0	30	0.2
1N4934	100			
1N4935	200			
1N4936	400			
1N4937	600			

续表

型号	反向峰值电压 U_{RRM}/V	额定正向整流电流 I_F/A	正向不重复浪涌电流 I_{FSM}/A	反向恢复时间 t_{rr}/μs
MR910	50	3.0	100	0.75
MR911	100			
MR912	200			
MR914	400			
MR916	600			
MR917	800			
MR918	1 000			
MR820	50	5.0	300	0.2
MR821	100			
MR822	200			
MR824	400			
MR826	600			
MUR805	50	8.0	100	0.06
MUR810	100			
MUR815	150			
MUR820	200			
MUR840	400			
MUR850	500			
MUR860	600			

九、开关二极管

开关二极管的反向恢复时间很小，主要用于开关、脉冲、超高频电路和逻辑控制电路中。

附表 2—10　　2AK、2CK、1N 系列开关二极管的主要参数

型号	反向峰值工作电压 U_{RM}/V	正向重复峰值电流 I_{FRM}/mA	正向压降 U_F/V	额定功率 P/mW	反向恢复时间 t_{rr}/ns	外形
1N4148	60	450	≤1	500	4	DO-35B
1N4149						
2AK1	10	150	≤1		≤200	
2AK2	20					
2AK3	30		≤0.9		≤150	
2AK5	40					
2AK6	50					
2CK74（A～E）	A≥30 B≥45 C≥60 D≥75 E≥90	100	≤1	100	≤5	
2CK75（A～E）		150		150		
2CK76（A～E）		200		200	≤10	
2CK77（A～E）		250		250		

十、硅整流桥

单相硅整流桥用以代替四个整流二极管，在小功率电源整流中应用广泛。

附表 2—11　　3N、QL 系列硅整流桥的主要参数

型号	反向峰值电压 U_{RM}/V	额定整流电流 I_0/A	正向平均压降 U_F/V	反向电流 I_R/A	外形
3N246	50	1.0	≤1.15	≤10	
3N247	100				
3N248	200				
3N249	400				
3N250	600				
3N251	800				
3N252	1 000				
3N253	50	2.0	≤1.0	≤10	
3N254	100				
3N255	200				
3N256	400				
3N257	600				
3N258	800				
3N259	1 000				
QL1	25 ~ 1 000	0.05	≤1.2	≤10	QL
QL2		0.1			
QL3		0.2			
QL4		0.3			
QL5		0.5			
QL6		1.0			

十一、LED 数码管

LED 数码管的笔画由发光二极管组成，故其特性与发光二极管相同，它适用于各种电子装置中，用作数字显示。

附表 2—12　　BS 系列发光数码管的主要参数

型号	正向压降 U_F/V	最大工作电流（全亮）I_{FM}/mA	最大功耗（全亮）P_M/mA	反向击穿电压（每段）U_{BR}/V	发光强度（每段）I_0/μcd	结构	字高/mm
BS201	≤1.8	40	150	≥5	150	共阴	8
BS202		200	300				
BS204	≤1.8	200	300			共阳	7.6
BS205	≤1.8	200				共阴	
BS206	≤3.6	200	600			共阳	12.6
BS207	≤3.6	400				共阴	
BS209	≤1.8	150	400			共阳	7.5
BS210	≤1.8					共阴	7.5

注：型号最后字母中 R—红色；G—绿色。

十二、双基极二极管

双基极二极管又称单结晶体管，它具有稳定的触发电压和触发电流，可控制基极间的电压，以取得较大的脉冲电流，适合用作弛张振荡器、定时电路及晶闸管的触发电路。

附表 2—13　　BT31～37 型双基极二极管的主要参数

型号	分压比 η	基极间电阻 $R_{bb}/k\Omega$	调制电流 I_{BZ}/mA	峰点电流 I_P/mA	谷点电流 I_V/mA	谷点电压 U_V/V	耗散功率 P_{B2M}/mV	外形
BT31 A	0.3～0.55	3～6	5～30	≤2	≥1.5	≤3.5	100	ET
BT31 B	0.3～0.55	5～12	≤30					
BT31 C	0.45～0.75	3～6						
BT31 D	0.45～0.75	5～12						
BT31 E	0.65～0.9	3～6						
BT31 F	0.65～0.9	5～12						
BT32 A	0.3～0.55	3～6	8～35	≤2	≤1.5	≤3.5	250	B
BT32 B		5～12	≤35	≤2	≥1.5	≤3.5	400	
BT32 C	0.45～0.75	3～6	≤35					
BT32 D		5～12						
BT32 E	0.65～0.90	3～6						
BT32 F		5～12						
BT33 A	0.3～0.55	3～6	8～40	≤2	≥1.5	≤3.5	400	
BT33 B		5～12						
BT33 C	0.45～0.75	3～6	≤40					
BT33 D		5～12						
BT33 E	0.65～0.90	3～6						
BT33 F		5～12						
BT37 A	0.45～0.75	3～6	3～40	≤2	≥1.5	≤3.5	700	
BT37 B		5～12	≤40					
BT37 C	0.45～0.75	3～6						
BT37 D		5～12						
BT37 E	0.65～0.90	3～6						
BT37 F		5～12						
测试条件	$U_{BB}=20$ V	$U_{BB}=20$ V IE＝0	$U_{BB}=10$ V	$U_{BB}=20$ V	$U_{BB}=20$ V	$U_{BB}=20$ V		

附录三 半导体三极管、场效应晶体管、晶闸管

一、硅小功率三极管

硅小功率双极型半导体三极管具有工作频率高、工作稳定等特点，在交直流电压放大电路及振荡电路中被广泛应用。

附表 3—1　　通用 9011 ~ 9018、8050、8550 三极管的主要参数

型号	极限参数			直流参数			交流参数		类型	外形
	P_{CM}/mW	I_{CM}/mA	$U_{(BR)CED}$/V	I_{CED}/mW	$U_{CE(sat)}$/V	h_{FE}	f_T/MHz	G_{ob}/pF		
9011	300	100	18	0. 05	0. 3	28	150	3. 5	NPN	TO-92
E						39				
F						54				
G						72				
H						97				
I						132				
9012	600	500	25	0. 5	0. 6	64	150	—	PNP	
E						78				
F						96				
G						118				
H						144				
9013	400	500	25	0. 5	0. 6	64	150		NPN	
E						78				
F						96				
G						118				
H						114				
9014	300	500	18	0. 05	0. 3	60	150		NPN	
A						60				
B						100				
C						200				
D						400				
9015	310 600	100	18	0. 05	0. 5	60	50	6	PNP	
A						60	100			
B						100				
C						200				
D						400				
9016	310	25	20	0. 05	0. 3	28 ~ 97	500	2	NPN	
9017		100	12		0. 5	28 ~ 72	600			
9018		100	12		0. 5	28 ~ 72	700			
8050	1000	1500	25			85 ~ 300	100		NPN	
8550									PNP	

注：一般在塑封管 TO-92 上标有 E、B、C 或 D、S、G。

附表 3—2　　常用 3DG、3CG 高频小功率三极管的主要参数

型号	极限参数			直流参数		交流参数		类型	外形
	P_{CM}/mW	I_{CM}/mA	$U_{(BR)CED}$/V	I_{CED}/μA	h_{FE}①	f_T/MHz	G_{ob}/pF		
3DG100 A	100	20	20	≤0. 01	≥30	≥150	≤4	NPN	TO-92 A3-01C B-1
B			30						
C			20			≥300			
D			30						

续表

型号	极限参数			直流参数		交流参数		类型	外形
	P_{CM}/mW	I_{CM}/mA	$U_{(BR)CEO}$/V	I_{CEO}/μA	h_{FE}①	f_T/MHz	G_{ob}/pF		
3DG120 A	500	100	30	≤0.01	≥30	≥150	≤6	NPN	TO-92 A3-02B B-4
B			45						
C			30			≥300			
D			45						
3DG130 A	700	300	30	≤1	≥25	≥150	≤10	NPN	TO-92 A3-02B B-4
B			45						
C			30			≥300			
D			45						
测试条件			I_C = 0.1mA	U_{CE} = 10V	U_{CE} = 10 V I_C = 3 mA I_C = 30 mA I_C = 30 mA I_C = 50 mA				
3CG100 A	100	30	15	≤0.1	≥25	≥100	≤4.5	PNP	TO-92 A3-01C B-1
B			25						
C			40						
3CG120 A	500	100	15	≤0.2	≥25	≥200		PNP	TO-92 A3-02B B-4
B			30						
C			45						
3CG130 A	700	300	15	≤1	≥25	≥80		PNP	TO-92 A3-02B B-4
B			30						
C			45						

注：①h_{FE}分挡：橙 25～40，黄 40～55，绿 55～80，蓝 80～120，紫 120～180，灰 180～270。

附表 3—3　　常用 3DK、3CK 开关小功率三极管的主要参数

型　号	极限参数			直流参数		开通时间	下降时间	交流参数		类型	外形
	P_{CM}/mW	I_{CM}/mA	$U_{(BR)CEO}$/V	I_{CEO}/μA	h_{FE}	t_{on}/ns	t_{off}/ns	f_T/MHz	G_{ob}/pF		
3DK2A	200	30	≥20	≤0.1	≥30	≤30	≤60	≥150	≤4	NPN	TO-92 B-1
3DK2B						≤20	≤40	≥200			
3DK2C			≥15			≤15	≤30	≥150			
3DK4	200	800	≥15	≤10	≥20	≤30	≤30	≥100	≤15	NPN	TO-92 B-4
3DK4A			≥30								
3DK4B			≥45								
3DK4C			≥30								
3DK7A	300	50	≥15	≤1	≥20	≥45	≤180	≥120	≤35	NPN	TO-92 B-1
3DK7B							≤130				
3DK7C							≤90				
3DK7D							≤60				
3DK7E							≤40				
3DK7F											
3DK2A	300	50	≥15	≤0.2	≥20	≤50	≤30	≥150	≤5	PNP	TO-92 B-1
3DK2B			≥30								
3DK2C			≥15								
3DK2D			≥30								
3DK2E											

二、锗小功率三极管

锗小功率三极管具有正向压降较硅小功率三极管低的特点，但有穿透电流较大的缺点。

附表 3—4　　常用 3AG 高频小功率三极管的主要参数

型号	极限参数			直流参数		交流参数	最大允许结温	类型	外形
	P_{CM}/mW	I_{CM}/mA	$U_{(BR)CEO}$/V	I_{CEO}/mA	h_{FE}	f_T/MHz	T_M/℃		
3AG1	50	10	≥10		≥20	≥20	75		
3AG3	50	10			≥30	≥60	75		
3AG9	60	10		≤100	≥30	≥20	75	PNP	TO-1
3AG12	30	10	≥15				85		
3AG29	150	50			>30	≥150	75		

三、硅大功率三极管

硅大功率三极管具有输出功率大、反向耐压高、最高结温高、工作稳定等特点。主要用在功率放大、电源变换、低速开关等电路中。

附表 3—5　　3DD、3CD 型低频大功率三极管的主要参数

型号	极限参数			直流参数			交流参数	最大允许结温/℃	类型	外形
	P_{CM}/mW	I_{CM}/mA	$U_{(BR)CEO}$/V	I_{CEO}/mA	h_{FE}	U_{CES}/V	f_T/MHz			
3DD12A			100							
B			200							
C	50	5	300	≤1	≥20	≤1.5	≥1	125	NPN	F-2 TO-220
D			400							
E			500							
3DD12A			80			≤1.5				
B	100	15	100	≤1	≥20		≥2	125	NPN	F-4
C			150			≤2				
D			200							
3CD030A			30							
B		3	50							
C			80							
D			100							
E		1.5	120	≤1.5	7～180	≤1.5	≥3	150	PNP	F-1
F			150							
G		0.75	200							
H			300							
I			400							
3CD050A			30							
B		5	50							
C			80							
D			100							
E	50	2.5	120		7～180	≤1.5	≥3	150	PNP	F-2
F			150							
G			200							
H		1.2	300							
I			400							

续表

型号	极限参数			直流参数			交流参数 f_T/MHz	最大允许结温/℃	类型	外形
	P_{CM}/mW	I_{CM}/mA	$U_{(BR)CEO}$/V	I_{CEO}/mA	h_{FE}	U_{CES}/V				
测试条件		I_C =5 mA I_C =10 mA	U_{CE} =50 V	U_{CE} =5 V I_C =2 A I_C =5 A						

四、锗大功率三极管

附表 3—6　　常用 3AD 型锗低大功率三极管的主要参数

型号		极限参数			直流参数		交流参数 f_β/kHz	最大允许结温 T_{jm}/℃	类型	外形
		P_{CM}/mW	I_{CM}/mA	$U_{(BR)CEO}$/V	I_{CEO}/mA	h_{FE}				
3AD50 (3AD6)	A B C	10①	3	18 24 30	≤2.5	≥12	4	90	PN	F-1
3AD53 (3AD30)	A B C	20②	6	12 18 24	≤12 ≤10	≥20	2	90	PNP	F-2 TO-3
3AD56 (3AD18)	A B C D	50③	15	40 20 60 60	≤15	≥20	3	90	PNP	
测试条件				I_C =10 mA I_C =20 mA I_C =100 mA	U_{CE} = −10 V	U_{CE} = −2 V I_C =2 A I_C =4 A I_C =5 A				

注：①加 120mm × 120mm × 4mm 散热板。
②加 200mm × 200mm × 4mm 散热板。
③加散热板。

附表 3—7　　通用硅大功率三极管的主要参数

型号		极限参数			直流参数	交流参数	外形
NPN	PNP	P_{CM}/W	I_{CM}/A	$U_{(BR)CEO}$/V	h_{FE}	f_T/MHz	
2N5758	2N6226			100	25 ~ 100		
2N5759	2N6227	150	6	120	20 ~ 80	1	
2N5760	2N6228			140	15 ~ 60		
2N6058	2N8053	100	8	60	≥1 k	4	
2N8058	2N8054			80			
2N3713	2N3789			60	≥15	4	
2N3714	2N3790			80	≥15		TO-204
2N5832	2N6228	150	10	100	25 ~ 100		
2N5633	2N6230			120	20 ~ 80	1	
2N5634	2N6231			140	15 ~ 60		
2N6282	2N6285	60		60	750 ~ 18 k	4	
2N5303	2N5745	140	20	80	15 ~ 60	200	
2N6284	2N6287			100	750 ~ 18 k	4	

续表

型号		极限参数			直流参数	交流参数	外形
NPN	PNP	P_{CM}/W	I_{CM}/A	$U_{(BR)CED}$/V	h_{FE}	f_T/MHz	
2N5301	2N4398	200	30	40	15 ~ 60	2	
2N5302	2N4399			60	15 ~ 60		
2N6327	2N6330			80	6 ~ 30	3	
2N6328	2N6331			100	6 ~ 30		

五、达林顿管

达林顿管又称复合晶体管，它是由两个晶体管连接而形成的，这种连接可以获得很大的电流增益和很高的输入电阻。

附表 3—8　　达林顿大功率三极管的主要参数

型号		极限参数			直流参数	交流参数	外形
NPN	PNP	P_{CM}/W	I_{CM}/A	$U_{(BR)CED}$/V	h_{FE}	f_T/MHz	
2N6207	2N6034	40	4	40	75 ~ 1 k	25	
2N6028	2N6035			60	750 ~ 18 k		
2N6039	2N6036			80	750 ~ 18 k		
2N6043	2N6040	75	8	60	1 k ~ 10 k	4	
2N6044	2N6041			80	1 k ~ 10 k		
2N6045	2N6042			100	1 k ~ 20 k		
2N6057	2N6050	150	12	60	750 ~ 18 k	4	
2N6058	2N6051			80			
2N6059	2N6052			100			
2N6282	2N6285	160	20	60	750 ~ 18 k	4	
2N6283	2N6286			80			
2N6284	2N6287			100			
DDL150	CDL150	150	16	60	500 ~ 1 000	1	
DDL20	CDL70	70	5	60	500		F-2
DDL40	CDL40	40	4	60	500		
DDL10	CDL10	10	2	80	500		F-1
DDL05	CDL05	5	1	25	500		
3DD30LA ~ E		30	5	100 ~ 600	500 ~ 10 k	1	F-2 F-1
3DD50LA ~ E		50	10	100 ~ 600	500 ~ 10 k	1	F-2

六、场效应晶体管

通用场效应晶体管具有输入电阻极高、驱动电流小、低噪声等特点，常应用于前置电压放大、阻抗变换电器、振荡电路、高速开关电路中。

附表 3—9　3DJ、3DO、3CO 系列场效应晶体管的主要参数

型号	类型	饱和漏源电压 I_{DSS}/mA	夹断电压 $U_{GS(off)}$/V	开启电压 $U_{GS(th)}$/V	共源低频跨号 g_m/ms	栅源绝缘电阻 R_{GS}/Ω	最大漏源电压 $U_{(BR)DS}$/V	外形
3DJ6 D	结型场效应管	<0.35	<｜-9｜		300	≥10^8	>20	TO-72
E		0.3~1.2			500			
F		1~3.5			1 000			
G		3~6.5						
H		6~10						
3DJ6 D	MOS 场效应管 N 沟道耗尽型	<0.35	<｜-4｜		>1 000	≥10^9	>20	TO-92
E		0.3~1.2						
F		1~3.5						
G		3~6.5	<｜-9｜					
H		6~10						
3D06 A	MOS 场效应管 N 沟道耗尽型	≤10		2.5~5	>2 000	≥10^9	>20	TO-92
B				<3				
3C01	MOS 场效应管 N 沟道耗尽型	≤10		｜-2｜~｜-6｜	>500	10^8~10^{11}	>15	TO-72 A3-01

七、功率 CMOS 场效晶体管

CMOS 器件具有开关速度快、导通电阻很小、高输入阻抗、耐压高、低驱动、较宽的安全工作区、较强的过载能力、温度系数为负值、热稳定性好等优点，所以在功放、电动机调速、开关电源等各种领域有越来越广泛的应用。

附表 3—10　MT 系列功率 CMOS 场效应晶体管的主要参数

型号	类型	漏源极击穿电压 $U_{(BR)DSS}$/V	漏源极导通电阻最大值		漏极最大电流 I_D/A	漏极耗散功率 P_D（25℃）/W	外形
			$R_{DS(on)max}$/Ω	I_{Dmax}/A			
MTM10N05	N沟道	50	0.28	5.0	10	75	TO-3
MTM25N05			0.055	17.5	25	150	
MTM10N10		100	0.33	5.0	10	40	
MTM25N10			0.055	12.5	25	150	
MTM5N20		200	1.0	2.5	5.0	75	
MTM40N20			0.08	20	40	250	
MTM3N40		400	3.3	1.0	3.0	75	
MTM15N40			0.30	7.5	15	150	
MTM1N100		1 000	10	0.5	1.0	75	TO-220
MTP10N05		50	0.28	5.0	10	75	
MTP5N40		400	1.5	2.0	5.0	75	
MTP1N100		1 000	10	0.5	1.0	75	
MTP8P10	P沟道	100	0.4	4.0	8.0	75	
MTP2P50		500	6.0	1.0	2.0	75	
VN05M60	N沟道	50	0.028		60	200	TO-3
VN06M60		60	0.028		60	200	

八、光耦合器

光耦合器是利用电—光—电耦合原理来传递信号的，输入/输出电路在电气上是相互隔离的，它能有效地抑制系统噪声，消除接地回路的干扰，响应速度较快。应用在强—弱电接口和微机系统的输入和输出电路中。

附表 3—11　　各种类型光耦合器的构成

分类	发光器件	受光器件
1	红外发光二极管	硅光敏三极管
2	红外发光二极管	达林顿型光敏三极管
3	红外发光二极管	有基极的光敏三极管
4	红外发光二极管	有基极的达林顿光敏三极管
5	红外发光二极管	有基极的达林顿光敏三极管
6	红外发光二极管	光敏双向晶闸管
7	红外发光二极管	具有零交电路的光敏双向晶闸管
8	红外发光二极管	含光敏器件的施密特触发器
9	对接红外发光二极管	有基极的光敏三极管
10	戗接红外发光二极管	有基极电阻的达林顿光敏三极管
11	双红外发光二极管	双硅光敏三极管
12	串接红外发光二极管	双硅光敏三极管

附表 3—12　　常用通用光耦合器的主要参数

型号	结构	正向压降 U_F/V	反向击穿电压 $U_{(BR)CED}$/V	饱和压降 $U_{CE(sat)}$/V	电流传输比 *CTR*/%	输入输出间绝缘电压 U_{ISO}/V	上升、下降时间 t_r、t_f/μs	外形
TIL112	晶体管输出单光耦合器	1.5	20	0.5	2.0	1 500	2.0	6 脚 DIP 封装
TIL114		1.4	20	0.4	8.0	2 500	5.0	
TIL124		1.4	30	0.4	10	5 000	2.0	
TIL116		1.5	30	0.4	20	2 500	5.0	
TIL117		1.4	30	0.4	50	2 500	5.0	
4N27		1.5	30	0.5	10	1 500	2.0	
4N26		1.5	30	0.5	20	1 500	0.8	
4N35		1.5	30	0.3	100	3 500	4.0	
TIL118	晶体管输出（无基极引脚）	1.5	20	0.5	10	1 500	2.0	
TIL113	复合管输出	1.5	30	1.0	300	1 500	300	
TIL127		1.5	30	1.0	300	1 500	300	
TIL156		1.5	30	1.0	300	3 535	300	
4N31		1.5	30	1.0	50	1 500	2.0	
4N30		1.5	30	1.0	100	1 500	2.0	
4N33		1.5	30	1.0	500	1 500	2.0	

续表

型号	结构	正向压降 U_F/V	反向击穿电压 $U_{(BR)CED}$/V	饱和压降 $U_{CE(sat)}$/V	电流传输比 CTR/%	输入输出间绝缘电压 U_{ISO}/V	上升、下降时间 t_r、t_f/μs	外形
TIL119	复合管输出（无基极引脚）	1.5	30	1.0	300	1 500	300	6 脚 DIP 封装
TIL128		1.5	30	1.0	300	5 000	300	
TIL157		1.5	30	1.0	300	3 535	300	
T11AA1	交流输入、晶体管输出单光耦合器	1.5	30	0.4	20	2 500	——	
H11AA2		1.5	30	0.4	10	2 500	——	

附表 3—13　　双向晶闸管输出单光耦合器的主要参数

型号	结构	LED 触发电流 I_{FT}/mA	LED 正向压降 U_F/V	晶闸管通态电流 I_F/A	晶闸管功率 P_D/W	断态输出端电压 U_{DRM}/V	输出输入绝缘电压 U_{ISO}/V	外形
MOC633A	双向晶闸管输出单光耦合器	30	1.2	100	0.3	400	7 500	6 脚 DIP 封装
MOC634A		15	1.2	100	0.3	400	7 500	

九、晶闸管

晶闸管一般用作功率开关元件，在电动机控制、电磁阀控制、灯光控制、稳压控制、逆变电源等有十分普遍的应用。

附表 3—14　　常用 3CT、MCR、2N 系列晶闸管的主要参数

型号	重复峰值电压 U_{DRM}、U_{RRM}/V	额定正向平均电流 I_F/A	维持电流 I_H/mA	通态平均电压 U_F/V	控制触发电压 U_G/V	控制触发电流 I_G/mA	外形
3CT021～3CT024	20～1 000	0.1	04～20	≤1.5	≤1.5	0.01～10	TO-72
3CT031～3CT034		0.2	0.4～30			0.01～15	
3CT041～3CT044		0.3		≤1.2		0.01～20	
3CT051～3CT054		0.5	0.5～30		≤2	0.05～20	
3CT061～3CT064		1	0.8～30			0.01～30	
3CT101	50～1 400	1		≤1	≤2.5	3～30	TO-92
3CT103		5	<50		≤3.5	5～70	TO-48
3CT104		10					TO-48
3CT105		20	<100				TO-48
3CT107		50	<200			8～150	TO-48
MCT102	25	0.8			0.8	0.2	TO-92
MCR103	50						
MCR100-3～MCR100-8	100～800						

续表

型号	重复峰值电压 U_{DRM}、U_{RRM}/V	额定正向平均电流 I_F/A	维持电流 I_H/mA	通态平均电压 U_F/V	控制触发电压 U_G/V	控制触发电流 I_G/mA	外形
2n1595	50	1.6			3.0	10	TO-39
2N1596	100						
2N1597	200						
2N1598	300						
2N1599	400						
2N4441	50	8			1.5	30	TO-220
2N4442	200						
2N4443	400						
2N4444	600						

附表 3—15　　**3CTS、MAC、2N 系列双向晶闸管的主要参数**

型号	重复峰值电压 U_{DRM}、U_{RRM}/V	额定正向平均电流 I_F/A	不重复浪涌电流 I_{FSM}/A	通态平均电压 U_F/V	控制触发电压 U_G/V	控制触发电流 I_G/mA	外形
3CTS1	400 ~ 1 000	1	≥10	≤2.2	≤3	≤50	TO-92 TO-202
3CTS2		2	≥20				
3CTS3		3	≥30				
3CTS4		4	≥33.6				
3CTS5		5	≥42				
MAC97-2	50	0.6	8.0		2 ~ 2.5	10	TO-226
MAC97-3	100						
MAC97-4	200						
MAC97-5	300						
MAC97-6	400						
MAC97-7	500						
MAC97-8	600						
2N6069A	50	4.0	30		2.5	5.0 ~ 10	
2N6070A	100						
2N6071A	200						
2N6072A	300						
2N6073A	400						
2N6074A	500						
2N6075A	600						
2N6342	200	8.0	100		2.0 ~ 2.5	50 ~ 75	TO-220
2N6343	400						
2N6344	600						
2N6345	800						

十、光敏三极管

光敏三极管是把光敏二极管和普通三极管合制在一起的器件。它自身具备放大作用，常用作光学测量、光电开关控制、光电交换放大器的器件。

附表 3—16　　3DU 系列光敏三极管的主要参数

型号	最大工作电流 I_{CM}/mA	最高工作电压 $U_{(RM)CE}$/V	暗电流 I_D/μA	光电流 I_L/μA	上升时间 t_r/μs	峰值波长 λ_0/nm	最大耗散功率 P_{CM}/mW
3DU55	5	45	0. 5	2	10	850	30
3DU53	5	70	0. 2	0. 3	10	850	30
3DU100	20	6	0. 05	0. 5		850	50
3DU21		10	0. 3	1	2	920	100
3DU31	50	20	0. 3	2	10	900	150
3DUB13	20	70	0. 1	0. 5	0. 5	850	200
3DUB23	20	70	0. 1	1	1	850	200
3DU912A①	20	25	1	5	100	850	200
3DU912B①	20	25	1	10	100	850	200

注：①达林顿光敏三极管。

附录四　TTL 与 CMOS 电路功能相近型号表

CMOS	TTL
CD4001	7402
CD4008	74328、7483
CD4011	7400、7437
CD4013	7474
CD4014	74166
CD4015	7491、74164
CD4019	74157
CD4021	74165
CD4028	7442、7445、74141、74145
CD4035	74178、7494、74179、74195
CD4042	7475、7477
CD4027	7473、74111、7478、7416
CD4049	77406、7407
CD4051	74151、74152、7425
CD40160、CD40162	74160
CD40161、CD40163	74161
CD4067	74150
CD4070	7486、74136
CD4093	74132
CD4098	74121、74122、74123
CD4502	74125、74126

续表

CMOS	TTL
CD4081	7408
CD4510	74190
CD4511	7446、7447、7448、7449
CD4516	74191
CD4518	7490、74290
CD4515	74154
CD4555	74155
CD4556	74156
CD40192	74192
CD40193	74193
CD40194	74194
CD40195	74195

附录五　CMOS 4000 系列数字集成电路检索表

序号	型号	品种名称
1	CD4000	双 3 输入端或非门 + 单非门 TI
2	CD4001	四 2 输入端或非门 HIT/NSC/TI/GOL
3	CD4002	双 4 输入端或非门 NSC
4	CD4006	18 位串入/串出移位寄存器 NSC
5	CD4007	双互补对加反相器 NSC
6	CD4008	4 位超前进位全加器 NSC
7	CD4009	六反相缓冲/变换器 NSC
8	CD4010	六同相缓冲/变换器 NSC
9	CD4011	四 2 输入端与非门 HIT/TI
10	CD4012	双 4 输入端与非门 NSC
11	CD4013	双主 - 从 D 型触发器 FSC/NSC/TOS
12	CD4014	8 位串入/并入 - 串出移位寄存器 NSC
13	CD4015	双 4 位串入/并出移位寄存器 TI
14	CD4016	四传输门 FSC/TI
15	CD4017	十进制计数/分配器 FSC/TI/MOT
16	CD4018	可预制 1/N 计数器 NSC/MOT
17	CD4019	四与或选择器 PHI
18	CD4020	14 级串行二进制计数/分频器 FSC
19	CD4021	08 位串入/并入 - 串出移位寄存器
20	CD4022	八进制计数/分配器 NSC/MOT
21	CD4023	三 3 输入端与非门 NSC/MOT/TI
22	CD4024	7 级二进制串行计数/分频器 NSC/MOT/TI
23	CD4025	三 3 输入端或非门 NSC/MOT/TI
24	CD4026	十进制计数/7 段译码器 NSC/MOT/TI
25	CD4027	双 J - K 触发器 NSC/MOT/TI
26	CD4028	BCD 码十进制译码器 NSC/MOT/TI
27	CD4029	可预置可逆计数器 NSC/MOT/TI
28	CD4030	四异或门 NSC/MOT/TI/GOL
29	CD4031	64 位串入/串出移位存储器 NSC/MOT/TI
30	CD4032	三串行加法器 NSC/TI
31	CD4033	十进制计数/7 段译码器 NSC/TI

续表

序号	型号	品种名称
32	CD4034	8 位通用总线寄存器 NSC/MOT/TI
33	CD4035	4 位并入/串入 - 并出/串出移位寄存器
34	CD4038	三串行加法器 NSC/TI
35	CD4040	12 级二进制串行计数/分频器
36	CD4041	四同相/反相缓冲器 NSC/MOT/TI
37	CD4042	四锁存 D 型触发器 NSC/MOT/TI
38	CD4043	4 三态 R - S 锁存触发器（“1”触发）
39	CD4044	四三态 R - S 锁存触发器（“0”触发）
40	CD4046	锁相环 NSC/MOT/TI/PHI
41	CD4047	无稳态/单稳态多谐振荡器 NSC/MOT/TI
42	CD4048	4 输入端可扩展多功能门 NSC/HIT/TI
43	CD4049	六反相缓冲/变换器 NSC/HIT/TI
44	CD4050	六同相缓冲/变换器 NSC/MOT/TI
45	CD4051	八选一模拟开关 NSC/MOT/TI
46	CD4052	双 4 选 1 模拟开关 NSC/MOT/TI
47	CD4053	三组二路模拟开关 NSC/MOT/TI
48	CD4054	液晶显示驱动器 NSC/HIT/TI
49	CD4055	BCD - 7 段译码/液晶驱动器 NSC/HIT/TI
50	CD4056	液晶显示驱动器 NSC/HIT/TI
51	CD4059	“N”分频计数器 NSC/TI
52	CD4060	14 级二进制串行计数/分频器
53	CD4063	四位数字比较器 NSC/HIT/TI
54	CD4066	四传输门 NSC/TI/MOT
55	CD4067	16 选 1 模拟开关 NSC/TI
56	CD4068	八输入端与非门/与门 NSC/HIT/TI
57	CD4069	六反相器 NSC/HIT/TI
58	CD4070	四异或门 NSC/HIT/TI
59	CD4071	四 2 输入端或门 NSC/TI
60	CD4072	双 4 输入端或门 NSC/TI
61	CD4073	三 3 输入端与门 NSC/TI
62	CD4075	三 3 输入端或门 NSC/TI
63	CD4076	四 D 寄存器
64	CD4077	四 2 输入端异或非门 HIT
65	CD4078	8 输入端或非门/或门
66	CD4081	四 2 输入端与门 NSC/HIT/TI
67	CD4082	双 4 输入端与门 NSC/HIT/TI
68	CD4085	双 2 路 2 输入端与或非门
69	CD4086	四 2 输入端可扩展与或非门
70	CD4089	二进制比例乘法器
71	CD4093	四 2 输入端施密特触发器 NSC/MOT/ST
72	CD4094	8 位移位存储总线寄存器 NSC/TI/PHI
73	CD4095	3 输入端 J - K 触发器
74	CD4096	3 输入端 J - K 触发器
75	CD4097	双路八选一模拟开关
76	CD4098	双单稳态触发器 NSC/MOT/TI
77	CD4099	8 位可寻址锁存器 NSC/MOT/ST
78	CD40100	32 位左/右移位寄存器
79	CD40101	9 位奇偶校验器
80	CD40102	8 位可预置同步 BCD 减法计数器
81	CD40103	8 位可预置同步二进制减法计数器
82	CD40104	4 位双向移位寄存器
83	CD40105	先入先出 FI - FD 寄存器
84	CD40106	六施密特触发器 NSC/TI
85	CD40107	双 2 输入端与非缓冲/驱动器 HAR/TI

续表

序号	型号	品种名称
86	CD40108	4 字×4 位多通道寄存器
87	CD40109	四低－高电平位移器
88	CD40110	十进制加/减，计数，锁存，译码驱动 ST
89	CD40147	10－4 线编码器 NSC/MOT
90	CD40160	可预置 BCD 加计数器 NSC/MOT
91	CD40161	可预置 4 位二进制加计数器 NSC/MOT
92	CD40162	BCD 加法计数器 NSC/MOT
93	CD40163	4 位二进制同步计数器 NSC/MOT
94	CD40174	六锁存 D 型触发器 NSC/TI/MOT
95	CD40175	四 D 型触发器 NSC/TI/MOT
96	CD40181	4 位算术逻辑单元/函数发生器
97	CD40182	超前位发生器
98	CD40192	可预置 BCD 加/减计数器（双时钟）
99	CD40193	可预置 4 位二进制加/减计数器 NSC/TI
100	CD40194	4 位并入/串入－并出/串出移位寄存
101	CD40195	4 位并入/串入－并出/串出移位寄存
102	CD40207	4－2 选 1 数据选择器
103	CD40208	4×4 多端口寄存器
104	CD4500	工业控制单元
105	CD4501	4 输入端双与门及 2 输入端或非门
106	CD4502	可选通三态输出六反相/缓冲器
107	CD4503	六同相三态缓冲器
108	CD4504	六电压转换器
109	CD4506	双二组 2 输入可扩展或非门
110	CD4508	双 4 位锁存 D 型触发器
111	CD4510	可预置 BCD 码加/减计数器
112	CD4511	BCD 锁存，7 段译码，驱动器
113	CD4512	八路数据选择器
114	CD4513	BCD 锁存，7 段译码，驱动器（消隐）
115	CD4514	4 位锁存，4 线－16 线译码器
116	CD4515	4 位锁存，4 线－16 线译码器
117	CD4516	可预置 4 位二进制加/减计数器
118	CD4517	双 64 位静态移位寄存器
119	CD4518	双 BCD 同步加计数器
120	CD4519	四位与或选择器
121	CD4520	双 4 位二进制同步加计数器
122	CD4521	24 级分频器
123	CD4522	可预置 BCD 同步 1/N 计数器
124	CD4526	可预置 4 位二进制同步 1/N 计数器
125	CD4527	BCD 比例乘法器
126	CD4528	双单稳态触发器
127	CD4529	双四路/单八路模拟开关
128	CD4530	双 5 输入端优势逻辑门
129	CD4531	12 位奇偶校验器
130	CD4532	8 位优先编码器
131	CD4534	实时与译码计数器
132	CD4536	可编程定时器
133	CD4537	256＊1 静态随机存取存储器
134	CD4538	精密双单稳
135	CD4539	双四路数据选择器
136	CD4541	可编程序振荡/计时器
137	CD4543	BCD 七段锁存译码，驱动器
138	CD4544	BCD 七段锁存译码，驱动器
139	CD4547	BCD 七段译码/大电流驱动器

续表

序号	型号	品种名称
140	CD4549	函数近似寄存器
141	CD4551	四 2 通道模拟开关
142	CD4552	256 位 RAM
143	CD4553	三位 BCD 计数器
144	CD4555	双二进制四选一译码器/分离器
145	CD4556	双二进制四选一译码器/分离器
146	CD4557	1 – 64 位可变节移位寄存器
147	CD4558	BCD 八段译码器
148	CD4559	逐次近似值编码器
149	CD4560	“N” BCD 加法器
150	CD4561	“9” 求补器
151	CD4562	128 位静态移位寄存器
152	CD4566	工业时基发生器
153	CD4568	相位比较器/可编程计数器
154	CD4569	双可预置 BCD/二进制计数器
155	CD4572	4 反相器加 2 输入或非门加 2 输入端与非门
156	CD4573	四可编程运算放大器
157	CD4574	四可编程电压比较器
158	CD4575	双可编程运放/比较器
159	CD4580	4 ×4 多端寄存器
160	CD4581	4 位算术逻辑单元
161	CD4583	双施密特触发器
162	CD4584	六施密特触发器
163	CD4585	4 位数值比较器
164	CD4599	8 位可寻址锁存器

附录六　SN54/74LS 系列数字集成电路检索表

序号	型号	品种名称
1	SN54/74LS00	2 输入端四与非门
2	SN54/74LS01	集电极开路 2 输入端四与非门
3	SN54/74LS02	2 输入端四或非门
4	SN54/74LS03	集电极开路 2 输入端四与非门
5	SN54/74LS04	六反相器
6	SN54/74LS05	集电极开路六反相器
7	SN54/74LS06	集电极开路六反相高压驱动器
8	SN54/74LS07	集电极开路六正相高压驱动器
9	SN54/74LS08	2 输入端四与门
10	SN54/74LS09	集电极开路 2 输入端四与门
11	SN54/74LS10	3 输入端 3 与非门
12	SN54/74LS107	带清除主从双 J – K 触发器
13	SN54/74LS109	带预置清除正触发双 J – K 触发器
14	SN54/74LS11	3 输入端 3 与门
15	SN54/74LS112	带预置清除负触发双 J – K 触发器
16	SN54/74LS12	开路输出 3 输入端三与非门
17	SN54/74LS121	单稳态多谐振荡器
18	SN54/74LS122	可再触发单稳态多谐振荡器
19	SN54/74LS123	双可再触发单稳态多谐振荡器
20	SN54/74LS125	三态输出高有效四总线缓冲门
21	SN54/74LS126	三态输出低有效四总线缓冲门

续表

序号	型号	品种名称
22	SN54/74LS13	4 输入端双与非施密特触发器
23	SN54/74LS132	2 输入端四与非施密特触发器
24	SN54/74LS133	13 输入端与非门
25	SN54/74LS136	四异或门
26	SN54/74LS138	3－8 线译码器/复工器
27	SN54/74LS139	双 2－4 线译码器/复工器
28	SN54/74LS14	六反相施密特触发器
29	SN54/74LS145	BCD－十进制译码/驱动器
30	SN54/74LS15	开路输出 3 输入端三与门
31	SN54/74LS150	16 选 1 数据选择/多路开关
32	SN54/74LS151	8 选 1 数据选择器
33	SN54/74LS153	双 4 选 1 数据选择器
34	SN54/74LS154	4 线－16 线译码器
35	SN54/74LS155	图腾柱输出译码器/分配器
36	SN54/74LS156	开路输出译码器/分配器
37	SN54/74LS157	同相输出四 2 选 1 数据选择器
38	SN54/74LS158	反相输出四 2 选 1 数据选择器
39	SN54/74LS16	开路输出六反相缓冲/驱动器
40	SN54/74LS160	可预置 BCD 异步清除计数器
41	SN54/74LS161	可予制四位二进制异步清除计数器
42	SN54/74LS162	可预置 BCD 同步清除计数器
43	SN54/74LS163	可予制四位二进制同步清除计数器
44	SN54/74LS164	八位串行入/并行输出移位寄存器
45	SN54/74LS165	八位并行入/串行输出移位寄存器
46	SN54/74LS166	八位并入/串出移位寄存器
47	SN54/74LS169	二进制四位加/减同步计数器
48	SN54/74LS17	开路输出六同相缓冲/驱动器
49	SN54/74LS170	开路输出 4×4 寄存器堆
50	SN54/74LS173	三态输出四位 D 型寄存器
51	SN54/74LS174	带公共时钟和复位六 D 触发器
52	SN54/74LS175	带公共时钟和复位四 D 触发器
53	SN54/74LS180	9 位奇数/偶数发生器/校验器
54	SN54/74LS181	算术逻辑单元/函数发生器
55	SN54/74LS185	二进制—BCD 代码转换器
56	SN54/74LS190	BCD 同步加/减计数器
57	SN54/74LS191	二进制同步可逆计数器
58	SN54/74LS192	可预置 BCD 双时钟可逆计数器
59	SN54/74LS193	可预置四位二进制双时钟可逆计数器
60	SN54/74LS194	四位双向通用移位寄存器
61	SN54/74LS195	四位并行通道移位寄存器
62	SN54/74LS196	十进制/二—十进制可预置计数锁存器
63	SN54/74LS197	二进制可预置锁存器/计数器
64	SN54/74LS20	4 输入端双与非门
65	SN54/74LS21	4 输入端双与门
66	SN54/74LS22	开路输出 4 输入端双与非门
67	SN54/74LS221	双/单稳态多谐振荡器
68	SN54/74LS240	八反相三态缓冲器/线驱动器
69	SN54/74LS241	八同相三态缓冲器/线驱动器
70	SN54/74LS243	四同相三态总线收发器
71	SN54/74LS244	八同相三态缓冲器/线驱动器
72	SN54/74LS245	八同相三态总线收发器
73	SN54/74LS247	BCD－7 段 15 V 输出译码/驱动器
74	SN54/74LS248	BCD－7 段译码/升压输出驱动器
75	SN54/74LS249	BCD－7 段译码/开路输出驱动器

续表

序号	型号	品种名称
76	SN54/74LS251	三态输出8选1数据选择器/复工器
77	SN54/74LS253	三态输出双4选1数据选择器/复工器
78	SN54/74LS256	双四位可寻址锁存器
79	SN54/74LS257	三态原码四2选1数据选择器/复工器
80	SN54/74LS258	三态反码四2选1数据选择器/复工器
81	SN54/74LS259	八位可寻址锁存器/3－8线译码器
82	SN54/74LS26	2输入端高压接口四与非门
83	SN54/74LS260	5输入端双或非门
84	SN54/74LS266	2输入端四异或非门
85	SN54/74LS27	3输入端三或非门
86	SM54/74LS273	带公共时钟复位八D触发器
87	SN54/74LS279	四图腾柱输出S－R锁存器
88	SN54/74LS28	2输入端四或非门缓冲器
89	SN54/74LS283	4位二进制全加器
90	SN54/74LS290	二/五公频十进制计数器
91	SN54/74LS293	二/八分频四位二进制计数器
92	SN45/74LS295	四位双向通用移位寄存器
93	SN54/74LS298	四2输入多路带存贮开关
94	SN54/74LS299	三态输出八位通用移位寄存器
95	SN54/74LS30	8输入端与非门
96	SN54/74LS32	2输入端四或门
97	SN54/74LS322	带符号扩展端八位移位/存贮寄存器
98	SN54/74LS323	三态输出八位双向向移位/存贮寄存器
99	SN54/74LS33	开路输出2输入端四或非缓冲器
100	SN54/74LS347	BCD—7段译码器/驱动器
101	SN54/74LS352	双4选1数据选择器/复工器
102	SN54/74LS353	三态输出双4选1数据选择/复工器
103	SN54/74LS365	门使能输入三态输出六同相线驱动器
104	SN54/74LS365	门使能输入三态输出六同相线驱动器
105	SN54/74LS366	门使能输入三态输出六反相线驱动器
106	SN54/74LS367	4/2线使能输入三态六同相线驱动器
107	SN54/74LS368	4/2线使能输入三态六反相线驱动器
108	SN54/74LS37	开路输出2输入端四与非缓冲器
109	SN54/74LS373	三态同相八D锁存器
110	SN54/74LS374	三态反相八D锁存器
111	SN54/74LS375	4位双稳态锁存器
112	SN54/74LS377	单边输出公共使能八D锁存器
113	SN54/74LS378	单边输出公共使能六D锁存器
114	SN54/74LS379	双边输出公共使能四D锁存器
115	SN54/74LS38	开路输出2输入端四与非缓冲器
116	SN54/74LS380	多功能八进制寄存器
117	SN54/74LS39	开路输出2输入端四与非缓冲器
118	SN54/74LS390	TTL双十进制计数器
119	SN54/74LS393	双四位二进制计数器
120	SN54/74LS40	4输入端双与非缓冲器
121	SN54/74LS42	BCD—十进制代码转换器
122	SN54/74LS352	双4选1数据选择器/复工器
123	SN54/74LS353	三态输出双4选1数据选择器/复工器
124	SN54/74LS365	门使能输入三态输出六同相线驱动器
125	SN54/74LS366	门使能输入三态输出六反相线驱动器
126	SN54/74LS367	4/2线使能输入三态六同相线驱动器
127	SN54/74LS368	4/2线使能输入三态六反相线驱动器
128	SN54/74LS37	开路输出2输入端四与非缓冲器
129	SN54/74LS373	三态同相八D锁存器

续表

序号	型号	品种名称
130	SN54/74LS374	三态反相八 D 锁存器
131	SN54/74LS375	4 位双稳态锁存器
132	SN54/74LS377	单边输出公共使能八 D 锁存器
133	SN54/74LS378	单边输出公共使能六 D 锁存器
134	SN54/74LS379	双边输出公共使能四 D 锁存器
135	SN54/74LS38	开路输出 2 输入端四与非缓冲器
136	SN54/74LS380	多功能八进制寄存器
137	SN54/74LS39	开路输出 2 输入端四与非缓冲器
138	SN54/74LS390	双十进制计数器
139	SN54/74LS393	双四位二进制计数器
140	SN54/74LS40	4 输入端双与非缓冲器
141	SN54/74LS42	BCD－十进制代码转换器
142	SN54/74LS447	BCD－7 段译码器/驱动器
143	SN54/74LS45	BCD－十进制代码转换/驱动器
144	SN54/74LS450	16:1 多路转接复用器多工器
145	SN54/74LS451	双 8:1 多路转接复用器多工器
146	SN54/74LS453	四 4:1 多路转接复用器多工器
147	SN54/74LS46	BCD－7 段低有效译码/驱动器
148	SN54/74LS460	十位比较器
149	SN54/74LS461	八进制计数器
150	SN54/74LS465	三态同相 2 与使能端八总线缓冲器
151	SN54/74LS466	三态反相 2 与使能八总线缓冲器
152	SN54/74LS467	三态同相 2 使能端八总线缓冲器
153	SN54/74LS468	三态反相 2 使能端八总线缓冲器
154	SN54/74LS469	八位双向计数器
155	SN54/74LS47	BCD－7 段高有效译码/驱动器
156	SN54/74LS48	BCD－7 段译码器/内部上拉输出驱动
157	SN54/74LS490	双十进制计数器
158	SN54/74LS491	十位计数器
159	SN54/74LS498	八进制移位寄存器
160	SN54/74LS50	2－3/2－2 输入端双与或非门
161	SN54/74LS502	八位逐次逼近寄存器
162	SN54/74LS503	八位逐次逼近寄存器
163	SN54/74LS51	2－3/2－2 输入端双与或非门
164	SN54/74LS533	三态反相八 D 锁存器
165	SN54/74LS534	三态反相八 D 锁存器
166	SN54/74LS54	四路输入与或非门
167	SN54/74LS540	八位三态反相输出总线缓冲器
168	SN54/74LS55	4 输入端二路输入与或非门
169	SN54/74LS563	八位三态反相输出触发器
170	SN54/74LS564	八位三态反相输出 D 触发器
171	SN54/74LS573	八位三态输出触发器
172	SN54/74LS574	八位三态输出 D 触发器
173	SN54/74LS645	三态输出八同相总线传送接收器
174	SN54/74LS670	三态输出 4×4 寄存器堆
175	SN54/74LS73	带清除负触发双 J－K 触发器
176	SN54/74LS74	带置位复位正触发双 D 触发器
177	SN54/74LS76	带预置清除双 J－K 触发器
178	SN54/74LS83	四位二进制快速进位全加器
179	SN54/74LS85	四位数字比较器
180	SN54/74LS85	2 输入端四异或门
181	SN54/74LS90	可二/五分频十进制计数器
182	SN54/74LS93	可二/八分频二进制计数器
183	SN54/74LS95	四位并行输入/输出移位寄存器
184	SN54/74LS97	6 位同步二进制乘法器